Theorie und Praxis der Nachhaltigkeit

Herausgegeben von
Walter Leal Filho, Hochschule für Angewandte Wissenschaften Hamburg, Hamburg, Deutschland

Das Thema Nachhaltigkeit hat eine zentrale Bedeutung, sowohl in Deutschland – aufgrund der teilweisen großen Importabhängigkeit Deutschlands für bestimmte Rohstoffe und Produkte – als auch weltweit. Weshalb brauchen wir Nachhaltigkeit? Die Nutzung natürlicher und knapper Ressourcen und die Konkurrenz um z. B. Frischwasser, Land und Rohstoffe steigen weltweit. Gleichzeitig nehmen damit globale Umweltprobleme wie Klimawandel, Bodendegradierung oder Biodiversitätsverlust zu. Ein schonender, also ein nachhaltiger Umgang mit natürlichen Ressourcen ist daher eine zentrale Herausforderung unserer Zeit und ein wichtiges Thema der Umweltpolitik. Die Buchreihe Theorie und Praxis der Nachhaltigkeit beleuchtet Fragestellungen zu sozialen, ökonomischen, ökologischen und ethischen Aspekten der Nachhaltigkeit und stellt dabei nicht nur theoretische, sondern insbesondere praxisnahe Ansätze dar. Herausgeber und Autoren der Reihe legen besonderen Wert darauf, die Nachhaltigkeitsforschung ganzheitlich darzustellen. Die Bücher richten sich nicht nur an Wissenschaftler, sondern auch an alle in Wirtschaft und Politik Beschäftigten. Sie werden durch die Lektüre wichtige Denkanstöße und neue Einsichten gewinnen, die ihnen helfen, die richtigen Entscheidungen zu treffen.

Weitere Bände in dieser Reihe http://www.springer.com/series/13898

Klaus Fischer

Corporate Sustainability Governance

Nachhaltigkeitsbezogene Steuerung von Unternehmen in einer globalisierten Welt

Klaus Fischer
Kaiserslautern, Deutschland

Vom Fachbereich Wirtschaftswissenschaften der Technischen Universität Kaiserslautern genehmigte Dissertation

D386

2015

ISSN 2366-2530 ISSN 2366-2549 (electronic)
Theorie und Praxis der Nachhaltigkeit
ISBN 978-3-658-18048-5 ISBN 978-3-658-18049-2 (eBook)
DOI 10.1007/978-3-658-18049-2

Die Deutsche Nationalbibliothek verzeichnet diese Publikation in der Deutschen Nationalbibliografie; detaillierte bibliografische Daten sind im Internet über http://dnb.d-nb.de abrufbar.

Springer Spektrum

Gedruckt auf säurefreiem und chlorfrei gebleichtem Papier

Springer Spektrum ist Teil von Springer Nature
Die eingetragene Gesellschaft ist Springer Fachmedien Wiesbaden GmbH
Die Anschrift der Gesellschaft ist: Abraham-Lincoln-Str. 46, 65189 Wiesbaden, Germany

Vorwort

Im September 2015 verabschiedete die internationale Staatengemeinschaft ihre „Agenda 2030 für nachhaltige Entwicklung“ und bestätigte damit erneut die Bedeutung des Leitbilds auf weltpolitischer Bühne.

Wesentlicher Bestandteil dieser Agenda sind 17 „Sustainable Development Goals“, deren Erreichen in vielen Feldern maßgeblich von einer nachhaltigeren Gestaltung der Wertschöpfungsprozesse in unserer globalisierten Weltwirtschaft abhängig sein wird.

Die Frage, wie global relevante Nachhaltigkeitsziele auf der Ebene einzelner Wirtschaftsakteure – allen voran multinational agierender Unternehmen und ihren Zulieferern – handlungswirksam werden können und wie sich die damit verbundenen Mechanismen und Einflussfaktoren erklären, gestalten sowie theoretisch fundieren lassen, war für mich der Antrieb zu dieser Arbeit.

Auf dem Weg bis zu ihrer Fertigstellung wurde ich von vielen Menschen begleitet, die mir wertvolle Impulse und Unterstützung gegeben haben. So wurde ich schon während meines Studiums durch engagierte Dozenten und Betreuer mit dem Leitbild Nachhaltiger Entwicklung „konfrontiert“ und konnte mich seitdem in enger Zusammenarbeit mit zahlreichen Kolleginnen und Kollegen in unterschiedlichen Projekten in diesem Themenfeld auseinandersetzen. Ihnen allen möchte ich an dieser Stelle danken.

Mein besonderer Dank gilt meinem Doktorvater, Herrn Prof. Dr. Klaus J. Zink, der mir durch seine ganzheitliche Perspektive auf ökonomische wie soziale Problemstellungen den Weg geebnet hat, das Thema „Nachhaltigkeit“ in meiner eigenen Forschungsarbeit sowie in gemeinsamen Forschungsprojekten am Institut für Technologie und Arbeit e.V. voranzutreiben und dauerhaft zu verankern.

Herrn Prof. Dr. Michael von Hauff danke ich besonders herzlich für die Übernahme des Zweitgutachtens und seine jahrelange Begleitung als wissenschaftlicher Mentor in der Nachhaltigkeitsforschung. In unseren gemeinsamen Forschungsprojekten unter seiner Leitung konnte ich mir verschiedene Themenfelder „jenseits“ klassischer Ansätze des betrieblichen Nachhaltigkeitsmanagements erschließen.

Frau Prof. Dr. Katharina Spraul danke ich für ihre Mitwirkung als Drittprüferin und Herrn Prof. Dr. Reinhold Hölscher für die Übernahme des Vorsitzes der Prüfungskommission in meinem Promotionsverfahren.

Herrn Prof. Dr. (mult.), Dr. h.c. (mult.) Walter Leal Filho und dem Verlag Springer Spektrum gilt mein herzlicher Dank für die Aufnahme dieser Arbeit in die Reihe „Theorie und Praxis der Nachhaltigkeit“. Nach der spannenden Lektüre des ersten Bandes und der dort vorgestellten Forschungsprojekte freue ich mich umso mehr, dass meine Arbeit dort veröffentlicht werden kann.

Nicht zuletzt möchte ich mich bei all denjenigen bedanken die mich in meinem privaten Umfeld und gleichzeitig als Kolleginnen und Kollegen begleitet haben. Hierzu zählen insbesondere Tino Baudach, Dr. Vanessa Kubek und Dr. Regina Osranek, die mir als Freunde und Teil unserer „Diss-Runde“ stets inhaltlich wie mental eine große Unterstützung waren.

Herzlichst danke ich auch meiner Familie. Meine Eltern haben mir durch ihre liebevolle Begleitung und ihr Vertrauen in die Richtigkeit dessen, was ich da tue, viele Chancen eröffnet. Von meiner Frau Anke wurde ich auf ganz unterschiedlichen Wegen unterstützt: Bei der Überwindung von Glaubenskrisen, durch Freiräume in der Rolle als Familienvater und nicht zuletzt durch das Lektorat der Texte. Unsere Töchter Luzia und Martha mussten zwar ab und an zurückstecken, haben aber dennoch auf ihre eigene charmante Weise ihren Ansprüchen nach familiärer „Qualitätszeit“ Geltung verliehen, was auch mir sehr gut getan hat.

Dr. Klaus Fischer

Inhalt

Abbildungsverzeichnis

Abbildungsverzeichnis

Tabellenverzeichnis

1 Problemstellung und Aufbau

1.1 Relevanz des Themas

Die Debatten um Corporate Social Responsibility (CSR) und nachhaltige Unternehmensführung[1] haben in den letzten Jahren noch einmal an Relevanz gewonnen. Als Indizien können hierfür exemplarisch die in den letzten fünf Jahren stark steigenden Mitgliedszahlen des UN Global Compact[2] oder die sprunghaft zunehmende Zahl der Unternehmen, die freiwillig nach dem globalen Standard der Global Reporting Initiative über ihre Nachhaltigkeitsaktivitäten berichten, herangezogen werden[3].

Aber auch im Bereich der Regulierung und Standardsetzung zeigen verschiedene Entwicklungen die wachsende Bedeutung der Verantwortungsübernahme und Nachhaltigkeitsorientierung von Unternehmen. Zur Veranschaulichung können die bedeutendsten Beispiele der letzten Jahre wie folgt zusammengefasst werden:

---

1 In der wissenschaftlichen Auseinandersetzung mit den Konzepten Corporate Social Responsibility, Corporate Sustainability und Corporate Citizenship finden sich verschiedene Ansätze einer begrifflich-konzeptionellen Abgrenzung. Eine oft zitierte Abgrenzung dieser Ansätze vor dem Hintergrund des Nachhaltigkeitsleitbilds ist zu finden bei Loew et al. (2004), S. 70 ff, vgl. hierzu auch Schneider (2012). Im vorliegenden Buch werden diese Konzepte aus dem Blickwinkel der ihnen gemeinsamen Governance-Relevanz hinsichtlich eines nachhaltigen bzw. nachhaltigkeitsintendierenden Unternehmenshandelns betrachtet. Aus diesem Grund werden sie hier nicht weiter differenziert.

2 Der UN Global Compact ist eine Initiative für Unternehmen und andere Organisationen, die sich verpflichten, ihr Handeln an zehn Prinzipien aus den Bereichen Menschenrechte, Arbeitsnormen, Umweltschutz und Korruptionsbekämpfung auszurichten. Seit seiner Gründung im Jahr 2000 sind bis Ende 2014 ca. 8.300 Mitglieder dem UN Global Compact beigetreten, davon allein über 5.600 seit Anfang 2010; Daten ermittelt unter Zugriff auf die Website https://www.unglobalcompact.org/participants/search (zuletzt geprüft am 02.01.2015).

3 Die Global Reporting Initiative wurde im Jahr 1997 durch eine US-amerikanische NGO in Zusammenarbeit mit dem Umweltprogramm der Vereinten Nationen UNEP ins Leben gerufen und entwickelt in Verfahren des Stakeholder-Dialogs international anerkannte Richtlinien der Nachhaltigkeitsberichterstattung. Die Zahl der Nachhaltigkeitsberichte, die gemäß einer der GRI-Richtlinien erstellt wurden, hat sich im Zeitraum von 2010 bis 2013 auf ca. 4100 Berichte nahezu verdoppelt; Daten von der Website der Global Reporting Initiative http://database.globalreporting.org/ (zuletzt geprüft am 02.01.2015).

- Im Jahr 2010 (deutsche Fassung: 2011) wurde mit dem von der Internationalen Organisation für Normung (ISO) veröffentlichten Leitfaden für gesellschaftliche Verantwortung ein umfangreiches internationales Dokument vorgelegt, das im Rahmen eines mehrere Jahre dauernden, breit angelegten Multi-Stakeholder-Ansatzes entstanden ist[4] und für alle „Arten von Organisationen in der Privatwirtschaft, im öffentlichen und im gemeinnützigen Sektor“[5] elementare Grundsätze, Kernthemen und Handlungsfelder organisationaler Verantwortung definiert.[6]
- Im selben Jahr verabschiedete der US-Kongress das Gesetz „Dodd-Frank Wall Street Reform and Consumer Protection Act“ und schuf mit dessen Abschnitt 1502[7] erstmals ein gesetzliches Rahmenwerk, das die Offenlegung des Handels von sogenannten Konfliktmineralien, deren Kauf mit der Finanzierung des bewaffneten Konflikts in der Demokratischen Republik Kongo in Zusammenhang gebracht wird, fordert[8,9]. Die für börsennotierte Unternehmen in den USA geltende Offenlegungspflicht hat einen weltweiten „Domino-Effekt“ zur Folge. So müssen neben den unmittelbar betroffenen Unternehmen zahlreiche Lieferanten für entsprechende Transparenz in

---

4 Vgl. Deutsches Institut für Normung (2011), S. 5.

5 Deutsches Institut für Normung (2011), S. 8.

6 Im Gegensatz zu anderen Normen ist die ISO 26000 explizit nicht zu Zertifizierungszwecken heranzuziehen, sondern dient ausschließlich der Orientierung und Anleitung von Organisationen (vgl. Deutsches Institut für Normung (2011), S. 9). Dabei wird in der Norm auf den engen Zusammenhang zwischen gesellschaftlicher Verantwortungsübernahme und nachhaltiger Entwicklung wie folgt verwiesen: „Wenn sich eine Organisation mit gesellschaftlicher Verantwortung befasst und diese wahrnimmt, ist das übergeordnete Ziel die Maximierung ihres Beitrages zur nachhaltigen Entwicklung.“ Deutsches Institut für Normung (2011), S. 25.

7 Vgl. U.S. Government Publishing Office (2010), S. 2213–2218.

8 Als Konfliktmineralien werden im Gesetz Tantal-, Zinn- und Wolframerze sowie Gold bezeichnet, sowohl “any other mineral or its derivatives determined by the Secretary of State to be financing conflict in the Democratic Republic of the Congo or an adjoining country.” U.S. Government Publishing Office (2010), S. 2218; vgl. hierzu auch die OECD Due Diligence Guidance for Responsible Supply Chains of Minerals, in der zwar die selben Mineralien aufgeführt sind, jedoch der Begriff der „Conflict-Affected and High-Risk Areas“ unabhäng von der DR Kongo abgegrenzt ist OECD (2013), S. 13.

9 Vgl. Lauster, Mildner, Wodni (2010), S. 1–2.

ihren Lieferketten sorgen[10]. Diese Verordnung hat auch in der Europäischen Union und in Deutschland zu einer breiten Debatte über die Verwendung von Konfliktmineralien geführt[11], die Europäische Kommission legte im März 2014 einen Entwurf für eine ähnliche Verordnung vor[12].

- Im Jahr 2011 nahm der UN-Menschenrechtsrat die im Zuge eines sechsjährigen Entwicklungs- und Konsultationsprozesses erarbeiteten Leitprinzipien für Wirtschaft und Menschenrechte[13] an, um Menschen besser vor Verletzungen ihrer Rechte im Zusammenhang mit wirtschaftlichen Tätigkeiten zu schützen[14].
- Ebenfalls 2011 verlor Corporate Social Responsibility – zumindest aus Sicht der Europäischen Kommission – sogar seinen bis dato konstituierenden Freiwilligkeitscharakter, was in Deutschland zu stark gemischten Reaktionen führte[15]. So legte die EU-Kommission mit ihrer CSR-Strategie 2011–2014 eine neue Definition vor, in der sie CSR schlichtweg als „die Verantwortung von Unternehmen für ihre Auswirkungen auf die Gesellschaft"[16] bezeichnet. Dies brachte in Zusammenhang mit der geforderten „intelligente[n] Kombination aus freiwilligen Maßnahmen und nötigenfalls ergänzenden Vorschriften"[17] und den angestrebten Selbst- und Koregulierungsprozessen[18]

10 Die Schätzungen bezüglich der Zahl der betroffenen Unternehmen schwanken erheblich. Es wird von bis zu 12 Millionen Unternehmen weltweit ausgegangen, die mittelbar von dem Gesetz betroffen sind (vgl. Bayer, Buhr (2011), S. 6). Zu den kontrovers diskutieren Folgewirkungen des Gesetzes vgl. Manhart, Schleicher, S. 24 ff.

11 Vgl. hierzu exemplarisch die Diskussion um die Verwendung von Erzen bzw. allgemein Rohstoffen in der Automobilindustrie Kerkow, Martens, Müller (2012); Bethge et al. (2014).

12 Vgl. Europäische Kommission (2014). Für eine erste Stellungnahme hierzu siehe Manhart, Schoßig (2014).

13 Vgl. Geschäftsstelle Deutsches Global Compact Netzwerk (2014).

14 Das unter der Leitung des Sonderbeauftragten für Wirtschaft und Menschenrechte, John Ruggie, entstandene Rahmenwerk ist auch unter dem Titel „Protect, Respect and Remedy"-Framework bekannt. Die gegenwärtige deutsche Bundesregierung (18. Legislaturperiode) hat in ihrem Koalitionsvertrag angekündigt, die UN-Leitprinzipien auf nationaler Ebene umzusetzen. Vgl. o. V. (2013), S. 180.

15 Zu den geteilten Reaktionen von Seiten der Bundesregierung, der Wirtschaft und der Gewerkschaften siehe Kellermann und Thannisch (2012).

16 Europäische Kommission (2011), S. 7.

17 Europäische Kommission (2011), S. 9.

eine deutliche Abkehr von dem noch im Grünbuch zehn Jahre zuvor proklamierten Prinzip der Freiwilligkeit mit sich[19]. Die ebenfalls in der Strategie angekündigte Rechtsvorschrift zur sozialen und ökologischen Unternehmensberichterstattung[20] wurde im Oktober 2014 umgesetzt[21].

- Als letztes Beispiel sei an dieser Stelle schließlich der Vorstoß des deutschen Bundesentwicklungsministers Gerd Müller im Jahr 2014 genannt, der als unmittelbare Reaktion auf den Einsturz einer Textilfabrik in Bangladesch (Rana Plaza, 2013) ein „Bündnis für nachhaltige Textilien" mit dem Charakter einer Multi-Stakeholder-Initiative ins Leben rief. Der Aktionsplan des Bündnisses sieht die Umsetzung verbindlicher sozialer, ökologischer und ökonomischer Standards in der gesamten textilen Wertschöpfungskette vor[22]. Gerade diese, von der Wirtschaft als zu ambitioniert und nicht umsetzbar eingeschätzte Zielstellung führte allerdings dazu, dass das Bündnis die Unterstützung zahlreicher großer Unternehmen und Branchenverbände während seiner Gründungsphase zunächst wieder verlor[23].

Die geschilderten Beispiele zeigen deutlich, dass die einstige Debatte, ob Unternehmen jenseits ihrer Geschäftstätigkeit überhaupt Verantwortung zu übernehmen haben[24], mittlerweile zunehmend von der Frage abgelöst wird, wie weit diese Verantwortung in globale Lieferketten hineinreicht und in welchem Ausmaß sie Sublieferanten ohne direkte Vertragsbeziehungen zum fokalen Unternehmen, und damit außerhalb dessen unmittelbarer Einflusssphäre, einschließt[25].

Dabei ist es bemerkenswert, dass insbesondere multinational agierenden Unternehmen im Hinblick auf die Implementierung von Umwelt- und Sozialstandards in Entwicklungs- und Schwellenländern häufig

---

18 Vgl. Europäische Kommission (2011), S. 12.

19 Vgl. Europäische Kommission (2001), S. 7.

20 Vgl. Europäische Kommission (2011), S. 14.

21 Vgl. Europäisches Parlament und Europäischer Rat (2014).

22 o. V. (2014), S. 4.

23 Von anfänglich 60 mitwirkenden Organisationen waren im Oktober 2014 nur 39 dem Bündnis beigetreten. Wichtige Branchenverbände und marktstarke Unternehmen hatten die Bündnisinitiative unter Verweis auf die nicht umsetzbaren Zielvorgaben vorzeitig verlassen. Vgl. Siems (2014); Wollenschlager (2014).

24 Vgl. hierzu die Diskussion um eine zunehmende Politisierung der Wirtschaft in Kapitel 5.1.

25 Vgl. zu dieser Frage Scherrer et al. (2013), S. 229–230.

mehr zugetraut und abverlangt wird, als den eigentlich hierfür zuständigen Regierungen vor Ort.

Zusammenfassend kann demnach festgehalten werden, dass auf Unternehmen durchverschiedene Akteure, darunter von staatlichen und zivilgesellschaftlichen ebenso wie von Vertragspartnern und Kunden, Einfluss bezüglich ihrer Verantwortungsübernahme für mitunter sowohl zeitlich als auch räumlich weit entfernte Auswirkungen ihrer ökonomischen Aktivitäten genommen wird. Der hierbei aufgespannte Verantwortungshorizont erreicht aus geografischer Perspektive mittlerweile globale, aus zeitlicher Sicht bis zu mehrere Generationen übergreifende Ausmaße, womit der unmittelbare Bezug dieser Debatte zum Leitbild nachhaltiger Entwicklung deutlich wird.

In diesem Buch sollen schließlich die Steuerungsmechanismen und -systeme, die dazu führen, dass inzwischen viele Unternehmen als „gute Weltbürger" einen scheinbar immer selbstverständlicher werdenden Beitrag zu einer globalen nachhaltigen Entwicklung leisten, genauer untersucht und für eine weiterführende Analyse zugänglich gemacht werden. Der hierfür eingenommene Blickwinkel ist durch das disziplinen- und kontextübergreifend diskutierte Governance-Konzept geprägt.

So werden die Phänomene von Corporate Social Responsibility und unternehmerischer Nachhaltigkeitsorientierung aus einer governancetheoretischen Perspektive betrachtet. Dabei stehen einerseits die Governance-Prozesse, welche zu unternehmerischer Verantwortungsübernahme und Nachhaltigkeitsorientierung führen, im Vordergrund. Andererseits werden diese Prozesse wiederum als Teil einer übergeordneten Global Governance für nachhaltige Entwicklung eingeordnet und ihr Beitrag zur Umsetzung des Leitbilds diskutiert. Eine grundlegende Annahme ist hierbei, dass das Problemlösungspotenzial dieser Steuerungsmechanismen in der nachhaltigkeitsbezogenen Governance-Forschung bisher noch zu wenig Beachtung findet und entsprechend einer theoretischen Fundierung und Analyse bedarf.

Die Relevanz der Themenstellung kann schließlich im Hinblick auf verschiedene Fragestellungen verdeutlicht werden:

1) Unternehmen sind zentrale Akteure einer (nicht-)nachhaltigen Entwicklung

Unternehmen, die aus Sicht des Nachhaltigkeitsleitbilds als Problemverursacher und Quelle für Problemlösungen zugleich gesehen werden können, sind zentrale Akteure im Kontext einer nachhaltigen Entwicklung. So verfügen sie als Investoren, Arbeitgeber, Beschaffer und Produzenten sowie als Innovatoren über ein erhebliches, teilweise global wirksames Gestaltungspotenzial, das sowohl positiv, als auch im negativen Sinne nachhaltigkeitsrelevant werden kann.[26]

Eine Untersuchung der Einflussmechanismen, Strukturen sowie hemmenden und fördernden Faktoren einer nachhaltigkeitsbezogenen Steuerung von Unternehmen liefert somit Erklärungsbeiträge hinsichtlich eines wesentlichen Teilaspekts der Operationalisierung des Nachhaltigkeitsleitbilds.

2) Es mangelt an System- und Transformationswissen über Voraussetzungen und Bedingungsfaktoren nachhaltiger Entwicklung

Das Leitbild nachhaltiger Entwicklung adressiert komplexe Problemstellungen, seine Umsetzung erfordert ein vielschichtiges und tiefgreifendes Verständnis der Gesellschafts-, Wirtschafts- und Ökosysteme dieser Erde[27]. Trotz bestehender Unsicherheiten über den „richtigen" Weg zu mehr Nachhaltigkeit[28] kann festgestellt werden, dass zunächst ausreichend Zielwissen vorhanden ist, um in vielen Bereichen nachhaltigere Entwicklungspfade einzuschlagen.

Dies trifft auch auf das Handeln von Unternehmen zu. Es existieren zahlreiche international anerkannte Regelwerke, Indikatoren und Management-Ansätze, die bei der Umsetzung von Nachhaltigkeit auf Unternehmensebene Orientierung geben. So steht allein im schon genannten internationalen Leitfaden für gesellschaftliche Verantwortung[29] (ISO 26000) dezidiert und sehr vielschichtig festgeschrieben, was Organisationen tun sollten, um einen Beitrag zur nachhaltigen Entwicklung zu leisten.

---

26 Vgl. Steimle (2008), S. 88–91; Schrader (2011), S. 25–27; Burger (2003), S. 145–170.

27 Vgl. Dubielzig, Schaltegger (2004), S. 5.

28 Vgl. zu einer ausführlichen Erörterung Kapitel 2.

29 Vgl. Deutsches Institut für Normung (2011).

Dennoch wird dieses Zielwissen bekanntlich nicht vollumfänglich handlungsrelevant, was auf unterschiedliche Faktoren und Rahmenbedingungen zurückgeführt werden kann. Um diese zu verstehen, ist System- und Transformationswissen[30] erforderlich, welches zu erklären hilft, warum Gesellschaft, Politik und Ökonomie trotz erster Fortschritte nicht schon weitere Etappen auf dem Weg zu einer nachhaltigen Entwicklung beschritten haben. Die in diesem Buch angestrebte Auseinandersetzung mit nachhaltigkeitsbezogenen Steuerungsmechanismen unternehmerischen Handelns soll hierzu einen Beitrag leisten.

3) Staatliche Steuerungsinstanzen stoßen an ihre Grenzen, ergänzende Governance-Formen gewinnen zunehmend an Bedeutung

Die Grenzen nationalstaatlicher Steuerung werden vor allem in der Politikwissenschaft seit Jahren diskutiert[31], wobei auch im Hinblick auf die nachhaltigkeitsbezogene Steuerung ökonomischer Aktivitäten die Bedeutung neuer Governance-Formen erkannt wurde. So weist Budäus (2005) darauf hin, dass die bisherigen Governance- und Steuerungslogiken den aktuellen gesellschaftlichen Problemlagen wie der „Verlagerung derzeitiger Probleme auf die nächste Generation [und den] Folgewirkungen der Globalisierung“[32] nicht mehr gerecht würden.

Messner (2003) spricht in diesem Kontext von fehlenden, „dem neuen Niveau der Globalisierung angemessenen globalen Kooperations- und Ordnungsstrukturen“[33] und plädiert für einen stärkeren Fokus auf neue, private Governance-Muster, die er als die „wesentlichen Motoren“[34] für die Herausbildung und Implementierung von Nachhaltigkeitsstandards in der Weltwirtschaft sieht:

> „Sozial- und Umweltstandards entstehen in globalen Politiknetzwerken im Konflikt und in Kooperation mit »betroffenen« Unternehmen, wenn NGOs, Gewerkschaften und Konsumenten in der Lage sind, Verhand-

---

30 Nach Dubielzig und Schaltegger kann Systemwissen als „Wissen darüber, was ist“, Zielwissen als „Wissen darüber, was sein und was nicht sein soll“ und Transformationswissen als „Wissen, wie vom Ist- zum Sollzustand gelangt werden kann“ charakterisiert werden. Vgl. Dubielzig, Schaltegger (2004), S. 6.

31 Siehe Kapitel 3.2.

32 Budäus (2005), S. 10.

33 Messner (2003), S. 95.

34 Messner (2003), S. 104.

lungsmacht zu bündeln und Öffentlichkeit herzustellen, um sozial- und umweltverträgliche Produktion einzufordern".[35]

Lütz (2008) wiederum wirft die generelle Frage nach geeigneten Analyseeinheiten für die zukünftige Governance-Forschung auf und sieht hierfür unter anderem globale Produktionsregime, also multinational tätige Unternehmen in ihrer Einbettung in national variierende Governance-Systeme, als geeignete Kandidaten[36].

Diese Beispiele zeigen, dass die Bedeutung neuer unternehmensbezogener Steuerungsformen vor dem Hintergrund des Nachhaltigkeitsleitbilds im Governance-Diskurs durchaus erkannt wurde. Allerdings weist Seifer (2009) darauf hin, dass die meisten theoretischen Auseinandersetzungen zu Governance bei der Beschreibung und Erklärung institutioneller Muster verhaftet bleiben, das heißt, „[w]eder die Akteure noch das Verständnis von politischem Einfluss werden in den Ansätzen hinreichend konzeptualisiert oder theoretisch plausibel begründet"[37].

Damit verweist sie auf die generelle Akteurs- und Machtblindheit institutioneller Ansätze[38], die allerdings vor dem Hintergrund einer Betrachtung des politischen Zusammenwirkens von Unternehmen mit ihren staatlichen und zivilgesellschaftlichen Stakeholders als besonders gravierend auffällt. Das in diesem Buch zu entwickelnde Governance-Konzept möchte dazu beitragen, die diesbezügliche „konzeptionelle Leerstelle"[39] zu füllen.

4) Das Potenzial des Governance-Konzepts wird für die Erforschung der Nachhaltigkeitsorientierung von Unternehmen bisher kaum ausgeschöpft, relevante Diskussionsstränge verlaufen größtenteils unverbunden

Im Jahr 2004 kamen Brunnengräber et al. zu der Einschätzung, dass „eine Integration von Nachhaltigkeitsaspekten weder in der theoretischen Diskussion noch in der ‚real existierenden Praxis', zum Beispiel in den

[35] Messner (2003), S. 103; diese Standards würden dann wiederum durch Chain Governance (siehe Kapitel 3.3.2) in globalen Zuliefernetzwerken implementiert Messner (2003), S. 106.
[36] Vgl. Lütz (2008), S. 134.
[37] Seifer (2009), S. 13.
[38] Vgl. Seifer (2009), S. 14, 44; Lütz (2006), S. 14; Quack (2006), S. 366–367; zur mangelnden Konzeptualisierung des Akteurs vgl. auch Mayntz (2008), S. 46.
[39] Seifer (2009), S. 15.

OECD-Grundsätzen für Corporate Governance, verbreitet [ist]. Diesbezügliche Debatten und Konzepte laufen derzeit noch parallel und werden erst in jüngster Zeit u.a. aufgrund von Skandalen transnational agierender Unternehmen, aber auch im Kontext der Global Governance-Diskussion, vermehrt einbezogen bzw. gemeinsam diskutiert."[40]

Wie ein Blick auf die aktuellen Fassungen der OECD-Grundsätze für Corporate Governance und des Deutschen Corporate Governance Kodex zeigt, hat sich in der Corporate Governance-Praxis auch ein Jahrzehnt später daran nur wenig geändert[41]. Im theoretischen Diskurs sind seitdem allerdings einige Arbeiten erschienen, die sich explizit mit Fragen von Governance auf Unternehmensebene im Kontext des Nachhaltigkeitsleitbilds bzw. in der Verwebung mit Corporate Social Responsibility auseinandersetzen[42]. In diesen Arbeiten wird die notwendige Verknüpfung von Corporate Governance mit der Diskussion um nachhaltige Unternehmensführung erkannt und am Beispiel verschiedener Handlungs- und Problemfelder diskutiert. Jedoch wurde noch nicht der Versuch unternommen, die entsprechenden Governance-Prozesse mit dem Ziel einer transdisziplinären Auseinandersetzung theoretisch zu fundieren und damit die resultierenden spezifischen Governance-Formen einer weiterführenden Analyse zugänglich zu machen.

In einem Ende 2014 erschienen Thematic Issue des Academy of Management Journal rufen schließlich die Herausgeber Tihanyi, Graffin und George unter der Überschrift „Rethinking Governance in Management Research" zur weiterführenden Auseinandersetzung mit und einer breiteren Konzeptualisierung von Governance in der Organisationsforschung auf[43]. Sie weisen darauf hin, dass jenseits der Erforschung von Corporate Governance aus der klassischen institutionenökonomischen Perspektive der Principal-Agent-Theory[44] und damit „beyond the preferences of firm investors"[45] weiterer Forschungsbedarf bestehe[46]. Dies begründen sie unter anderem unter Verweis auf „[s]ocial movement

---

[40] Brunnengräber et al. (2004), S. 21.

[41] Für diese Gegenüberstellung siehe Kapitel 3.3.2.

[42] Vgl. hierzu exemplarisch die Sammelwerke von Aras; Crowther (Hrsg.) (2009); Aras, Crowther (2010); Benn, Dunphy (2013); Idowu et al. (Hrsg.) (2015), ferner Scherer; Palazzo (Hrsg.) (2008); außerdem Mason, Simmons (2014).

[43] Vgl. Tihany, Graffin, George (2014).

[44] Vgl. zu einer weiterführenden Erörterung Kapitel 3.1.1.

[45] Tihany, Graffin, George (2014), S. 1539.

[46] Vgl. Tihany, Graffin, George (2014), S. 1536–1538.

organizations formed by customers and other stakeholders [...] [who] have led managers to shift their attention from profit to the 'triple bottom line'"[47]. Weitere zukünftige Forschungsfelder sehen die Herausgeber in der globalen Dimension von Corporate Governance begründet. Dazu zählt die Rolle multinationaler Unternehmen, die als „Focal Firms“ in interorganisationalen Governance-Arrangements ihre Lieferketten steuern, sowie Fragen nach der Legitimität von Corporate Governance-Prozessen, die bestimmte Stakeholderinteressen wiedergeben[48].

1.2 Erkenntnisziele, Forschungsfragen und wissenschaftstheoretische Einordnung

Die im vorangehenden Kapitel angeführten Fragestellungen zeigen, dass sowohl aus theoretischer, wie auch aus pragmatischer Perspektive Forschungs- und Erkenntnislücken bestehen, die eine Betrachtung und Analyse neuer nachhaltigkeitsbezogener Steuerungsformen von Unternehmen notwendig machen.

Übergeordnetes Ziel der weiteren Ausführungen in diesem Buch ist daher die Entwicklung und Fundierung eines Governance-Konstrukts, das die Analyse, Beschreibung und Erklärung nachhaltigkeitsbezogener Steuerungsformen ermöglicht, welche einerseits auf Unternehmen als Governance-Adressaten (im Sinne von Steuerungsobjekten) im Zuge der globalen Nachhaltigkeitsdiskussion wirken bzw. andererseits auch von Unternehmen als gestaltende Governance-Akteure (im Sinne von Steuerungssubjekten) entsprechend beeinflusst werden.

Dieses Governance-Konstrukt soll im vorliegenden Buch in Anlehnung an die Begriffe Corporate Sustainability[49] und Corporate Governance[50] mit dem Terminus „Corporate Sustainability Governance“ überschrieben werden.

Damit liegt der Untersuchungsgegenstand bzw. das Erfahrungsobjekt bei Unternehmen in ihrer nachhaltigkeitsbezogenen Interaktion mit

---

47 Tihany, Graffin, George (2014), S. 1537.

48 Vgl. Tihany, Graffin, George (2014), S. 1540–1541.

49 Corporate Sustainability wird in diesem Buch als Überbegriff für nachhaltige Unternehmensführung bzw. die Nachhaltigkeitsorientierung von Unternehmen verwendet.

50 Für eine ausführliche Einführung des Corporate Governance-Ansatzes siehe Kapitel 3.3.

„governance-wirksamen" Stakeholders[51] und ihrer entsprechenden Einbettung in ein von formalen und informellen Institutionen geprägtes Umfeld[52].

Das Erkenntnisobjekt liegt schließlich bei den aus dieser Interaktion und Einbettung hervorgegangenen Governance-Strukturen und Governance-Prozessen, die es theoretisch zu fundieren und analytisch zugänglich zu machen gilt. Dabei wird schließlich ein in zweifacher Hinsicht ganzheitliches Erkenntnisziel angestrebt:

Zum einen verlangt der geschilderte Untersuchungsgegenstand nach einer systemischen Perspektive, welche der umfassenden Einbettung und Wechselwirkung von Unternehmen und deren assoziierten Akteuren im Nachhaltigkeitskontext gerecht wird. Das heißt, der Blick dieses Buches endet nicht an der Unternehmensgrenze und ist nicht auf rein ökonomische Problemstellungen gerichtet, wie es bei klassischen betriebswirtschaftlichen Modellen der Fall ist. Vielmehr werden Unternehmen in ihrer makrosystemischen und politischen Rolle im Kontext des Nachhaltigkeitsleitbilds betrachtet. Dies erfordert mitunter eine starke Abstraktion intraorganisationaler Zusammenhänge, womit Unternehmen in diesem Buch zwar in ihrer Eigenschaft als korporative Akteure ausgeleuchtet, dabei selbst aber eher als „Black Box" modelliert werden[53].

Zum anderen ist das in diesem Buch zu fundierende Erkenntnisobjekt der Corporate Sustainability Governance zwangsläufig mit einer interdisziplinären und verschiedene Governance-Ebenen einschließenden Perspektive verbunden. So wird in den weiteren Ausführungen an mehreren Stellen gezeigt, dass ein auf einzelne Disziplinen beschränkter Zugang für die Analyse und Modellierung von Corporate Sustainability Governance nicht ausreicht, sondern mehrere, sich ergänzende Ansätze heranzuziehen sind.

Damit soll eine zentrale Leistung des Governance-Konzepts auch für den Erkenntnisgewinn fruchtbar gemacht werden: So trägt Governance trotz unterschiedlicher disziplinärer Interpretationen und Intentionen zur Entstehung einer Art Lingua franca und einer über verschiedene

---

[51] Zu den Akteuren von Corporate Sustainability Governance und deren stakeholdertheoretischer Kategorisierung siehe Kapitel 4.3.3.

[52] Zur weiterführenden Differenzierung des Institutionenbegriffs vgl. Kapitel 4.2.4.

[53] Vgl. zu den sich daraus ergebenden Implikationen für die weitere Forschung Kapitel 5.2.2.

Disziplinen hinweg gemeinsamen Betrachtungsperspektive auf in der Realität unterschiedliche, komplexe Steuerungsphänomene bei[54].

Das Governance-Konzept eignet sich damit auch besonders gut als Ausgangs- und Bezugspunkt für transdisziplinäre Forschungsarbeiten, denen im Bereich der Nachhaltigkeitsforschung ein bedeutender Stellenwert zugewiesen wird[55].

Nach der allgemeinen Beschreibung der Erkenntnisziele stellt sich die Frage, wie die Entwicklung und Fundierung eines neuen Governance-Konstrukts für unternehmerische Nachhaltigkeit wissenschaftstheoretisch einzuordnen ist.

Hierfür soll auf die von verschiedenen Autoren in ähnlicher Weise formulierten allgemeinen Wissenschaftsziele bzw. Stufen des Erkenntnisgewinns in den Wirtschaftswissenschaften Bezug genommen werden[56]. So differenziert beispielsweise Chmielewicz[57] vier grundlegende Wissenschaftsziele in den Wirtschaftswissenschaften[58]:

1) Essentialistisches Wissenschaftsziel (Begriffslehre):
   Präzisierung von Begriffen und Definitionen
2) Theoretisches Wissenschaftsziel (Wirtschaftstheorie):
   Identifikation von Ursache-Wirkungs-Zusammenhängen
3) Pragmatisches Wissenschaftsziel (Wirtschaftstechnologie):
   Überführung der erklärenden Ursache-Wirkungszusammenhänge in Ziel-Mittel-Systeme (Gestaltungshinweise, Zusammenstellung von Möglichkeiten zur Problemlösung)
4) Normatives Wissenschaftsziel (Wirtschaftsphilosophie):
   Formulierung von Werturteilen (im Aussagenbereich)[59]

---

54 Vgl. Benz et al. (2007), S. 9–10. Einen ähnlichen Anspruch verfolgen auch die Systemtheorie und Kybernetik, vgl. Kapitel 4.1.

55 Vgl. Jahn (2013), S. 68–71; Dubielzig, Schaltegger (2004), S. 5–6.

56 Vgl. Grochla (1978), S. 68 ff; Chmielewicz (1994), S. 8 ff; Schanz (2009), S. 84 ff; Wolf (2011), S. 8 ff.

57 Vgl. Chmielewicz (1994), S. 8 ff; vgl. auch Kornmeier (2007), S. 24–26.

58 Zu einer ähnlichen Unterteilung kommt Wolf, er unterscheidet die folgenden fünf Stufen der Theoriebildung: 1) Begriffsbildung/-bestimmung, 2) Beschreibung, 3) Erklärung, 4) Prognose und 5) Gestaltungsvorschläge; vgl. Wolf (2011), S. 8–11.

59 Vgl. hierzu Albert (1967), S. 92 ff.

Nach Schanz[60] und Grochla[61] kann das theoretische Wissenschaftsziel wiederum in deskriptive und explanatorische Zielstellungen unterteilt werden, woraus schließlich das in Tabelle 1 gezeigte Raster entsteht, mit dessen Hilfe die Ziele der Ausführungen in diesem Buch dargestellt werden.

Wissenschaftsziele	Ziele des vorliegenden Buchs
Essentialistisches Ziel (Präzisierung von Begriffen und Definitionen)	Theoretische Fundierung von Corporate Sustainability Governance als nachhaltigkeitsintendierende Steuerungsform unternehmerischen Handelns (Kapitel 4, aufbauend auf den Grundlegungen in Kapitel 2 und 3)
Deskriptives Ziel (Beschreibung realer Sachverhalte)	Analyseraster für Phänomene der Corporate Sustainability Governance (Kapitel 4.2, aufbauend auf den Grundlegungen in Kapitel 2 und 3)
Explanatorisches Ziel (Erklärung realer Sachverhalte)	Identifikation und Kombination geeigneter Erklärungsansätze, Entwicklung eines exemplarischen Erklärungsmodells für Phänomene der Corporate Sustainability Governance (Kapitel 4.3, aufbauend auf Kapitel 4.1 und 4.2)
Pragmatisches Wissenschaftsziel (Gestaltungshinweise, Problemlösungsmöglichkeiten)	Diskussion der Effektivität von Corporate Sustainability Governance, Identifikation relevanter Einflussgrößen und Problemlösungsansätze (Kapitel 5)
Normatives Ziel (Werturteile im Aussagenbereich)	Angestrebte Werturteilsfreiheit im Aussagenbereich; normative Grundlagen im Basis- und insbesondere im Objektbereich bedingt durch den gewählten Untersuchungsgegenstand

Tabelle 1: Ziele des Buchs im Zielsystem der Wirtschaftswissenschaften

---

60 Vgl. Schanz (2009), S. 84–86.
61 Vgl. Grochla (1978), S. 68–70.

Ein bedeutender Schwerpunkt der Ausführungen in diesem Buch liegt auf der Ebene des essentialistischen Wissenschaftsziels. Dieses Ziel wird von Autoren, welche die oben beschriebenen Wissenschaftsziele in Stufenmodelle der Theorienentwicklung einordnen als niedrigste Stufe auf dem Weg zur wissenschaftlichen Erkenntnis betrachtet[62]. Gerade die Präzisierung der relevanten Begrifflichkeiten und die damit einhergehende Schärfung des Analyserasters für Phänomene der Corporate Sustainability Governance bildet aber eine unabdingbare Basis für die Erreichung weiterführender Erkenntnisstufen.

Die angestrebte Fundierung einer neuen Governance-Form erfordert damit zunächst entsprechende essentialistische Grundlegungen, verbunden mit der Intention, einen Ausgangspunkt für sich anschließende Forschungsarbeiten zu liefern.

Die Notwendigkeit für begrifflich-konzeptionelle Grundlagenarbeit wird zudem noch dadurch verstärkt, weil Corporate Sustainability Governance mit den Begriffen Nachhaltigkeit und Governance auf gleich zwei allgegenwärtigen Worthülsen fußt, die es ausreichend mit Inhalten zu füllen und begrifflich zu schärfen gilt.[63]

Aufbauend auf den essentialistischen Grundlagen liegen weitere Schwerpunkte des vorliegenden Buchs auf den Ebenen des deskriptiven und explanatorischen Wissenschaftsziels. Das schon angesprochene, zu entwickelnde Analyseraster für Corporate Sustainability Governance dient schließlich dazu, reale Steuerungs-Phänomene erfassen und beschreiben zu können. Die Hinterlegung mit entsprechenden Erklärungsansätzen und die Ableitung eines exemplarischen Erklärungsmodells tragen dazu bei, sich Corporate Sustainability Governance nicht nur deskriptiv, sondern auch explanatorisch zu nähern.

Das pragmatische Wissenschaftziel wird schließlich durch die Diskussion um die Effektivität von Corporate Sustainability Governance vor dem Hintergrund der generellen Fragestellungen einer „Politization of the Corporation“ angesprochen. Ergebnis dieser Diskussion sind Gestaltungs- bzw. Problemlösungshinweise, um die Effektivität der entsprechenden Steuerungsformen zu verbessern und ihre Legitimität zu erhöhen. Dabei ist anzumerken, dass bei dieser Diskussion die Schwelle zu normativen Aussagen trotz angestrebter Werturteilsfreiheit aus streng dogmatischer Sicht wohl zumindest betreten wird – es sei denn, die

62 Vgl. Grochla (1978), S. 68–70; Wolf (2011), S. 8.

63 Vgl. hierzu ausführlich Kapitel 2 und 3.

grundsätzliche „Richtigkeit" des Nachhaltigkeitsleitbilds sowie demokratietheoretischer Prinzipien werden im Basisbereich der Forschung angelegt[64].

In engem Zusammenhang mit den geschilderten Wissenschaftszielen, die in diesem Buch adressiert werden, steht schließlich auch das gewählte methodologische Vorgehen. So wird entsprechend des theoretisch-konzeptionellen Schwerpunkts der Ausführungen in diesem Buch eine sachlich-analytische Forschungsstrategie[65] verfolgt, verbunden mit einer primär deduktiven Vorgehensweise. Beim Verfassen dieses Buchs selbst wurden keine empirischen Primärerhebungen durchgeführt. Dennoch wurden ihre Themenstellung und Bearbeitung auch maßgeblich von vorangehenden empirischen Arbeiten geprägt, die im Rahmen eines Forschungsprojekts, an dem der Autor mitwirkte, durchgeführt wurden[66]. Außerdem wird jeweils versucht, die entwickelten theoretischen Überlegungen mit entsprechenden empirischen Beispielen aus dem Bezugskontext der Corporate Sustainability Governance zu illustrieren. Ein weiteres Charakteristikum des methodologischen Vorgehens in diesem Buch ist der Versuch, Corporate Sustainability Governance als interdisziplinären Governance-Ansatz zu konzeptualisieren, der für spätere transdisziplinäre Forschung, die sich durch die Integration unterschiedlicher wissenschaftlicher und praktischer Perspektiven auszeichnet, offen ist.

Transdisziplinarität fordert und ermöglicht dabei einen disziplinenübergreifenden Theorienpluralismus, in diesem Fall geprägt durch

---

64 An dieser Stelle ist auf die grundsätzliche Klassifikation Alberts (1967) hinzuweisen, der Werturteile im Basisbereich (zum Beispiel wissenschaftstheoretische Auffassungen), im Objektbereich (zum Beispiel bei der Analyse von Normen oder Zielsystemen) und dem Aussagenbereich (Wertungen im Rahmen wissenschaftlicher Aussagen) unterscheidet. Während das Konstrukt der Corporate Sustainability Governance mit Werturteilen im Basis- und Objektbereich (hier vor allem mit Hinblick auf das Nachhaltigkeitsleitbild) verknüpft ist, strebt es keine Werturteile im Aussagenbereich an. Vgl. Albert (1967), S. 92 ff.

65 Zur Unterscheidung von sachlich-analytischer, empirischer und formal-analytischer Forschungsstrategie siehe Grochla (1978), S. 97 f.

66 Im Forschungsprojekt „Nachhaltige Gestaltung internationaler Wertschöpfungsketten – Akteure und Governance-Systeme" wurden über 20 Experteninterviews mit Vertretern multinationaler Unternehmen, Zulieferern, NGOs, Bildungsanbietern und Gewerkschaftsvertretern geführt sowie unterschiedliche Dialogformate mit internationalen Experten veranstaltet, vgl. Zink, Fischer, Hobelsberger (Hrsg.) (2012).

wirtschafts- und politikwissenschaftliche sowie soziologische Ansätze. Hierbei wird unterstellt, dass ein intendierter Eklektizismus dem Verständnis und der Modellierung komplexer Steuerungsphänomene besser gerecht wird, als singuläre Zugänge. Insbesondere das im vorangehenden Kapitel skizzierte System- und Transformationswissen kann nur dann generiert werden, wenn ein ausreichend breit angelegtes Modellierungsinventar zur Verfügung steht.

Transdisziplinarität verlangt aber auch nach intensiver Zusammenarbeit von Wissenschaftlern unterschiedlicher Disziplinen sowie nach einer direkten Rückkopplung zu bzw. dem unmittelbaren Einbezug von Personengruppen in den Forschungsprozess, die entweder vom zu lösenden Problem selbst betroffenen sind bzw. maßgeblich an dessen Lösung mitwirken können[67]. Mit dem in diesem Buch entwickelten Konstrukt der Corporate Sustainability Governance wird ein theoretisch-konzeptioneller Ausgangspunkt für eine weiterführende transdisziplinäre Wissensintegration[68] im Themenbereich der Nachhaltigkeitsorientierung von Unternehmen geschaffen.

Auf Grundlage der vorangehenden Überlegungen lassen sich schließlich die für dieses Buch relevanten Forschungsfragen abgrenzen. Dabei wird deutlich, dass die oben beschriebenen Wissenschaftsziele nicht voneinander losgelöst, sondern vielmehr eng miteinander verwoben sind. Theoretische und pragmatische Erkenntnisziele können nicht unabhängig voneinander verfolgt werden, wie die im Folgenden formulierten Forschungsfragen zeigen.

Forschungsfragen mit vorrangig theoretischem Erkenntnisziel:

1) Wie kann Governance als transdisziplinäres Brücken-Konzept für die Erklärung und Analyse nachhaltigkeitsintendierender Steuerungsformen fruchtbar gemacht werden?

2) Welche Betrachtungsperspektive und Erklärungskraft bieten die dem gegenwärtigen Governance-Diskurs zugrundeliegenden theoretischen

67 Dubielzig, Schaltegger (2004), S. 9–10. Vgl. hierzu auch die Auseinandersetzung mit entsprechendenLegitimitätskriterien in Kapitel 5.1 sowie die Überlegungen zu weiterführenden Forschungsarbeiten in Kapitel 5.2.3.

68 Vgl. Bergmann, M. et al. (2010), S. 48 ff.

Ansätze für die Untersuchung von Corporate Sustainability Governance?

3) Wie können „blinde Flecken“ im Diskurs überwunden und im Sinne eines erwünschten Theorienpluralismus zueinander komplementäre Ansätze miteinander kombiniert werden, um diese Steuerungsformen besser zu verstehen?

4) Welche demokratietheoretischen und ggf. anderen Kriterien können zur Beurteilung der Effektivität und Legitimität dieser Steuerungsformen herangezogen werden?

Forschungsfragen mit vorrangig pragmatischem Erkenntnisziel:

5) Welche fördernden und hemmenden Faktoren bezüglich der Effektivität von Corporate Sustainability Governance bestehen, welche diesbezüglichen Gestaltungshinweise können abgeleitet werden?

6) Welchen Problemlösungsbeitrag kann Corporate Sustainability Governance als Teil übergeordneter Prozesse einer „Global Governance für Nachhaltigkeit“ leisten, wo liegen Grenzen und welche Risiken sind ggf. damit verbunden?

1.3 Aufbau der Buches

Das vorliegende Buch ist dreigliedrig aufgebaut (siehe Abbildung 1):

- Kapitel 1 bis 3 besitzen einführenden Charakter, so werden nach der in diesem Kapitel vorgenommenen Erörterung der Problemstellung, der Erkenntnisziele und der wissenschaftstheoretischen Einordung in den beiden folgenden Kapiteln 2 und 3 die begrifflichen Grundlagen für die weiteren Ausführungen gelegt. Dort werden die zentralen Begrifflichkeiten Nachhaltigkeit bzw. nachhaltige Entwicklung und Governance eingeführt und aus unterschiedlichen, teilweise disziplinenspezifischen Blickwinkeln diskutiert.
- Aufbauend auf diesen Grundlegungen wird in Kapitel 4 schließlich das zu entwickelnde Konstrukt der Corporate Sustainability theoretisch fundiert. Dabei werden Nachhaltigkeit und Governance in einer metatheoretischen, systemorientierten Betrachtung zunächst von unterschiedlichen Begriffsverwendungen und inhaltlichen Prägungen losgelöst und aus kybernetischer Perspektive redefiniert (Kapitel 4.1).

Damit wird es möglich, beide Konzepte in einen übergeordneten Beziehungszusammenhang zu stellen und Nachhaltigkeit als Lenkungsproblem sozialer Systeme sowie Governance als Lenkungskonzept zu betrachten.

In Kapitel 4.2 folgt dieser metatheoretischen Einordnung eine governancetheoretische Fundierung von Corporate Sustainability Governance. Ziel ist es hierbei, ein Analyseraster sowie zentrale Modellierungsanforderungen für die Betrachtung von Phänomenen der Corporate Sustainability Governance abzuleiten. Außerdem werden mit Hinblick auf die bestehende Governance-Landschaft Zusammenhänge und Unterschiede des Konstrukts bezüglich verschiedener Diskursfelder aufgezeigt.

Im Anschluss daran wird in Kapitel 4.3 versucht, die den Formen von Corporate Sustainability Governance zugrundeliegenden Mechanismen unter Rückgriff auf verschiedene, sich in ihrer Erklärungskraft ergänzende Ansätze organisationstheoretisch zu fundieren. Die zu kombinierenden Ansätze werden dabei unter Verweis auf das im vorangehenden Kapitel gewonnene Analyseraster bzw. die abgeleiteten Modellierungsanforderungen für Corporate Sustainability Governance ausgewählt und miteinander verknüpft. In der sich anschließenden Ableitung eines exemplarischen Erklärungsmodells soll anhand eines idealtypischen Governance-Prozesses das Zusammenwirken dieser Ansätze verdeutlicht und deren empirische Relevanz illustriert werden.

- In den beiden abschließenden Kapiteln 5 und 6 werden Implikationen für Forschung und Praxis diskutiert sowie eine Zusammenfassung der Ergebnisse und ein Ausblick gegeben. Dabei wird in Kapitel 5 auf die zentralen Fragestellungen der Legitimität und Effektivität von Corporate Sustainability Governance eingegangen und versucht, diese einerseits unter Verweis auf klassische demokratietheoretische Kriterien sowie andererseits in ihrer Spezifizität möglichst nah am Untersuchungsgegenstand zu diskutieren. Als Anregungen für weitere Forschungsarbeiten wird auf die Möglichkeiten einer empirischen Validierung der theoretisch-konzeptionellen Ergebnisse die in diesem Buch erzielt wurden sowie auf eine mögliche weiterführende Mikrofundierung der Akteure von Corporate Sustainability Governance und schließlich auf die Anwendung partizipativer Forschungsansätze vor dem Hintergrund der geforderten Transdisziplinarität, aber auch der angesprochenen Legitimität und Effektivität von Corporate Sustainability Governance eingegangen.

I) EINFÜHRUNG

Kapitel 1: Problemstellung und Aufbau
Kapitel 2: Nachhaltige Entwicklung und nachhaltige Unternehmensführung
Kapitel 3: Das Governance-Konzept – Entwicklungslinien und Verwendungskontexte

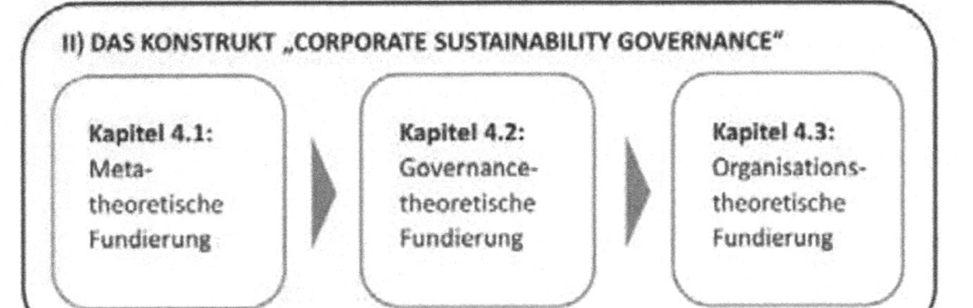

III) IMPLIKATIONEN UND FAZIT

Kapitel 5: Implikationen für Forschung und Praxis
Kapitel 6: Zusammenfassung und Ausblick

Abbildung 1: Aufbau des Buches

2 Nachhaltige Entwicklung und nachhaltige Unternehmensführung

Das in diesem Buch zu entwickelnde Konstrukt der Corporate Sustainability Governance fußt mit seinem Bezug zum globalen Nachhaltigkeitsleitbild und zum eher diffusen Governance-Konzept gleich auf zwei Begrifflichkeiten, die als „Buzzwords“ und „Fuzzwords“[69] gelten dürfen: Beide „schwirren“ (engl.: to buzz) durch verschiedene Verwendungskontexte und scheinen in manchen Diskursen geradezu ubiquitär anzutreffen, dabei jedoch oft verbunden mit unterschiedlichen Inhalten und Bedeutungszusammenhängen. Das macht Nachhaltigkeit und Governance zugleich „fuzzy“, also unscharf, weshalb beide Begriffe in diesem und dem darauf folgenden Kapitel erst einmal in ihrer inhaltlichen Breite vorgestellt werden, bevor in Kapitel 4 der Versuch unternommen wird, sie von verschiedenen Bezugskontexten zu lösen und in einen grundlegenden Beziehungszusammenhang zu stellen.

Bei der Einführung des Leitbilds nachhaltiger Entwicklung in Kapitel 2.1 wird zunächst antichronologisch vorgegangen. An erster Stelle stehen die jüngsten Entwicklungen der globalen Nachhaltigkeitspolitik seit der Weltkonferenz Rio+20 im Jahr 2012. Die hier skizzierte Entstehung der Agenda 2030 für nachhaltige Entwicklung[70] dient geradezu als Musterbeispiel für die Illustration der Mechanismen eines „Global Governance“-Prozesses[71] und zeigt deutlich, wie stark das Leitbild und die damit verbundenen inhaltlichen Aspekte mit politischen, governancebezogenen Fragestellungen verknüpft sind.

Zu diesen zählen zum Beispiel:

- Wie ist eine globale Nachhaltigkeitspolitik ohne „Weltregierung“ formulier- und umsetzbar,

---

[69] Zur Wahl der beiden Begrifflichkeiten „Buzzwords“ und „Fuzzwords“ vgl. das Herausgeberwerk von Cornwall, Eade (Hrsg.) (2010), das sich mit dem globalen Entwicklungsdiskurs auseinandersetzt.

[70] Vgl. United Nations (2015b).

[71] Das Global Governance-Konzept wird in Kapitel 3.3.1 ausführlich vorgestellt, vgl. zu den Bezügen zwischen Global Governance und Corporate Sustainability Kapitel 4.2.5.

- welcher strukturellen Voraussetzungen und Institutionen (an dieser Stelle im Sinne von Organisationen sowie formalen Regeln) bedarf es, um souveräne Nationalstaaten mit unterschiedlichen Interessenlagen im Rahmen gemeinsamer politischer Nachhaltigkeitsbestrebungen zusammenzubringen und
- wie können die Bedürfnisse und Forderungen großer Teile der Weltbevölkerung adäquat in diesen Prozessen abgebildet werden?

Im Anschluss an die Vorstellung des gegenwärtigen, politischen Nachhaltigkeitsdiskurses der internationalen Staatengemeinschaft wird schließlich ergänzend auf die Genese sowie die grundlegenden Aussagen und Prinzipien des Leitbilds eingegangen.

In Kapitel 2.2 wird nachhaltige Entwicklung aus einer ökonomischen Perspektive eingeführt und gezeigt, dass Nachhaltigkeit auf eine lange Geschichte als ökonomisches Handlungsprinzip zurückblicken kann. In diesem Zuge wird auch auf die Fragen eingegangen, weshalb dieses Prinzip bisher nicht generell in die Ökonomie Einzug gefunden hat und – eng damit verknüpft – inwieweit zwischen mikroökonomischem und gesamtsystemischem Nachhaltigkeitsstreben Steuerungslücken bestehen können, die wiederum für eine Betrachtung von Corporate Sustainability Governance von vorrangigem Interesse sind.

2.1 Das Leitbild nachhaltiger Entwicklung

2.1.1 Nachhaltige Entwicklung im aktuellen internationalen Diskurs: Agenda 2030 und Sustainable Development Goals

Im September 2015 wurde von der UN Generalversammlung die „Agenda 2030 für nachhaltige Entwicklung“[72] verabschiedet. Ihre Genese und die Entstehung der damit verbundenen Sustainable Development Goals werden in diesem Abschnitt näher beschrieben. Dabei wird gezeigt, dass dieser globalen Agenda mit ihrem integrierten Zielkatalog für entwicklungs- und nachhaltigkeitspolitische Zielstellungen jahrelange, zum Teil voneinander losgelöst laufende Vorbereitungsprozesse vorausgingen.

[72] Vgl. United Nations (2015b).

Diese hatten ihren Ursprung in den zwei bis dahin eher unverbundenen Linien der UN Entwicklungs- und Nachhaltigkeitspolitik, die erst im Zuge der aktuellen Agenda-Entwicklung zusammengeführt wurden. Beide Entwicklungslinien und die mit ihnen verbundenen Zuständigkeiten innerhalb der UN-Institutionen sind in Abbildung 2 in der Übersicht zusammengestellt und werden in den folgenden Abschnitten erörtert.

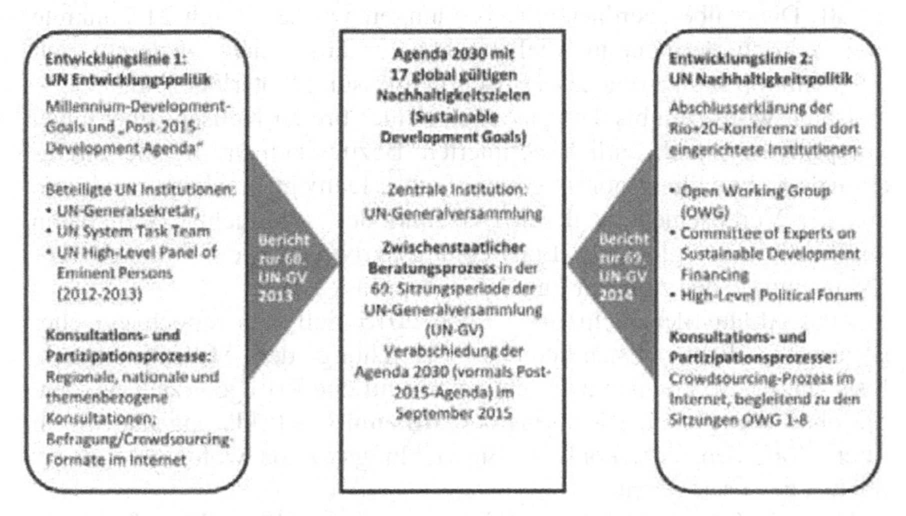

Abbildung 2: Entstehung der Agenda 2030 im Post-2015-Prozess der Vereinten Nationen[73]

2.1.1.1 Entwicklungslinie 1: UN Entwicklungspolitik und Millennium-Development-Goals

Die erste Entwicklungslinie der Agenda 2030 ist auf die Entwicklungspolitik der Vereinten Nationen zurückzuführen, deren Arbeit sich in den ersten 15 Jahren des neuen Jahrtausends an einem eigenen Zielkatalog globaler Entwicklungsziele orientierte.

So war das Jahr 2015 das Zieldatum der acht sogenannten Millenniumsziele der Vereinten Nationen (Millennium Development Goals, MDGs), die als Folge des Millenniumgipfels der Staatengemein-

[73] Eigene Darstellung.

schaft im Jahr 2000 verabschiedet wurden[74] und seitdem die UN-Entwicklungspolitik und damit die globale Entwicklungsagenda maßgeblich prägten[75].

Die acht MDGs adressierten die Themenfelder Armutsbekämpfung, Bildung, Gleichberechtigung der Geschlechter, Gesundheit von Kindern und Müttern, Bekämpfung von Infektionskrankheiten, ökologische Nachhaltigkeit und den Aufbau einer globalen Entwicklungspartnerschaft. Diese übergeordneten Zielstellungen wurden durch 21 konkrete und zeitlich terminierte Zielvorgaben ergänzt, die wiederum mit insgesamt 60 Indikatoren zur Fortschrittsmessung hinterlegt sind.[76]

Damit wurde ein bis dato „nicht erreichter breiter Konsens über einen überprüfbaren und zeitlich definierten Bezugsrahmen für die internationale Entwicklungspolitik geschaffen“[77]. Dementsprechend resultierte aus der Verabschiedung der MDGs und den zahlreichen, sich daran anschließenden globalen Entwicklungsaktivitäten, ein einzigartiges „Momentum“ der globalen Entwicklungspolitik[78].

Zum Ablauf der Zielperiode Ende 2015 ließ sich jedoch ein eher gemischtes Bild hinsichtlich der Erreichung der Millenniumsziele feststellen[79]. So konnten zwar einige beachtliche Erfolge erzielt werden, die ohne den globalen Konsens der Millenniums-Erklärung und die in ihren Vorgaben recht konkrete Entwicklungsagenda wohl nicht zu erreichen gewesen wären.

Hierzu zählen beispielsweise Fortschritte bei der Bekämpfung von extremer Armut und Hunger, der Senkung der Kinder- und Müttersterblichkeit und dem verbesserten Zugang zu Grundschulbildung. Dennoch wurden viele der gesetzten Ziele nicht erreicht und es bestehen global nach wie vor große Ungleichheiten zwischen armen und reichen Haushalten sowie zwischen Männern und Frauen. Insbesondere im Bereich der ökologischen Nachhaltigkeit hat sich die Situation in einigen Feldern seit dem Jahr 2000 sogar verschlechtert, zum Beispiel durch den Anstieg

[74] Vgl. United Nations (2000).
[75] Vgl. Hobelsberger, Kuhnke (2013), S. 334, 336.
[76] Vgl. United Nations (2008).
[77] Vgl. Hobelsberger, Kuhnke (2013), S. 336.
[78] Vgl. Ki-Moon (2013), S. 3.
[79] Vgl. United Nations (2014a).

der Treibhausgasemissionen, den Verlust biologischer Vielfalt und Raubbau.[80]

Trotz der geschilderten Teilerfolge wiesen die MDGs vor allem aus der Perspektive der Nachhaltigkeitsdebatte jedoch auch Defizite auf, die wie folgt zusammengefasst werden können:

- Anstelle einer umfassenden Zielstellung, die auf die Entwicklungs- und Handlungsbedarfe aller Länder gleichermaßen eingeht, festigten die Ziele eher ein Entwicklungsverständnis, das vorrangig Entwicklungs- und Schwellenländer adressiert, ohne die für eine dauerhaft tragbare globale Entwicklung erforderlichen Veränderungen in den Industrienationen und Geberländern aufzugreifen[81].
- Der Schutz der natürlichen Lebensgrundlagen wurde in den MDGs als separates Ziel und nicht als integrales Querschnittsthema aufgegriffen (MDG 7, „Sicherung der ökologischen Nachhaltigkeit"). Dabei hängt die Erreichung sozialpolitischer Ziele, wie das der Armutsbekämpfung unmittelbar vom Schutz und Zustand der natürlichen Lebensgrundlagen ab[82].
- Mit dem starken Fokus auf das Zieljahr 2015 konnten zwar ein vergleichsweise hoher internationaler Handlungsdruck erzeugt und die globalen Aktivitäten fokussiert werden, allerdings ließen die Entwicklungsziele offen, wie die Entwicklungsagenda über das Jahr 2015 hinaus gestaltet werden sollten[83]. Sie wurden damit dem generationenübergreifenden Ansatz des Nachhaltigkeitsleitbilds nicht gerecht[84].

Durch die Knüpfung der Millenniumsziele an das übergeordnete Zieldatum 2015 drohte der globalen Entwicklungsagenda nach Ablauf dieser Periode schließlich – im Wortsinn – „Ziellosigkeit". Je näher das Jahr 2015 rückte, desto notwendiger wurde somit die Fortschreibung der UN-

---

[80] Vgl. für eine detaillierte Auswertung United Nations (2015a).

[81] Vgl. Messner (2011), S. 413.

[82] Vgl. WBGU (2005), S. 5; Messner, Scholz (2010), S. 74–75.

[83] Vgl. Loewe (2010), S. 109–114.

[84] Dieser Kritikpunkt konnte jedoch auch mit der Verabschiedung der aktuellen Sustainable Development Goals fort, die im Rahmen der „Agenda 20130" letztlich mit einem Zeithorizont von meist 15 Jahren beschlossen. Vgl. United Nations (2015b), S. 3 ff. Ursprünglich war dieser Prozess als Entwicklung einer „Post-2015-Agenda" offener angelegt.

Entwicklungsagenda „Post-2015“. Aus diesem Grund wurde auf dem 2010 UN Summit on the Millennium Development Goals in New York neben einer kritischen Bestandsaufnahme des bisherigen MDG-Fortschritts und der Forderung eines stärkeren Vorantreibens der Zielagenda der UN-Generalsekretär beauftragt, diese Fortschreibung in die Wege zu leiten[85].

Ban Ki-moon initiierte daraufhin einen umfassenden Prozess zur Erarbeitung einer Post-2015 Development Agenda, in dessen Rahmen unterschiedliche Arbeitsgruppen gegründet und ein bis dahin einzigartiger, breit angelegter Partizipationsprozess initiiert wurde:

- *UN System Task Team:*

  Das „UN System Task Team on the Post-2015 UN Development Agenda“ wurde im September 2011 eingerichtet, um die Vorbereitung der Post-2015-Entwicklungsagenda zu unterstützen. In diese Gruppe waren über 50 UN-Institutionen und weitere internationale Organisationen, wie die Weltbank, die Welthandelsorganisation und der Internationale Währungsfonds, eingebunden. Die Expertengruppe hatte eine Bestandsaufnahme der UN-Aktivitäten im Kontext der MGD-Erreichung, Konsultationen mit externen Stakeholdergruppen sowie die Erarbeitung einer Vision und Roadmap für die Post-2015-Agenda zur Aufgabe. Sie beendete ihre Arbeit mit ihrem Abschlussbericht „Realizing the Future We Want for All“ im Juni 2012.[86]

- *High-level Panel of Eminent Persons:*

  Im Juli 2012 berief der UN-Generalsekretär ein Panel aus 27 hochrangigen, internationalen Vertreten aus den Bereichen Zivilgesellschaft, Wirtschaft und Politik ein, unter ihnen auch der ehemalige deutsche Bundespräsident Horst Köhler. Der Arbeit dieses Gremiums waren 24 Leitfragen[87] vorangestellt. Sie hatte zum Ziel, einerseits die gegenwärtigen globalen Herausforderungen und Entwicklungen in die Formulierung einer Post-2015-Agenda einzubeziehen und andererseits auf den Erfahrungen aus der bisherigen MDG-Umsetzung und den oben beschriebenen Konsultationsprozessen aufzu-

---

85 Vgl. United Nations (2010), S. 29.
86 Vgl. United Nations (2012b), S. 1–3.
87 Vgl. United Nations (2012a).

bauen[88]. Das Panel beendete seine Arbeit mit dem Bericht „A New Global Partnership: Eradicate Poverty and Transform Economies through Sustainable Development" an den UN Generalsekretär im Mai 2013. In dem Bericht stellt das Panel fünf notwendige Transformationsprozesse für die zukünftige globale Entwicklungsagenda heraus, darunter die Bekämpfung von Armut, Benachteiligung und Diskriminierung („Leave No One Behind") und die Notwendigkeit einer umfassenden Integration nachhaltiger Entwicklung in die globale Entwicklungsagenda („Put Sustainable Development at the Core").[89]

- *Konsultations- und Crowdsourcing-Prozesse:*

  Die Post-2015-Initiative des UN-Generalsekretärs wurde von einem bis dahin einzigartigen, weltweiten Konsultationsverfahren begleitet. Um vor allem die Bedürfnisse der von Ausgrenzung und Benachteiligung besonders betroffenen Menschengruppen[90] bei der Entwicklung der Post-2015-Agenda zu berücksichtigen, wurden zwischen Oktober 2012 und Juni 2013 weltweit über eine Million Menschen mit verschiedenen Methoden wie Interviews, Gruppendiskussionen, Multi-Stakeholder-Treffen und Befragungen im Rahmen sogenannter „national consultations" einbezogen. Diese Konsultationen fanden in insgesamt 88 Nationen, mit Fokus auf Entwicklungs- und Schwellenländern, statt.[91] Dem daraus entstandenen Report „A Million Voices: The World We Want" zufolge, ist es vielen der beteiligten Personen wichtig, die Millenium-Entwicklungsziele auch nach 2015 weiter zu verfolgen. Zudem zeichneten sich neue Themenfelder für die zukünftige Entwicklungsagenda im Zuge der Konsultationen ab, wie Mitbestimmung, menschenwürdige Arbeit und eine sichere Lebensgrundlage sowie ein Dasein ohne Angst und Gewalt[92]. Ergänzend zu den geschilderten „national consultations" wurden zudem Konsultationsprozesse in insgesamt elf Themenfeldern initiiert („thematic

---

88 Vgl. United Nations (o.J.).

89 Vgl. United Nations (2013b), S. 7–12.

90 Hierzu zählen zum Beispiel indigene Bevölkerungsgruppen, Flüchtlinge, Heimatlose oder Gefängnisinsassen, in vielen Ländern auch Homosexuelle, Kinder und Jugendliche vgl. United Nations Development Group (2013), ANNEX I.

91 Vgl. United Nations Development Group (2013), S. 43–45.

92 Vgl. United Nations Development Group (2013), S. 9–36.

consultations“[93]), die im Rahmen unterschiedlicher Formate weltweit verschiedene Stakeholdergruppen einbezogen und deren Ergebnisse ebenfalls in den Post-2015-Prozess einflossen[94].

Aufbauend auf den oben beschriebenen Vorarbeiten erstellte Ban Ki-moon im Jahr 2013 schließlich seinen Bericht „A life of dignity for all: accelerating progress towards the Millennium Development Goals and advancing the United Nations development agenda beyond 2015“, der im Juli 2013 an die UN-Generalversammlung übergeben wurde. Auch nach der Übergabe dieses Berichts liefen zahlreiche der genannten Konsultationsprozesse weiter. So wurde zum Beispiel im April 2014 ein weiteres Dialogformat zur Ausgestaltung der für die Post-2015-Agenda notwendigen Umsetzungsmaßnahmen („Means of Implementation“) gestartet, das die vorangehenden, eher thematisch geprägten Diskussionen um Fragen des erforderlichen prozessualen und institutionellen Rahmens für die Umsetzung der Agenda ergänzen sollte[95].

2.1.1.2 Entwicklungslinie 2: UN-Nachhaltigkeitspolitik und Rio+20

Die zweite Entwicklungslinie der Agenda 2030 für nachhaltige Entwicklung liegt in der UN-Nachhaltigkeitspolitik als solche begründet und geht auf die Beschlüsse der so genannten „Rio+20“ Konferenz zurück.

So traf zwanzig Jahre nach dem bedeutenden Nachhaltigkeitsgipfel in Rio de Janeiro die Weltgemeinschaft im Juni 2012 erneut in Brasilien zusammen, um den „Geist von Rio“ wiederaufleben zu lassen. Allerdings blieben die Ergebnisse der UN-Konferenz Rio+20 weit hinter den Erwartungen vieler beteiligter Akteure und Beobachter zurück und wurden vor allem von Nicht-Regierungsorganisationen stark kritisiert[96].

---

93 Eine Übersicht zu den Themenfeldern ist in ANNEX 2 des Berichts United Nations Development Group (2013) zu finden.

94 Ein Überblick über die verschiedenen Konsultationsverfahren und den dazu gehörenden Veranstaltungen sowie weiteren Austauschformaten ist auf der Online-Plattform „The World We Want“ zu finden. URL: http://www.worldwewant2015.org/ (zuletzt geprüft am 12.12.14).

95 Diese „Dialogues of Implementation“ fanden im Zeitraum von April 2014 bis April 2015 sowohl im Internet, als auch im Rahmen von Veranstaltungen in zahlreichen Ländern statt.
URL: http://www.worldwewant2015.org/sitemap (zuletzt geprüft am 12.12.14).

96 Vgl. WWF (2012); Wille (2012); o. V. (2012); Greenpeace (2012b).

Insbesondere der durch die Weltfinanz- und Eurokrise geschwächten Europäischen Union war es 2012 nicht gelungen, eine Vorreiterrolle einzunehmen und sich mit Erfolg für ein ambitioniertes Konferenzergebnis einzusetzen. Dabei zeigten sich erneut verhärtete Positionen zwischen den Entwicklungs- und Schwellenländern und den Industrienationen, welche die Konsensfindung im Zuge der Konferenz erschwerten. Während vor allem von Seiten der Industrienationen das Konzept einer „Green Economy" als wegweisend für eine nachhaltigere globale Entwicklung gesehen wurde, befürchteten Kritiker hinter diesem Ansatz einen verdeckten „grünen Protektionismus" des Westens, der die aufholende Entwicklung in Entwicklungs- und Schwellenländern durch hohe Umweltauflagen gefährden könnte[97].

Dass bei der Rio+20 Konferenz die Festschreibung konkreter Nachhaltigkeitsziele zunächst aufgeschoben wurde, wurde von vielen Beobachtern als Scheitern der Staatengemeinschaft gewertet[98]. Diese Aufschiebung führte aber schließlich zur Initiierung eines längeren, partizipativ angelegten Zielentwicklungsprozesses im Anschluss an die Konferenz. Durch ihn eröffnete sich die Möglichkeit, die Entwicklung globaler Sustainable Development Goals in den ebenfalls auf UN-Ebene stattfindenden und bis dahin parallel verlaufenden Prozess der Fortschreibung einer globalen Post-2015-Entwicklungsagenda (siehe vorangehender Abschnitt) hinaus zu integrieren[99].

So konnten mit dem Ergebnisdokument der Konferenz „The Future We Want"[100] die Weichen für eine tiefergreifendere Weiterentwicklung des globalen UN-Nachhaltigkeitsregimes gestellt werden, als es im Zuge der Konferenz unmittelbar zu erkennen war. Die am Gipfel teilnehmenden Staatsoberhäupter und Regierungsvertreter konnten sich zwar bei der Konferenz selbst nicht auf verbindliche und terminierte Nachhaltigkeitsziele einigen, beschlossen aber einen Folgeprozess zur Ausarbeitung globaler „Sustainable Development Goals" und darüber hinaus eine Stärkung des institutionellen Rahmens der Nachhaltigkeitspolitik der Vereinten Nationen[101] (siehe Abschnitt 2.1.1.3).

---

[97] Vgl. Borhorst et al. (2012).

[98] Vgl. stellvertretend Greenpeace (2012a).

[99] Vgl. Lauster, Mildner, Wodni (2010), S. 1–3.

[100] Vgl. United Nations (2012c).

[101] Hierzu zählen die Ablösung der bisherigen, politisch eher schwachen Commission on Sustainable Development durch ein High-level Political Forum und die Einsetzung eines Committee of Experts on Sustainable Financing; das UN-Umweltprogramm

Für die Entwicklung der Sustainable Development Goals und der damit verbundenen Agenda 2030 wurden bei der Rio+20 Konferenz eigene Arbeitsgruppen eingerichtet und Folgeprozesse initiiert, die in den folgenden Abschnitten skizziert sind:

- *Open Working Group:*

  Bei der Konferenz wurde unter anderem beschlossen, für die Entwicklung von Sustainable Development Goals eine offene zwischenstaatliche Arbeitsgruppe (Open Working Group, OWG) einzurichten, die sich aus 30 Repräsentanten der fünf UN Regionalgruppen zusammensetzte[102]. Insgesamt waren in dieser Arbeitsgruppe 70 Länder vertreten, womit sich – bis auf einige Entwicklungs- und Schwellenländer – die meisten Nationen einen Sitz teilten[103]. Beachtlich ist die hohe Dynamik, die diese Arbeitsgruppe – auch im Hinblick auf die auslaufende Entwicklungsagenda 2015 – an den Tag legte. So trat sie seit März 2013 (mit Ausnahme der Sommerpause) monatlich zusammen und hatte nach knapp einem Jahr der Bestandsaufnahme Ende Februar 2014 als erstes Zwischenergebnis 19 Themengebiete als Diskussionsgrundlage für die weiteren zwischenstaatlichen Verhandlungen vorgestellt[104]. Die UN-Mitgliedsstaaten reagierten wiederum unmittelbar mit der Veröffentlichung eigener Stellungnahmen Anfang März 2014, so formulierte beispielsweise die Ländergruppe Deutschland, Frankreich und Schweiz aufbauend auf diesen Themenfeldern einen Vorschlag von zwölf konkreten Sustainable Development Goals (SDGs)[105]. Neben den Ländervertretern waren auch die in der Agenda 21 identifizierten, neun sogenannten Major Groups als Vertreter relevanter gesellschaftlicher Gruppen[106] in den Zielfindungsprozess eingebunden und konnten hierzu Stellung nehmen. Die Offene Arbeitsgruppe entwickelte aus diesen Zwischenergebnissen bis September 2014 einen Entwurf der

---

UNEP wurde zwar nicht, wie von einigen Nationen gefordert zu einer eigenen Umweltorganisation weiterentwickelt (analog ILO oder WHO), wurde aber unter anderem durch eine universelle Mitgliedschaft aller UN-Nationen und eine bessere Finanzausstattung gestärkt (Vgl. United Nations (2012c), S. 18.

[102] Vgl. United Nations (2012c), S. 47.

[103] Vgl. United Nations (o. J.).

[104] Vgl. Leone, Offerdahl, Wagner (2014), S. 2.

[105] Vgl. Leone, Offerdahl, Wagner (2014), S. 3–8.

[106] United Nations (1992a), SECTION III.

konkreten SDGs, der bei der der UN-Generalversammlung 2014 vorgestellt und in die internationalen Verhandlungen eingebracht wurde[107].

Ähnlich wie im Fall der beschriebenen Post-2015-Prozesse von Seiten der UN Entwicklungspolitik (Abschnitt 2.1.1.1) war auch die Arbeit der Open Working Group von einem Beteiligungsprozess begleitet. So konnten im Zeitraum von März 2013 bis Februar 2014 auf der Internetplattform „Sustainable Development Goals e-Inventory“[108] Diskussionsbeitrage zu den jeweils inhaltlich unterschiedlich ausgerichteten Diskussionsrunden der Offenen Arbeitsgruppe (OWG 1–8) eingereicht werden, die in den zwischenstaatlichen Verhandlungsprozess einflossen.

- *Intergovernmental Committee of Experts on Sustainable Development Financing:*

  Das im August 2013 für ein Jahr eingerichtete Expertenkommittee für nachhaltige Finanzierung (Intergovernmental Committee of Experts on Sustainable Development Financing) setzte sich mit Fragen zum globalen Finanzierungsbedarf einer nachhaltigen Entwicklung, der Effektivität verschiedener Finanzierungsformen und der Mobilisierung erforderlicher Finanzmittel sowie mit den hierfür notwendigen institutionellen Rahmenbedingungen auseinander[109]. Das Komitee legte seinen Bericht bei der UN-Generalversammlung im September 2014 vor[110].

- *High-level Political Forum on Sustainable Development:*

  Im Gegensatz zu den beiden vorangehend geschilderten Gremien wurden bei der Rio+20 Konferenz auch dauerhaft angelegte institutionelle Strukturen geschaffen. Hierzu zählt das zentrale hochrangige politische Forum für nachhaltige Entwicklung (High-level Political Forum on Sustainable Development), dessen Aufgaben in Abschnitt 2.1.1.3 näher vorgestellt werden. Auch dieses Forum setzte sich in seinen ersten beiden Sitzungen im September 2013 und

[107] Vgl. United Nations (2014c).
[108] Vgl. http://www.sdgseinventory.org/ (zuletzt geprüft am 12.12.2014).
[109] Vgl. United Nations (2013d), S. 3–4.
[110] Vgl. United Nations (2014b).

Juni/Juli 2014 zunächst aber vorrangig mit der Fortschreibung der Post-2015-Agenda auseinander[111].

Im Abschlussdokument der Rio+20-Konferenz wurde schließlich auch die Zusammenführung der Post-2015-Entwicklungsagenda (siehe Abschnitt 2.1.1.1) mit der Formulierung der geplanten Sustainable Development Goals gefordert[112], woraus sich erst die Chance für die Entwicklung einer integrierten Zielagenda für beide Programme ergab[113]. So verliefen die Verhandlungsprozesse der UN Entwicklungs- und der Nachhaltigkeitspolitik lange Zeit weitgehend parallel[114], was zu einer immer wieder kritisierten Ko-Existenz der beiden Programme und zu entsprechenden Parallelstrukturen führte[115].

Auf der 68. Sitzung der UN-Generalversammlung im Jahr 2013 wurde dann offiziell beschlossen, eine gemeinsame, die Nachhaltigkeitsziele integrierende Agenda für die Zeit nach dem Ablauf der Millenniumsziele zu formulieren[116]:

> „Recognizing the intrinsic interlinkage between poverty eradication and the promotion of sustainable development, we underline the need for a coherent approach that integrates in a balanced manner the three dimensions of sustainable development. This coherent approach involves working towards a single framework and set of goals, universal in nature and applicable to all countries, while taking account of differing national circumstances and respecting national policies and priorities.“

Damit wurde eine Kernforderung der frühen Nachhaltigkeitsdiskussion wieder aufgriffen: Schon in den zentralen Dokumenten der internationalen Nachhaltigkeitspolitik aus den 1980er und 1990er Jahren wurde hervorgehoben, dass der Schutz der natürlichen Umwelt eng mit globalen sozialpolitischen und ökonomischen Entwicklungsfragen verfloch-

---

[111] Vgl. United Nations (2013f), United Nations Economic and Social Council (2014).

[112] Vgl. United Nations (2012c), S. 47.

[113] Dabei ist es durchaus fraglich, ob die als Folge des schwachen Konferenzergebnisses von Rio+20 erst nach der Konferenz entwickelten Sustainable Development Goals auch dann in den Prozess der Post-2015-Entwicklungsagenda integriert worden wären, wenn sie schon zum Abschluss der Konferenz 2012 vorgelegen hätten.

[114] Vgl. Lauster, Mildner, Wodni (2010), S. 1.

[115] Vgl. Klingebiel (2013), S. 20–21.

[116] Vgl. United Nations (2013e), S. 4.

ten sei und nachhaltige Entwicklung eine integrale Betrachtung ökologischer, sozialer und ökonomischer Aspekte erfordere[117,118].

In Tabelle 2 sind die insgesamt 17 Sustainable Development Goals zusammengestellt. Sie wurden in der Agenda 2030 mit 169 konkreten Ziel- und entsprechenden Zeitvorgaben hinterlegt[119], die das neu geschaffene UN-Nachhaltigkeitsforum (siehe Abschnitt 2.1.1.3) in ihrer Erreichung prüfen und fortschreiben soll[120]. Außerdem wurde im März 2016 von einer Expertengruppe der Satistischen Kommission der Vereinten Nationen ein System von über 230 Indikatoren zur statistischen Fortschrittsmessung der Nachhaltigkeitsziele vorgeschlagen[121].

Werden diese Indikatoren entsprechend auf Ebene der Nationalstaaten operationalisiert, könnte einem der zentralen Kritikpunkte der globalen Nachhaltigkeitsdebatte, nämlich deren Unbestimmtheit, Unverbindlichkeit und mangelnden Operationalisierbarkeit[122] wirkungsvoll begegnet werden.

Im Gegensatz zu den ausschließlich auf die Entwicklungs- und Schwellenländer gerichteten MDGs, sollen die Sustainable Development Goals explizit für alle Nationen gleichermaßen gelten, ohne dabei landesspezifische Entwicklungsbedarfe und Rahmenbedingungen auszublenden[123]. Dies wird den tatsächlichen Wechselbeziehungen zwischen industriell entwickelten und weniger entwickelten Ländern sehr viel besser gerecht und verdeutlicht, dass nachhaltige Entwicklung von allen Nationen Problemlösungsbeiträge verlangt.

---

117 Vgl. Kapitel 2.1.2.

118 Vgl. United Nations (1987); United Nations (1992b), Prinzipien 4, 6 und 7.

119 Vgl. United Nations (2015b), S. 15–30.

120 Vgl. United Nations (2012c), S. 47.

121 Vgl. United Nations (2016).

122 Vgl. Weisensee (2012), S. 41–43; Renn et al. (2007), S. 27–28.

123 Vgl. United Nations (2015b), S. 3.

Agenda 2030 – Ziele für nachhaltige Entwicklung	
Ziel 1.	Armut in allen ihren Formen und überall beenden
Ziel 2.	Den Hunger beenden, Ernährungssicherheit und eine bessere Ernährung erreichen und eine nachhaltige Landwirtschaft fördern
Ziel 3.	Ein gesundes Leben für alle Menschen jeden Alters gewährleisten und ihr Wohlergehen fördern
Ziel 4.	Inklusive, gleichberechtigte und hochwertige Bildung gewährleisten und Möglichkeiten lebenslangen Lernens für alle fördern
Ziel 5.	Geschlechtergleichstellung erreichen und alle Frauen und Mädchen zur Selbstbestimmung befähigen
Ziel 6.	Verfügbarkeit und nachhaltige Bewirtschaftung von Wasser und Sanitärversorgung für alle gewährleisten
Ziel 7.	Zugang zu bezahlbarer, verlässlicher, nachhaltiger und moderner Energie für alle sichern
Ziel 8.	Dauerhaftes, breitenwirksames und nachhaltiges Wirtschaftswachstum, produktive Vollbeschäftigung und menschenwürdige Arbeit für alle fördern
Ziel 9.	Eine widerstandsfähige Infrastruktur aufbauen, breitenwirksame und nachhaltige Industrialisierung fördern und Innovationen unterstützen
Ziel 10.	Ungleichheit in und zwischen Ländern verringern
Ziel 11.	Städte und Siedlungen inklusiv, sicher, widerstandsfähig und nachhaltig gestalten
Ziel 12.	Nachhaltige Konsum- und Produktionsmuster sicherstellen
Ziel 13.	Umgehend Maßnahmen zur Bekämpfung des Klimawandels und seiner Auswirkungen ergreifen
Ziel 14.	Ozeane, Meere und Meeresressourcen im Sinne nachhaltiger Entwicklung erhalten und nachhaltig nutzen
Ziel 15.	Landökosysteme schützen, wiederherstellen und ihre nachhaltige Nutzung fördern, Wälder nachhaltig bewirtschaften, Wüstenbildung bekämpfen, Bodendegradation beenden und umkehren und dem Verlust der biologischen Vielfalt ein Ende setzen
Ziel 16.	Friedliche und inklusive Gesellschaften für eine nachhaltige Entwicklung fördern, allen Menschen Zugang zur Justiz ermöglichen und leistungsfähige, rechenschaftspflichtige und inklusive Institutionen auf allen Ebenen aufbauen
Ziel 17.	Umsetzungsmittel stärken und die Globale Partnerschaft für nachhaltige Entwicklung mit neuem Leben erfüllen

Tabelle 2: Ziele für nachhaltige Entwicklung[124]

[124] Vgl. United Nations (2015b), S. 15.

Insgesamt lässt sich feststellen, dass die Entwicklung der Agenda 2030 schließlich von den Erfahrungen der letzten Jahrzehnte in beiden der geschilderten UN-Programme (Entwicklungs- und Nachhaltigkeitspolitik) profitieren konnte:

- Einerseits benötigt eine wirksame internationale Nachhaltigkeitspolitik nicht nur ein starkes Leitbild mit allgemein anerkannten normativen Grundlagen, sondern zudem einen globalen politischen Konsens über handlungsleitende Zielstellungen, konkretisiert durch Zeitvorgaben und Messindikatoren, wie es mit den MDGs erstmals im Ansatz gelungen war[125].
- Umgekehrt erfordert eine tragfähige globale Entwicklungsagenda andererseits die Überwindung des traditionellen Verständnisses der Nord-Süd-Entwicklungspolitik und sollte alle Länder in ihren spezifischen Entwicklungs- und Handlungsbedarfen gleichermaßen ansprechen sowie auf einem integrierten Verständnis ökologischer, sozialer und ökonomischer Zusammenhänge fußen, kurzum also die Prinzipien des Nachhaltigkeitsleitbilds zur Grundlage haben.

2.1.1.3 Gestärkte Strukturen der UN-Nachhaltigkeitspolitik

Neben der Formulierung unmittelbar handlungs- und politikleitender Zielvorgaben sind auch institutionelle Strukturen erforderlich, die eine dauerhafte Fortschreibung und Weiterentwicklung des globalen Zielsystems in Abhängigkeit von erzielten Fortschritten und aktuellen globalen Entwicklungen, wie zum Beispiel sich verschärfenden Umweltkrisen, politische Instabilitäten o.ä., möglich machen. Ähnlich wie es im Fall der MDGs mit den seit dem Jahr 2002 jährlich erschienen Fortschrittsberichten und den zahlreichen Folgekonferenzen umgesetzt wurde, ist eine regelmäßige Evaluation der Zielerreichung notwendig, um Strategien und Maßnahmen oder auch das Zielsystem selbst bei Bedarf an die aktuellen Erfordernisse anpassen zu können[126].

Diesbezüglich konnten bei Rio+20 wichtige Fortschritte erreicht werden. So konnten im Zuge der Konferenz bestehende Strukturen der UN-Nachhaltigkeitspolitik gestärkt und neue geschaffen werden. Das

---

[125] Zur Kritik an der strukturellen Ausgestaltung des Zielsystems der MDGs siehe Hoiberg Olsen et al. (2014), S. 3–4.

[126] Vgl. United Nations (2013a), S. 12.

bedeutendste, seit September 2013 neu eingerichtete Organ ist an dieser Stelle das schon vorgestellte Hochrangige Politische Forum für Nachhaltige Entwicklung (High-Level Political Forum on Sustainable Development). Es hat die Aufgabe, den Folgeprozess von Rio+20 und ab dem Jahr 2016 insbesondere die weltweite Implementierung der Sustainable Development Goals zu begleiten und zu überwachen[127].

Das Forum tagt jährlich auf Ministerebene und alle vier Jahre auf der Ebene der Staatsoberhäupter, womit es eine aktive Teilnahme aller 193 UN-Mitgliedsstaaten sowie verschiedener Stakeholdergruppen vorsieht. Aus seiner Arbeit sollen verhandelte Erklärungstexte entstehen, die durch die UN-Generalversammlung aufgegriffen werden können.[128]

Als neues, zentrales Organ für die Umsetzung der globalen Entwicklungsagenda kann es, verglichen mit den bisher parallel verlaufenden Prozessen der UN-Nachhaltigkeits- und Entwicklungspolitik, schließlich auch zu einer verbesserten Effizienz und Effektivität beitragen, wofür seine Position entsprechend gestärkt wurde. So löste das Nachhaltigkeitsforum die mit nur wenig politischem Gewicht ausgestattete UN Kommission für Nachhaltige Entwicklung (Commission on Sustainable Development, CSD) ab. Diese Kommission wurde im Anschluss an den Erdgipfel 1992 in Rio de Janeiro als eine der neun Fachkommissionen des Wirtschafts- und Sozialrats der Vereinten Nationen (ECOSOC) eingerichtet[129] und war weder mit ausreichenden Entscheidungsbefugnissen, noch mit eigenen finanziellen Mittel ausgestattet und damit „[g]enauer besehen […] so gut wie machtlos“[130].

Zudem waren in die Kommission für Nachhaltige Entwicklung längst nicht alle UN-Mitgliedsstaaten eingebunden. Sie setzte sich aus 53 Mitgliedern zusammen, die nach einem festgelegten Verteilungsschlüssel zwischen den Vertretern verschiedener Weltregionen gewählt wurden[131]. Andere Staaten, UN-Organisationen und akkreditierte zwischenstaatliche sowie nicht-staatliche Organisationen konnten bei den Versammlungen der Kommission als Beobachter teilnehmen, so dass sie sich im Laufe der Zeit immer stärker zu einer Multi-Stakeholder-Institution

[127] Vgl. United Nations (2013c), S. 3.
[128] Vgl. United Nations (2013c), S. 3–7.
[129] Vgl. United Nations Economic and Social Council (1993).
[130] Eisermann (2003), S. 86.
[131] United Nations (1993), S. 3–4.

entwickelte[132]. Die CSD beendete ihre Arbeit nach zwanzig Jahren im September 2013, an die sich unmittelbar die erste Sitzung des Hochrangigen Politischen Forums für Nachhaltige Entwicklung anschloss.

Zusammenfassend kann festgehalten werden, dass der neue institutionelle Rahmen und die von der UN verabschiedete Agenda 2030 durchaus das Potenzial zu haben scheinen, zu einer effektiven Stärkung des internationalen „Nachhaltigkeitsregimes" beizutragen, auch wenn ihre Weiterverfolgungs- und Überprüfungsprozesse explizit „freiwillig und ländergesteuert"[133] bleiben. Ob es letztlich tatsächlich zu effektiven politisch-institutionellen, wirtschaftlichen und gesellschaftlichen Veränderungsprozessen in den UN-Mitgliedsstaaten kommt, hängt schließlich maßgeblich vom Gestaltungswillen der einzelnen Nationen selbst und der nationalen wie internationalen Durchsetzbarkeit relevanter globaler Weichenstellungen, wie zum Beispiel der jüngsten Abkommen in der internationalen Klimapolitik, ab. Wie die Ursachen und der Umgang mit der jüngsten Wirtschafts- und Finanzkrise zeigen, scheinen Nachhaltigkeitsthemen allerdings immer noch „konjunkturabhängig" zu sein, sprich deren mittel- bis langfristiger Zielhorizont wird den unmittelbar anstehenden, kurzfristigen Handlungsbedarfen und Interessenlagen oftmals untergeordnet.

Mit der weltweiten Arbeit an der Post-2015-Agenda haben die Vereinten Nationen aber in jedem Fall einen bisher einzigartigen politischen Prozess initiiert. So setzten die oben beschriebenen, umfassenden Konsultationsprozesse ganz auf das neue Beteiligungsformat des „Crowdsourcings", um weltweit Bürger und verschiedene weitere Stakeholdergruppen in den politischen Prozess einzubeziehen[134].

Dieses Crowdsourcing kann durchaus dazu beitragen, die Input-Legitimität[135] der Post-2015-Agenda zu erhöhen. Während die MDGs im Jahr 2000 noch von der Staatengemeinschaft „hinter verschlossenen Türen" entwickelt wurden, wird es durch die gewählten Beteiligungsformate sehr viel mehr Stakeholders weltweit möglich, sich in den Zielentwicklungsprozess einzubringen. Auch die Output-Legitimität und

---

[132] Vgl. Eisermann (2003), S. 86.

[133] United Nations (2015b), S. 34.

[134] Eine Beteiligung in diesem Umfang ist zwar neu, an dieser Stelle ist aber zu erwähnen, dass auch schon die Arbeit der WCED von verschiedenen Beteiligungsformaten wie Konsultationen, „Site Visits" und öffentlichen Anhörungen geprägt war. Vgl. United Nations (1987), S. 349.

[135] Vgl. zu den Begriffen der Input- und Output-Legitimität Kapitel 5.1.

damit die Effektivität der neuen Entwicklungsagenda kann durch das Crowdsourcing verbessert werden.

So besteht einerseits die Chance, dass sich die Nationalstaaten in den weiteren Verhandlungen stärker von den Bedürfnissen ihrer Bürger leiten lassen, woraus möglicherweise die Zielagenda ambitionierter umgesetzt wird. Außerdem wurden durch das aufwändige Verfahren aber auch schon vor der Verabschiedung der Ziele zahlreiche Menschen und Organisationen weltweit auf den Post-2015-Prozess aufmerksam gemacht und damit im besten Fall mobilisiert, sich stärker für ihren Gestaltungsanspruch einzutreten und die Umsetzung der neuen Agenda 2030 für nachhaltige Entwicklung zu unterstützen.

2.1.2 Genese des Leitbilds und seiner zentralen Aussagen und Prinzipien

Im vorangehenden Kapitel wurden die gegenwärtigen Entwicklungen der globalen Nachhaltigkeitspolitik seit dem letzten Weltnachhaltigkeitsgipfel im Jahr 2012 skizziert. Wie dabei gezeigt wurde, konnte es durch die Einrichtung neuer und der Stärkung bestehender UN-Organisationen sowie der im September 2015 verabschiedeten Agenda 2030 doch noch gelingen, im Nachgang zu der an sich eher ernüchternden Konferenz das globale Nachhaltigkeitsregime neu zu beleben und die Umsetzung des Leitbilds weiter voranzubringen.

Schon ihr Titelzusatz „Rio+20“ lässt erkennen, dass der aktuellen internationalen Nachhaltigkeitspolitik eine mehrere Jahrzehnte lange Genese vorausgeht. Diese hatte ihren Auftakt aber nicht im Jahr 1992, sondern nochmals etwa zwanzig Jahre früher, weshalb in diesem Abschnitt ein knapper geschichtlicher Abriss über die Entstehung des globalen Nachhaltigkeitsdiskurses seit den 1970er Jahren gegeben wird. Dabei wird nur auf die wichtigsten Stationen und Meilensteine eingegangen, eine ausführliche Beschreibung der Genese des Leitbilds in diesem Zeitraum ist bei verschiedenen Autoren nachzulesen[136].

[136] Vgl. zum Beispiel Hauff (Hrsg.) (2014); Steimle (2008); Burschel, Losen, Wiendl (2004).

Meilenstein	Zentrale Ergebnisse und Ergebnisdokumente
Juni 1972 UN Conference on the Human Environment (UNCHE), Stockholm	- Abschlusserklärung mit 26 Prinzipien zum Schutz der Umwelt - Einrichtung des UN Umweltprogramms (UNEP)
1972 Veröffentlichung des Berichts „The Limits to Growth" an den Club of Rome	- Wachsendes Bewusstsein für die Begrenztheit natürlicher Ressourcen und die Tragekapazitäten der Natur - Verbreitung systemischer, rechnergestützter Modellierungsansätze für globale Zusammenhänge
1983, 1987 Einrichtung der World Commission on Environment and Development (WCED, „Brundtland-Kommission")	- Abschlussbericht „Our Common Future" im Jahr 1987 - Zentrale Definition nachhaltiger Entwicklung als anthropozentrisches Leitbild, Prinzip der inter- und intragenerationellen Gerechtigkeit
Juni 1992 UN Conference on Environment and Development (UNCED), Rio de Janeiro	- Aktionsplan Agenda 21 - Rio Deklaration für Umwelt und Entwicklung - Einrichtung der Kommission für Nachhaltige Entwicklung (CSD) sowie des Folgeprozesses zur Konferenz - Unterzeichnung verschiedener Konventionen (Klima, Schutz der Biodiversität) und Erklärungen (Schutz der Wälder, Maßnahmen gegen die Wüstenbildung)
Juni 1997 UN Earth Summit+5, New York	- Bilanzierung der bisherigen Fortschritte bei der Umsetzung der Agenda 21 - Programme for the Further Implementation of Agenda 21
Sept. 2000 UN Millennium Summit, New York	- Entstehung Millennium Development Goals (Verabschiedung bei 55. Generalvollversammlung 2000)
Aug./Sept. 2002 World Summit on Sustainable Development (WSSD), Johannesburg	- Johannesburg Declaration on Sustainable Development - Johannesburg Plan of Implementation
Sept. 2005 World Summit, New York	- Bestandsaufnahme und Bestärkung der MDGs - Reform bestehender und Einrichtung neuer UN Institutionen (Peacebuilding, Human Rights Council)
Sept. 2010 UN Summit on the Millennium Development Goals, New York	- Bestandsaufnahme und Global Action Plan zur Erreichung der MDG - Initiierung der Post-2015 Development Agenda
Juni 2012 UN Conference on Sustainable Development (UNCSD, Rio +20), Rio de Janeiro	- Abschlussdokument „The Future We Want" - Initiierung Sustainable Development Goals - Initiierung der Einrichtung eines High-Level Political Forum on Sustainable Development
Sept. 2015 Weltgipfel zur Verabschiedung der Agenda 2030	- Verabschiedung der Agenda 2030 für nachhaltige Entwicklung - Integriertes Zielsystem (entwicklungs- und nachhaltigkeitspolitische Ziele)

Tabelle 3: Meilensteine der Entwicklung des weltpolitischen Nachhaltigkeitsleitbilds[137]

---

[137] Zusammengestellt unter Rückgriff auf Burschel, Losen, Wiendl (2004), S. 38–40 und die UN Sustainable Development Knowledge Platform, URL: http://sustainable development.un.org/ (zuletzt geprüft am 15.08.2016).

Ergänzend zu der folgenden Vorstellung einzelner Meilensteine der internationalen Nachhaltigkeitspolitik ist in Tabelle 3 eine ausführlichere Übersicht zusammengestellt[138].

2.1.2.1 Diskussion um die Grenzen des Wachstums und die Tragfähigkeit der Natur

Im Jahr 1972 veröffentlichte eine Gruppe von Forschern um Donella und Dennis L. Meadows den Bericht „Grenzen des Wachstums" (englischer Originaltitel: The Limits to Growth), der vom Club of Rome in Auftrag gegeben wurde[139]. Zentrale Aussage dieser Studie war, dass ein weiteres exponentielles Wachstum der Weltbevölkerung und Weltwirtschaft binnen hundert Jahren zum Erreichen absoluter Wachstumsgrenzen führen werde, gefolgt von einem raschen, unkontrollierbaren Einbruch der Bevölkerungszahlen und der industriellen Kapazitäten[140].

Um zu diesen Aussagen zu kommen, arbeiteten die Forscher erstmalig mit einem computergestützten Weltmodell („World3") und berechneten verschiedene Entwicklungsszenarien anhand der fünf makroökonomischen Parameter Bevölkerung, Kapital, Nahrungsmittel, Rohstoffvorräte und Umweltverschmutzung, deren Wechselwirkungen durch Regelkreise abgebildet wurden[141].

Trotz der breiten Kritik an der gewählten Methodik der Studie und ihrer Ergebnisse[142] trug der Bericht in den 1970er Jahren entscheidend dazu bei, dass globale Zusammenhänge erkannt und die möglichen Auswirkungen einer wachstumsgeprägten Weltwirtschaft öffentlich thematisiert wurden.[143] Diese Wegbereiterrolle konnten die beiden

---

[138] In dieser Übersicht nicht enthalten sind unter anderem das „Barbados Programme of Action", das die Entwicklungsprozesse der sogenannten kleinen Inselentwicklungsländer zum Gegenstand hat. Ebenfalls ausgespart blieben die „Erklärung von Cocoyok"(1974) und der Dag-Hammarskjöld-Report (1975) sowie die World Conservation Strategy (1980). Vgl. für eine ausführliche Darstellung Burschel, Losen, Wiendl (2004), S. 38-40). Ebenfalls bleiben die Stationen und Konferenzen der Weltklimapolitik ausgeklammert.

[139] Vgl. Meadows et al. (1972).

[140] Vgl. Meadows et al. (1972), S. 23.

[141] Vgl. Meadows et al. (1972), S. 103.

[142] Vgl. hierzu Hahn (2006), S. 101–122.

[143] Vgl. Möller (2003), S. 19–20.

Folgestudien[144] nur noch in begrenztem Maße fortsetzen, sie erfuhren keine derart breite Resonanz wie das erste Werk.
Dies mag einerseits am inzwischen weiterführend etablierten Nachhaltigkeitsdiskurs liegen, der dazu beigetragen hat, dass sich die Weltgemeinschaft mit den absoluten Grenzen der Erde mittlerweile in differenzierter Form auseinandersetzt. Andererseits könnte auch eine gewisse Abstumpfung gegenüber Negativszenarien die Ursache dafür sein, dass die in einem eher populistischen Gewand veröffentlichten Berichte weniger Beachtung erfuhren, ähnlich wie es aktuell auch bei den wissenschaftlich fundierten Sachstandsberichten des Weltklimarates IPCC (Intergovernmental Panel on Climate Change) der Fall zu sein scheint[145]. Dabei greifen die beiden Meadows-Folgestudien im Wesentlichen die pessimistisch geprägten Grundaussagen der ursprünglichen Prognose auf und betonen den – trotz einiger positiver Entwicklungen – in der Zwischenzeit weiter gewachsenen Handlungsdruck[146].

Neben der Diskussion um die Grenzen des Wachstums war das Jahr 1972 auch durch die erste internationale Umweltkonferenz geprägt, die von den Vereinten Nationen in Stockholm veranstaltet wurde (UN Konferenz über die Umwelt des Menschen (UNCHE)). In der 26 Prinzipien umfassenden Abschiedserklärung der Konferenz[147] bekennt sich die Staatengemeinschaft zu einer grenzüberschreitenden Zusammenarbeit in Fragen des Umwelt- und Naturschutzes[148], womit die UNCHE als Ausgangspunkt der internationalen Umweltpolitik gesehen werden kann[149]. Neben dieser Erklärung wurde ein Aktionsplan mit 109 Empfehlungen für die Ausgestaltung eines globalen Umweltmanagements verfasst und schließlich mit dem noch im selben Jahr ins Leben gerufenen Umweltprogramm der Staatengemeinschaft (UNEP) das Themenfeld bei den Vereinten Nationen dauerhaft institutionell verankert[150].

---

144 Vgl. Meadows et al. (1992) und Meadows, Randers, Meadows (2006).
145 Vgl. Moser (2007), S. 64–65. und allgemein Brunnengräber (2009), S. 75–76.
146 Vgl. Meadows, Randers, Meadows (2006), S. 1–16; Hauff (2014), S. 7.
147 Vgl. United Nations (1972), S. 3–5.
148 Bemerkenswert ist, dass sich Prinzip 26 des Berichts explizit gegen den Einsatz von Nuklear- und anderen Massenvernichtungswaffen richtet, was den Zusammenhang zwischen Umwelt- und Friedensbewegung in diesem Zeitraum verdeutlicht. Vgl. United Nations (1972), S. 5.
149 Vgl. Hauff (2014), S. 6.
150 Vgl. United Nations (1972).

Die Veröffentlichung des Berichts an den Club of Rome, begleitet von weiteren einschlägigen Publikationen[151], und die Ausrichtung der ersten Weltumweltkonferenz der Vereinten Nationen fanden in einem zunehmend wachstums- und fortschrittskritischem Klima statt. So trugen zur „ökologische Revolution"[152] Anfang der 1970er Jahre auch eine immer stärker aufkeimende zivilgesellschaftliche Umweltschutz- und Anti-Atomkraft-Bewegung und die damit verbundene Gründung ökologisch ausgerichteter Parteien, Non-Governmental-Organisations (NGOs)[153] sowie Forschungseinrichtungen bei[154].

Während anfänglich vor allem die Sorge um Ressourcenengpässe und -verknappung im Vordergrund der globalen Umweltdebatte standen, verschob sich ihr Schwerpunkt schließlich immer stärker hin zur Problematik der Tragfähigkeit und Belastungsgrenzen der Natur[155], was auch in der globalen Klimadiskussion[156] und die in jüngster Vergangen-

---

151 Vgl. Kupper (2004), S. 108–109.

152 Vgl. Rogall (2012), S. 35 ff.

153 Der NGO-Begriff umfasst als solches zunächst alle nicht-staatlichen und nicht profitorientierten Organisationen. Damit zählen die allermeisten NGOs nicht zur Gruppe politischer Aktivisten oder globalisierungskritischer „Advocacy Groups", was ein Blick in die NGO-Datenbank der UNESCO zeigt (http://ngo-db.unesco.org/). Dennoch wird in der CSR- und Nachhaltigkeitsforschung meist ein idealtypisches NGO-Verständnis verwendet, was nach Curbach zum einen auf forschungspragmatische, zum anderen aber auch auf eine normativ-erwünschte Konnotierung von NGOs zurückzuführen ist (vgl. Curbach (2003)). Aus analytischer Sicht ist es hier sinnvoll, den NGO-Begriff in diesem Verständnis beizubehalten ohne jedoch den positiv-normativen Bias an dieser Stelle unhinterfragt zu übernehmen (vgl. hierzu die Diskussion zur Legitimität und Effektivität von Corporate Sustainability Governance in Kapitel 5). Damit werden in diesem Buch mit Verweis auf Curbach als NGOs „in erster Linie transnationale, *politisch aktive, marktferne bis unternehmenskritische NGOs* […], die im subpolitischen Thememfeld zu CSR, gesellschaftlicher Unternehmensverantwortung und Unternehmensregulierung aktiv sind, wie zum Beispiel Corporate Watch, Corporate Accountability International, Foodwatch, Germanwatch, WWF, Rainforest Alliance, Greenpeace oder Friends of the Earth." Curbach (2003), S. 41.

154 Vgl. Rogall (2012), S. 35–37.

155 Vgl. Steimle (2008), S. 38; Kupper (2004), S. 107.

156 Am Beispiel der Verfügbarkeit von Erdöl lässt sich der Wechsel in dieser Debatte gut nachvollziehen. So haben sich die Debatte um steigende Ölpreise und die Begrenztheit fossiler Brennstoffe „Peak Oil" unter anderem durch die Nutzung von Fracking-Verfahren in den USA gegenwärtig vorrübergehend entschärft, die Notwendigkeit einer Verminderung der Nutzung fossiler Ressourcen bleibt aber vor dem Hintergrund des globalen Klimaschutzes unvermindert bestehen.

heit zunehmend an Bedeutung erlangte Auseinandersetzung mit dem Konzept der „Planetary Boundaries“[157] zum Ausdruck kommt.

Dennoch hat auch die Auseinandersetzung mit dem Thema der Rohstoffverfügbarkeit in jüngster Zeit wieder an Intensität gewonnen, so wird zum Beispiel die Verfügbarkeit von seltenen Erden und seltenen Metallen im Kontext der zunehmenden Produktion von Geräten aus dem Bereich der Informations- und Kommunikationstechnologie oder der Elektrifizierung von Mobilität prominent diskutiert. Dabei stehen allerdings nicht nur die technischen Reichweiten und Verfügbarkeiten und die steigenden Beschaffungskosten im Vordergrund, sondern zunehmend auch die sozialen und politischen Rahmenbedingungen des Abbaus dieser Rohstoffe sowie die Frage strategischer Abhängigkeiten von bestimmten Weltregionen[158].

Damit lässt sich festhalten, dass mittlerweile beide Aspekte – Ressourcenknappheiten und die beschränkte Tragfähigkeit der Natur – einen festen Platz im globalen Nachhaltigkeitsdiskurs einnehmen.

2.1.2.2 Definition von „Sustainable Development“ als anthropozentrisches Leitbild

Auch in den 1980er Jahren entwickelten sich die globale Umweltbewegung und -politik weiter. So wurden die Aspekte des Umweltschutzes durch die Einrichtung von Umweltministerien in den meisten Industrienationen sowie durch die Verabschiedung von Umweltgesetzen und die Integration von Umweltschutzbelangen in inter- und supranationale Vertragsdokumente zum Gegenstand nationalstaatlicher wie globaler Politik.[159]

Auf der Ebene der Vereinten Nationen wurde von Seiten des UNEP im Jahr 1982 schließlich die Einrichtung einer „Special commission on long-term environmental strategies“ angeregt[160], welche sich mit den Entwicklungsperspektiven der Umwelt bis zum Jahr 2000 und darüber

157 Vgl. Rockström et al. (2009).

158 Vgl. Kerkow, Martens, Müller (2012); Hütz-Adams (2012); Bethge et al. (2014).

159 Vgl. Rogall (2012), S. 37 ff.

160 Vgl. United Nations (1982), S. 41. Bemerkenswert ist, dass im ursprünglichen Dokument aus dem Jahr 1982 der Auftrag der Kommission noch “to propose long-term environmental strategies *for achieving sustainable development* to the year 2000 and beyond” lautete (Hervorhebungen durch den Autor); vgl. United Nations (1983), S. 131.

hinaus auseinander setzen sollte. Diese später als „World Commission on Environment and Development" (WCED) weltweit bekannt gewordene Kommission wurde von der UN Generalversammlung im Jahr 1983 als unabhängige Sachverständigengruppe etabliert[161].

Vier Jahre später legte die WCED mit ihrem Abschlussbericht „Our Common Future" ein erstes, international breit beachtetes Konzept für das Leitbild einer nachhaltigen Entwicklung vor[162]. Konstitutives Merkmal des Nachhaltigkeitsansatzes der WCED war die Forderung nach inter- und intragenerationaler Gerechtigkeit im Hinblick auf die Nutzung der natürlichen Ressourcenbasis und die Wahrung sozialer Entwicklungschancen, wie es in ihrer viel zitierten Kerndefinition nachhaltiger Entwicklung deutlich wird[163]. Mit dem Fokus auf die Befriedigung menschlicher Bedürfnisse formulierte die WCED ein klar anthropozentrisches Nachhaltigkeitsverständnis[164]. Dabei räumte die Kommission den „Essential Needs" der weltweit in Armut lebenden Bevölkerungsteile die höchste Priorität ein[165] und hob hervor, dass Entwicklungsfragen untrennbar mit dem Schutz der natürlichen Umwelt verbunden seien[166]. Dem Erhalt der Natur wurde von der WCED aber nicht der Stellenwert eines übergeordneten Ziels zugeschrieben, sie betrachtete ihn vielmehr als Notwendigkeit zur Sicherung der dauerhaften Bedürfnisbefriedigung[167].

Allerdings ließ die Kommission entscheidende Fragen zur Operationalisierung ihres Nachhaltigkeitsansatzes offen. So enthält der Abschlussbericht der WCED keine klaren Aussagen zu den Grenzen ökologischer Tragfähigkeit, die das Maß und die Qualität des für die dauerhafte Bedürfnisbefriedigung des Menschen erforderlichen Naturerhalts konkretisieren könnten. Die im Bericht zu findenden Handlungs-

---

161 Vgl. United Nations (1987), S. 343.

162 Vgl. Burschel, Losen, Wiendl (2004), S. 20.

163 Die Definition der WCED lautete „Sustainable development is development that meets the needs of the present without compromising the ability of future generations to meet their own needs." United Nations (1987), S. 54.

164 Vgl. Wilderer, Hauff (2014), S. 22; Weisensee (2012), S. 27–28.

165 Vgl. United Nations (1987), S. 54.

166 Vgl. United Nations (1987), S. 48.

167 Diese Zielhierarchie wird anhand der folgenden Aussagen besonders deutlich: „States shall conserve and use the environment and natural resources for the benefit of present and future generations" bzw. „States shall maintain ecosystem and ecological processes essential for the functioning of the biosphere". United Nations (1987), S. 339.

empfehlungen bleiben als Ergebnis einer internationalen politischen Konsensfindung vage[168] und sind als eher wachstums- und technologieorientiert zu werten[169]. Zudem werden sie wegen der ihnen zugrundeliegenden, als zu optimistisch geltenden Annahmen zur Tragfähigkeit der globalen Ökosysteme kritisiert[170].

Neben den unzureichenden Aussagen über das ökologisch Vertretbare beinhaltet die WCED-Kerndefinition nachhaltiger Entwicklung eine weitere, inhärente Unschärfe. Sie stellt zentral auf das Konzept einer dauerhaften menschlichen Bedürfnisbefriedigung ab, das jenseits der Befriedigung elementarer Grundbedürfnisse und vor allem im Hinblick auf zukünftige Generationen kaum objektiv zu fassen ist. So betonen Wilderer und von Hauff entsprechend:

> „Die Frage ist nur, was denn die Bedürfnisse künftiger Generationen sein mögen, und wie weit in die Zukunft geplant werden muss. Sicher ist nur, dass wir Heutigen, wie auch künftige Generationen sauberes Wasser, gesunde Nahrungsmittel, ein Dach über dem Kopf, eine bezahlbare Gesundheitsversorgung, Zugang zu nutzbarer Energie, qualifizierte Ausbildung, menschenwürdige Arbeitsbedingungen und auskömmliches Einkommen brauchen. Alles Weitere ist kaum absehbar."[171]

Doch selbst diese grundlegenden Anforderungen lassen viel Interpretationsspielraum, so ist zum Beispiel die Einschätzung, was unter „qualifizierter Ausbildung" und „menschenwürdigen Arbeitsbedingungen" zu verstehen ist, durchaus Gegenstand sich wandelnder gesellschaftlicher Werthaltungen und Menschenbilder sowie kultureller Prägungen.

---

168 Vgl. Weisensee (2012), S. 28; Grunwald, Kopfmüller (2012), S. 24–25. Die Notwendigkeit für eine politische Konsensfindung wird zudem an einer Passage des WCED-Berichts deutlich, in der das Nachhaltigkeitsleitbild als neutral gegenüber verschiedenen Staatsformen beschrieben wird: „A development path that is sustainable in a physical sense could theoretically be pursued even in a rigid social and political setting. But physical sustainability cannot be secured unless development policies pay attention to such considerations as changes in access to resources and in the distribution of costs and benefits." United Nations (1987), S. 54.

169 So wird im Bericht mit Hinblick auf wirtschaftliches Wachstum auch von „not absolute limits but limitations" gesprochen, die durch technologische und soziale Innovationen zu überwinden seien: „But technology and social organization can be both managed and improved to make way for a new era of economic growth." Vgl. United Nations (1987), S. 24.

170 Vgl. Nutzinger, Radke (1995), S. 36–46.)

171 Wilderer, Hauff (2014), S. 20–21.

Trotz der beschriebenen Unzulänglichkeiten des von der WCED vorgelegten Nachhaltigkeitskonzepts liegen die besondere Leistung des Berichts und vor allem der dort vorgestellten Kerndefinition nachhaltiger Entwicklung darin, dass sie mit dem Ziel der dauerhaft aufrecht zu erhaltenden Fähigkeit zur menschlichen Bedürfnisbefriedigung erstmals einen gemeinsamen Identifikationspunkt für die weltweite Nachhaltigkeitsdebatte schufen, der – heute wie damals – für Akteure mit unterschiedlichem Hintergrund eine grundlegende Basis für die Diskussion über die Zukunftsfragen der Menschheit bietet[172]. So lieferte die WCED in ihrem Abschlussbericht zwar keine unmittelbar anwendbare Anleitung zur Umsetzung des Leitbilds, hat aber durch ihre umfassende Problemanalyse und die von ihr formulierten Grundforderungen maßgeblich dazu beigetragen, dass ein globaler Diskurs über geeignete Wege zur Operationalisierung nachhaltiger Entwicklung in Gang gesetzt werden konnte.[173]

2.1.2.3 Entwicklung einer integrativen Betrachtung von Nachhaltigkeitsdimensionen

Aufbauend auf den Ergebnissen der Brundtland-Kommission beschloss die UN-Generalversammlung zwanzig Jahre nach dem Stockholmer Umweltgipfel eine Weltkonferenz für Umwelt und Entwicklung einzuberufen. Dieser „Erdgipfel“ (United Nations Conference on Environment and Development, UNCED) wurde schließlich im Juni 1992 in Rio de Janeiro ausgerichtet und erfuhr eine beeindruckende globale Resonanz: Über 50.000 Delegierten aus aller Welt waren in die brasilianische Metropole gereist, wobei neben den Vertretern der 178 teilnehmenden Staaten auch die Beteiligung zivilgesellschaftlicher Akteure sehr hoch war. Die Rio-Konferenz 1992 wurde damit „zum Ausgangspunkt einer qualitativ neuartigen Zusammenarbeit in der globalen Umwelt- und Entwicklungspolitik“[174].

Schon allein die Teilnehmerzahlen machte die Konferenz also zum globalen Großereignis. Zudem fand die Veranstaltung in der weltweiten

[172] Das realisierbare Maß menschlicher Bedürfnisbefriedigung kann damit in gewisser Weise die Funktion eines Indikators für nachhaltige Entwicklung einnehmen, wobei problematisch bleibt, dass der subjektive empfundene Grad individueller Bedürfnisbefriedigung nur schwer zu erfassen ist.

[173] Vgl. Grunwald, Kopfmüller (2012), S. 25.

[174] Vgl. Eisermann (2003), S. 11.

Aufbruchsstimmung nach dem Ende des Kalten Krieges statt, verbunden mit der Hoffnung auf frei werdende politische und ökonomische Ressourcen durch Abrüstungsaktivitäten in Ost und West („Friedensdividende“[175]).[176]

Entsprechend ambitioniert waren die mit der Konferenz verbundenen politischen Ziele. Neben der Unterzeichnung der vorab erarbeiteten Klimarahmenkonvention(UNFCCC) und der Konvention über die biologische Vielfalt (CBD) sollte mit der Erd-Charta ein völkerrechtlich verbindlicher Vertrag für nachhaltige Entwicklung verabschiedet werden[177]. Während die beiden genannten Konventionen[178] sowie zwei Erklärungen zum Schutz der Wälder und zu Maßnahmen gegen die zunehmende Wüstenbildung beschlossen wurden, führten Uneinigkeiten zwischen Industrie- und Entwicklungsländern und der Widerstand der USA aber letztlich dazu, dass an Stelle der Erd-Charta die völkerrechtlich nicht bindende „Rio-Deklaration“ verabschiedet wurde[179]. Sie umfasst 27 Grundsätze, in denen vor allem die Rolle und Verantwortung nationalstaatlicher Akteure für eine nachhaltige Entwicklung beschrieben werden und auf die besondere Bedeutung bestimmter Personengruppen (wie in Armut lebende Bevölkerungsteile, Jugendliche und Frauen) für die Umsetzung des Leitbilds eingegangen wird.

Dabei bestätigte die Staatengemeinschaft mit dem ersten Grundsatz der Erklärung erneut das anthropozentrische Nachhaltigkeitsverständnis der WCED:

---

[175] Die weltweiten Militärausgaben sanken im Zeitraum von 1989 bis 1998 tatsächlich von etwa 1.250 auf 834 Mrd. US $ und stiegen danach wieder stark an. Im Nachgang haben sich die Erwartungen an die Friedensdividende als zu hoch erwiesen, unter anderem weil nach der langen Zeit des Wettrüstens auch Kosten für die Abrüstung und Haushaltskonsolidierung zu bestreiten waren; vgl. Wulf (2011), S. 139–142.

[176] Vgl. Eisermann (2003), S. 26–27.

[177] Die Initiative hierfür geht auf die Empfehlungen im Abschlussbericht der WCED zurück; nachdem im Zuge der Rio-Konferenz allerdings keine Einigung zu diesem Dokument erzielt werden konnte, wurde dessen Verbreitung und Weiterentwicklung in einem breiten zivilgesellschaftlichen Prozess weiter betrieben. Vgl. Internationales Erd-Charta Sekretariat (2003).

[178] Diese Konventionen sind zwar völkerrechtlich bindende Verträge, werden allerdings erst durch ergänzende Vereinbarungen mit Inhalt gefüllt, wie zum Beispiel durch das Kyoto Protokoll zum Klimaschutz.

[179] Vgl. Eisermann (2003), S. 26.

„Die Menschen stehen im Mittelpunkt der Bemühungen um eine nachhaltige Entwicklung. Sie haben das Recht auf ein gesundes und produktives Leben im Einklang mit der Natur.“[180]

Neben der Rio-Deklaration wurde mit der Agenda 21 ein umfassendes Handlungsprogramm verabschiedet, das zum zentralen Strategiedokument der internationalen Entwicklungs- und Umweltpolitik wurde und den Anstoß zur Formulierung nationaler Nachhaltigkeitsstrategien sowie zur Initiierung kommunaler Nachhaltigkeitsinitiativen (Lokaler Agenda 21-Prozesse) gab[181].

Die 40 Programmbereiche der Agenda adressieren soziale, wirtschaftliche und ökologische Handlungsfelder, die besondere Rolle bestimmter Personengruppen und Gesellschaftsbereiche sowie die für eine nachhaltige Entwicklung erforderlichen „Mittel zur Umsetzung“ (means of implementation)[182]. Mit ihrem Aufruf zur „Integration von Umwelt- und Entwicklungsbelangen“[183] und der den drei Nachhaltigkeitsdimension folgenden Erörterung relevanter Problem- und Handlungsfelder postulierte die Agenda ein mehrdimensionales, integratives Nachhaltigkeitsverständnis. Hieraus entwickelte sich im Anschluss das viel beachtete „Drei-Säulen-Modell“ der Nachhaltigkeit, das zur Grundlage zahlreicher Konzepte in Politik, Wissenschaft und Wirtschaft wurde[184] und in der Zwischenzeit verschiedene Weiterentwicklungen erfuhr[185].

Im Zuge des Folgeprozesses der UNCED fanden verschiedene Konferenzen zur Bilanzierung und Fortschreibung der Rio-Beschlüsse statt, darunter der UN Earth Summit 1997 in New York[186] und der World Summit on Sustainable Development (WSSD), der zehn Jahre nach Rio

---

180 Vgl. United Nations (1992c), Prinzip 1.

181 Vgl.Hauff (2014), S. 15–16.

182 Vgl. United Nations (1992a).

183 United Nations (1992a), S. 1.

184 Vgl. Hauff (2014), S. 160–161.

185 So wurden z.B. Dimensionen umbenannt (vgl. Rogall (2012), S. 44) oder verschiedene Darstellungsformen des Zusammenwirkens der drei Dimensionen entwickelt (vgl. Hauff (2014), S. 163–175).

186 Bei dieser „Special Session of the General Assembly to Review and Appraise the Implementation of Agenda 21“ zog die Weltgemeinschaft fünf Jahre nach dem Rio-Gipfel eine eher negative Bilanz bezüglich der globalen Fortschritte zur Umsetzung der Agenda 21. So wurden viele Ziele, vor allem in den Bereichen Luft- und Wasserverschmutzung, Biodiversität, Wüstenbildung und Übernutzung nicht erneuerbarer Ressourcen verfehlt (vgl. Eisermann (2003), S. 89; United Nations (1997), S. 6–98.

im südafrikanischen Johannesburg ausgerichtet wurde. Dieser Gipfel war eher von Ernüchterung geprägt, so waren in vielen Feldern, wie zum Beispiel in der Armutsbekämpfung oder beim Klima- und Biodiversitätsschutz nur wenige Fortschritte oder sogar Verschlechterungen festzustellen und schon bei den Vorbereitungen der Konferenz (PrepCom 1-4) zeichnete sich eine sehr schwierige Konsensfindung der internationalen Staatengemeinschaft ab[187].

Dabei erschwerten auch die geänderten weltpolitischen Rahmenbedingungen ein weiteres Vorankommen der globalen Nachhaltigkeitspolitik. Unter Federführung der im Jahr 1994 eingerichteten Welthandelsorganisation war in der Zwischenzeit die Liberalisierung des Welthandels weiter vorangetrieben worden. Zudem erfuhr der Multilateralismus in Folge der Terroranschläge des 11. Septembers 2011 generell eine Zäsur. Damit stand der Gipfel in Johannesburg vor allem im Zeichen der Wiederbelebung und Bekräftigung der Rio-Vereinbarungen.[188]

Von einer verbindlichen Verabschiedung umfassender und terminierter Zielvorgaben zur Umsetzung der Agenda 21 war die Staatengemeinschaft nach den Welt-Nachhaltigkeitskonferenzen also noch immer weit entfernt. Vor diesem Hintergrund ist es umso beachtlicher, dass, wie im vorangehenden Abschnitt beschrieben, beim UN-Millenniumsgipfel zwei Jahre vor der Johannesburg-Konferenz konkrete Entwicklungsziele vereinbart wurden, auf die auch in der Erklärung zur Konferenz Bezug genommen wurde[189]. Wie beschrieben, waren die Millenium Development Goals allerdings vorrangig auf soziale und ökonomische Aspekte ausgerichtet und berücksichtigten – trotz des in

---

[187] Vgl. Eisermann (2003), S. 91–98; Eisermann weist darauf hin, dass bei der Johannesburg Konferenz neben der im internationalen Konsens zu beschließenden Ergebnisdokumente (Politische Erklärung und Aktions- und Durchführungsplan) (Typ 1) auch Partnerschaftsinitiativen unter Einbeziehung der Zivilgesellschaft und der Privatwirtschaft (Typ 2) ins Leben gerufen wurden, um den Umsetzungsprozess zu fördern Eisermann (2003), S. 97–98.

[188] Vgl. Fröhlich (2002) sowie das Vorwort von Bärbel Höhn in Eisermann (2003), S. 5–10.; dennoch wurde die zentrale Rolle der UN sowie multilateraler Politik im Allgemeinen für nachhaltige Entwicklung im Konferenzbericht hervorgehoben. „We support the leadership role of the United Nations as the most universal and representative organization in the world, which is best placed to promote sustainable development." United Nations (2002b), S. 5.

[189] United Nations (2002a), Nummer 20.

der Agenda 21 angelegten integrativen, mehrdimensionalen Nachhaltigkeitsverständnisses – ökologische Nachhaltigkeit kaum.

Erst die gegenwärtige Erarbeitung neuer, die MDGs ablösender Sustainable Development Goals[190] konnte auch die Verzahnung sozialer und wirtschaftlicher Entwicklung mit ökologischer Nachhaltigkeit wieder stärker in den Vordergrund rücken und damit die integrative Betrachtung des Nachhaltigkeitsansatzes auf der weltpolitischen Bühne wieder mehr Gewicht verleihen.

2.1.2.4 Zentrale Prinzipien im Nachhaltigkeitsdiskurs

Aus der in den vorangehenden Abschnitten vorgestellten historischen Genese des Nachhaltigkeitsleitbilds lassen sich schließlich drei zentrale, für den gegenwärtigen Nachhaltigkeitsdiskurs konstitutive Prinzipien ableiten:

1) Anthropozentrismus und Prinzip der inter- und intragenerationalen Gerechtigkeit
2) Integrierte, mehrdimensionale Betrachtung nachhaltiger Entwicklung
3) Anerkennung der absoluten Grenzen der natürlichen Tragfähigkeit

Diese Prinzipien sind eng miteinander verflochten und tragen zu einem ganzheitlichen, der Komplexität der betrachteten realen Zusammenhänge entsprechenden Problemverständnis bei, basierend auf ethisch-normativen Vorstellungen über eine global zukunftsfähige Entwicklung. Dabei bleibt die konkrete, umsetzungsbezogene Ausgestaltung dieser Prinzipien – wie das Nachhaltigkeitsleitbild selbst – Gegenstand eines fortlaufenden Diskurses. Um die inhaltliche Breite dieser Diskussion nachvollziehbar zu machen, werden die zentralen, in diesem Kontext zu findenden Diskussionsstränge im Folgenden skizziert.

Zu 1) Anthropozentrismus und Prinzip der inter- und intragenerationalen Gerechtigkeit

Wie in den vorangehenden Abschnitten gezeigt wurde, stehen bei der Entwicklung des weltpolitischen Nachhaltigkeitsleitbilds der Mensch und die Befriedigung seiner Bedürfnisse im Zentrum. Auch wenn diesbezüglich im Allgemeinen Konsens herrscht, haben sich im Nach-

---

[190] Siehe Kapitel 2.1.1.

haltigkeitsdiskurs verschiedene weltanschauliche Positionen in Bezug auf die Rolle des Menschen und der natürlichen Umwelt etabliert.

Zur Kategorisierung der verschiedenen Standpunkte werden in der Literatur verschiedene Nachhaltigkeitsgrade unterschieden (vgl. Tabelle 4)[191]. Wichtige Kriterien zur Abgrenzung der Positionen sind dabei das zugrundeliegende Weltbild, der Stellenwert der Souveränität der Wirtschaftssubjekte, der angenommene Grad der Substituierbarkeit von natürlichen und anthropogenen Kapitalstöcken sowie die Rolle und Bedeutung politischer Steuerungsmechanismen und ordnungspolitischer Maßnahmen.

Die ersten beiden der in Tabelle 4 gezeigten Positionen der sehr schwachen bzw. schwachen Nachhaltigkeit zeichnen sich vor allem durch ein stark ausgeprägtes Vertrauen in den technologischen Fortschritt aus (auch Technozentrismus genannt[192]). So wird unterstellt, dass das gesamte Naturkapital mit Hilfe von Technologien durch künstliche Elemente substituiert werden kann, was die Forderung der Neoklassik nach dem Erhalt des Kapitalstockes erfüllen würde[193]. Dementsprechend besteht keine bzw. nur eine sehr beschränkte Notwendigkeit zu Ressourcen- und Umweltschutz oder nachhaltigem Handeln.

Kontinuierliches quantitatives Wirtschaftswachstum wird als höchstes ökonomisches Ziel eingeordnet. Hierfür typische Maßzahlen zur Beurteilung der Leistungsfähigkeit einer Volkswirtschaft, wie das Bruttosozialprodukt, beeinflussen die aktuelle Wirtschaftspolitik bzw. das Wirtschaftsgeschehen entscheidend, auch wenn sie für eine nachhaltigkeitsbezogene volkswirtschaftliche Wohlfahrtsmessung nur unzureichend geeignet sind[194].

---

[191] Vgl. Rogall (2012), S. 50–52; Grunwald, Kopfmüller (2012), S. 65 ff; Bartmann (2001), S. 51; Steurer (2002), S. 260 ff.

[192] Vgl. Steurer (2002), S. 286–288.

[193] Vgl. Hauff (2014), S. 46 ff.

[194] Vgl. Hauff, Jörg, Seitz (2014), S. 109–128.

	Sehr schwache Nachhaltigkeit	**Schwache Nachhaltigkeit**	**Starke Nachhaltigkeit**	**Strikte Nachhaltigkeit**
Weltbild	Streng anthropozentrisch	Anthropozentrisch	Aufgeklärt anthropozentrisch	Ökozentrisch
Souveränität der Wirtschaftssubjekte	Absolut	Absolut, jedoch Anerkennung der Notwendigkeit informationspolitischer Maßnahmen	Eingeschränkte Konsumentensouveränität bei Marktversagen und meritorischen Gütern	Keine Rücksichtnahme auf Präferenzen der Wirtschaftssubjekte
Substituierbarkeit von Naturkapital	Vollständig	Vollständig	Stark eingeschränkt, eine Reihe von natürlichen Ressourcen ist nicht substituierbar	Keine Substituierbarkeit des natürlichen Kapitalstockes, absoluter Naturerhalt
Verhältnis der drei Nachhaltigkeitsdimensionen	Gleichwertig, solange wirtschaftlich vertretbar	Gleichwertig, bei Abwägungserfordernis im Einzelfall	Gleichwertig bis zu den Grenzen natürlicher Tragfähigkeit	Soziale und ökonomische Dimension sind Ökologie untergeordnet
Bedeutung von Ordnungsmaßnahmen	Ordnungspolitische Eingriffe ausschließlich zur lokalen Gefahrenabwehr (marktfundamentalistisch, neoliberal)	Ordnungspolitis che Eingriffe ausschließlich zur lokalen Gefahrenabwehr und zur Bewahrung wichtiger Schutzgüter	Nachhaltiger Umbau des Wirtschaftssystems durch technische und verhaltensändernde Maßnahmen	Sofortiges radikales, politisches Umsteuern (technologischen oder marktlichen Lösungsansätzen wird keine Priorität eingeräumt)

Tabelle 4: Nachhaltigkeitsgrade[195]

Die Annahme einer beliebigen Substituierbarkeit von Naturkapital durch vom Menschen gemachtes Kapital entspricht jedoch nicht den realen Gegebenheiten begrenzter Tragfähigkeiten von Ökosystemen und real existierender Ressourcenknappheiten. So vernachlässigt diese Position, „daß die Natur in ihren verschiedenen Formen nicht nur Inputlieferantin

195 Tabelle nach Rogall (2012), S. 50–52; Bartmann (2001), S. 51.

für den ökonomischen Prozeß ist, sondern darüber hinaus auch ein *Lebenserhaltungssystem* und damit die *Grundvoraussetzung* jedes Wirtschaftens überhaupt“[196].

Doch selbst wenn es möglich wäre, in der Zukunft den natürlichen Kapitalstock zunehmend zu substituieren, bliebe fraglich, ob der damit einhergehende vermeintliche Fortschritt als wünschenswert anzustreben sei. Geht man in diesem Zusammenhang noch einen Schritt weiter und hinterfragt, inwieweit gegenwärtiges menschliches Handeln überhaupt festlegen darf, welches Maß an natürlichen Ressourcen zukünftigen Generationen zugebilligt werden soll, bzw. welchen (ökonomischen) Wert nicht-menschliche Lebewesen oder eine intaktes Ökosystem haben, zeigt sich, dass die Nachhaltigkeitsdebatte eng mit ethisch-normativen Fragestellungen verbunden ist[197].

Als Gegenpol zu den eben geschilderten schwachen Nachhaltigkeitsgraden, lässt sich daher das Verständnis einer strikten Nachhaltigkeit anführen. Es ist mit einem ökozentrischen Weltbild[198] verbunden, welches menschliche Bedürfnisse hinter den Erhalt der Natur einordnet und damit zu einer Art „Öko-Diktatur“[199] führen würde. Diese Position des absoluten Naturerhalts ist im Rahmen einer freiheitlich-demokratischen Gesellschaftsordnung als nicht umsetzbar einzustufen.

Beide der angeführten Extrempositionen eignen sich also nicht für eine integrative Nachhaltigkeitsbetrachtung[200]. So blendet die Position schwacher Nachhaltigkeit naturgesetzliche Gegebenheiten und die Begrenztheit ökologischer Tragfähigkeit aus, während die Position der strikten Nachhaltigkeit der Befriedigung menschlicher Bedürfnisse einen zu geringen Stellenwert zuschreibt.

Zu 2) Integrierte, mehrdimensionale Betrachtung nachhaltiger Entwicklung

Die gleichrangige Betrachtung der drei Dimensionen Ökologie, Ökonomie und Soziales gilt mittlerweile als eines der grundlegenden Merkmale des Nachhaltigkeitsleitbilds, ist aber ebenso wie die Nachhaltigkeitsdefinition der WCED zu abstrakt, um konkret handlungs-

196 Nutzinger (1995), S. 222.
197 Vgl. Rogall (2012), S. 197 ff.
198 Vgl. Bartmann (2001), S. 51.
199 Rogall (2012), S. 147.
200 Vgl. Rogall (2012), S. 52.

leitend zu sein[201] und damit auch anfällig für eine eher beliebige, instrumentalisierende Ausgestaltung. So sind einerseits die als idealtypisch verstandenen „win-win-win"[202]-Konstellationen zwischen den drei Nachhaltigkeitsdimensionen in der Praxis oft nur schwer zu realisieren, andererseits ist im Fall konfliktärer Zielkonstellationen, wie bei der Abwägung sozialer und ökonomischer Entwicklungsinteressen gegenüber ökologischen Zielen, die Entscheidungsfindung im Einzelfall schwierig[203].

Zielführender als eine gleichrangige Modellierung der drei Nachhaltigkeitsdimensionen scheint eine Darstellung, die der Funktion natürlicher Ökosysteme als Lebensgrundlage und Voraussetzung ökonomischer Aktivitäten gerecht wird. Hierfür eignet sich das Verständnis einer „nested hierarchy of systems"[204], also der Einbettung anthropogener Systeme in übergeordnete ökologische, nicht-anthropogene Systeme, das einer unterstellten „bedingungslosen" Gleichrangigkeit ökologischer, sozialer und ökonomischer Aspekte als Grundlage für die weiteren Ausführungen vorgezogen wird.

Dennoch wird aber aus didaktischen Gründen in diesem Buch an der Begrifflichkeit der drei Nachhaltigkeitsdimensionen festgehalten. Sie wird aber eher als verbales Konstrukt verstanden, das den komplexen Wechselbeziehungen zwischen anthropogenen und nicht-anthropogenen Subsystemen sowie der Multidimensionalität der Problemstellung nachhaltiger Entwicklung einen Namen gibt.

Zu 3) Anerkennung der absoluten Grenzen der natürlichen Tragfähigkeit

Wie schon erörtert wurde, ist auch aus der Perspektive eines anthropozentrischen Nachhaltigkeitsleitbilds der Erhalt der Natur und ihrer Funktionen als lebenserhaltende Ökosysteme grundlegend. Mit Hinblick auf die Bedürfnisse zukünftiger Generationen nach einem intakten natürlichen Lebensraum gewinnt aber auch ein Naturerhalt, der über die alleinige Sicherung der physischen Grundlagen menschlicher Überlebensfähigkeit hinausgeht, einen entsprechend hohen Stellenwert.

Dabei ist zu betonen, dass die Auswirkungen menschlicher Eingriffe auf die Ökosysteme nicht vollumfänglich prognostiziert werden können

---

[201] Vgl. Hauff (2014), S. 161.
[202] Vgl. Hauff, Kleine (2009), S. 116.
[203] Vgl. Hauff (2014), S. 159–163.
[204] Costanza, Patten (1995), S. 196.

und aufgrund der komplexen Zusammenhänge wahrscheinlich auch nur unzureichend erfassbar bleiben[205]. Somit ist es schwierig zu beurteilen, welches Maß an Umweltbelastung möglich ist, ohne die Bedürfnisbefriedigung gegenwärtiger und vor allem zukünftiger Generationen zu gefährden. Dieses Informationsdefizit bezüglich der Tragfähigkeit menschlicher Eingriffe in die Natur erfordert einen Umgang mit der natürlichen Umwelt, dem das Vorsichtsprinzip zu Grunde liegt:

> „Gefahren und unvertretbare Risiken für die menschliche Gesundheit und die natürlichen Lebensgrundlagen sind zu vermeiden“[206].

Ebenso ist es erforderlich, die absoluten Grenzen der Tragfähigkeit natürlicher Systeme anzuerkennen, ohne diese „auszureizen“. Ein diesbezüglich viel diskutiertes Konzept ist das der „Planetary Boundaries“, das im Jahr 2009 von einer internationalen Forschergruppe, bestehend aus 28 Wissenschaftlern um den Schweden Johan Rockström, vorgestellt wurde[207]. Sie identifizierten insgesamt neun „Planetary Systems“[208] im Sinne kritischer Ökosysteme, deren Belastungsgrenzen es nicht zu überschreiten gilt, um das menschliche Leben auf der Erde nicht zu gefährden:

> „To meet the challenge of maintaining the Holocene state, we propose a framework based on 'planetary boundaries'. These boundaries define the safe operating space for humanity with respect to the Earth system and are associated with planet's bio-physical subsystems or processes."[209]

Nach Angaben der Autoren waren im Jahr 2009 schon drei der neun Belastungsgrenzen überschritten[210]. Das Konzept der „Planetary Boundaries“ wurde unter anderem in der globalen Klimaschutzpolitik („Zwei-Grad-Ziel“) aufgegriffen, außerdem entspricht es dem vom Wissenschaftlichen Beirat der Bundesregierung Globale Umweltveränderungen (WBGU) seit Mitte der 1990er Jahre entwickelten Ansatz der ökologischen Leitplanken[211].

---

205 Vgl. Burschel, Losen, Wiendl (2004), S. 266.
206 Vgl. Burschel, Losen, Wiendl (2004), S. 266.
207 Vgl. Rockström et al. (2009).
208 Vgl. Rockström et al. (2009), S. 472.
209 Rockström et al. (2009), S. 472.
210 Hierzu zählen die Bereiche der atmosphärischen CO_2-Konzentration, des Verlusts an Biodiversität und der Entfernung von Stickstoff aus der Atmosphäre. Vgl. Rockström et al. (2009), S. 473.
211 Vgl. WBGU (2011), S. 34.

Whiteman, Walker und Perego (2013) weisen auf die unmittelbare Bedeutung dieses Ansatzes für die Diskussion um Nachhaltigkeit auf Unternehmensebene hin und fordern eine stärkere Anbindung der Corporate-Sustainability-Forschung an die Fragestellungen gesamtsystemischer Nachhaltigkeit[212,213]. Dabei sehen die Autoren unter anderem Forschungsbedarf bezüglich der Fragestellung „how inter-organizational dynamics and corporate governance structures link firm behaviour with Earth systems at varying levels of scale“[214], was zu dem in diesem Buch entwickelten Konstrukt der Corporate Sustainability Governance (Kapitel 4) unmittelbar anschlussfähig ist.

2.2 Nachhaltigkeit als ökonomisches Prinzip: Vom „Sustainable Yield“ in der Forstwirtschaft zur Substanzerhaltung in der Betriebswirtschaftslehre

Im vorangehenden Kapitel wurde nachhaltige Entwicklung als modernes politisches Leitbild vorgestellt, das seit den 1970er Jahren von der internationalen Staatengemeinschaft aufgegriffen und den Organisationen der Vereinten Nationen maßgeblich geprägt wurde.

An sich ist der Nachhaltigkeitsgedanke aber bekanntlich schon wesentlich älter und wurde im frühen 18. Jahrhundert als ökonomisches Handlungsprinzip in der Forstwirtschaft formuliert. Das auf der Ostermesse Leipzig im Jahr 1713 vom damaligen Oberberghauptmann des Erzgebirges, Hans Carl von Carlowitz, vorgestellte Werk „Sylvicultura oeconomica“[215] gilt gemeinhin als Ursprungswerk für den Nachhaltigkeitsbegriff, woran vor allem in Deutschland durch zahlreiche Aktionen zum „300. Jahrestag der Nachhaltigkeit“ im Jahr 2013 erinnert wurde[216].

Auch wenn von Carlowitz mit seinem Plädoyer für eine „continuirliche beständige und nachhaltende Nutzung“[217] des Waldes das Nachhaltigkeitsprinzip zum ersten Mal in dieser Klarheit formulierte, entstanden schon im späten Mittelalter erste forstwissenschaftliche Verordnungen und Aufforstungsmaßnahmen, um dem sich verschärfenden Holzmangel

---

212 Vgl. Whiteman, Walker, Perego (2013), S. 324 ff.
213 Vgl. hierzu die Diskussion in Kapitel 2.2.1.3.
214 Whiteman, Walker, Perego (2013), S. 329.
215 Vgl. Carlowitz (1713).
216 Vgl. hierzu stellvertretend Deutscher Forstwirtschaftsrat (Hrsg.) (2014).
217 Carlowitz (1713), S. 105.

zu begegnen[218]. Holz wurde als Baumaterial, Energieträger und Werkstoff seit dem Mittelalter zur ökonomischen Zentralressource, was mit einer dauerhaften Übernutzung der Waldflächen verbunden war. Diese führte im 13. und 14. Jahrhundert zu einer tiefgreifenden ökologischen wie ökonomischen Krise, die auch die Ausbreitung von Pestepidemien und den damaligen Zusammenbruch der Bevölkerungszahlen Mitteleuropas beschleunigte[219].

Zur Zeit der Entstehung der „Sylvicultura Oeconomica" war man in Europa von einer neuerlichen, derart dramatischen Krise noch weit entfernt. Holzmangel war ein vorrangig regionales Problem[220], gefährdete aber die ökonomische Grundlage der frühen Industrialisierung (vor allem der Metallurgie), die auf Holz als Energieträger angewiesen war[221]. Im Gegensatz zur Subsistenzkrise des späten Mittelalters, die erst nach dem Tod von etwa 13 Millionen Menschen durch eine Entschärfung der Nahrungsmittelknappheit ein Ende fand[222], setzten sich von Carlowitz und andere Vertreter seiner Zeit[223] also schon vor einer weiteren Krise mit dem bei unveränderter Nutzung zwangsläufig bevorstehenden „Grossen Holtz-Mangel"[224] auseinander[225].

Besonders interessant ist hierbei, dass in diesen Arbeiten normativer Nachhaltigkeitsanspruch und ökonomisches Nutzungsgebot widerspruchsfrei „Hand in Hand" gingen, was wohl auch der Art der nachhaltig zu bewirtschaftenden Ressource geschuldet war: Die Regenerationsrate des Waldes beträgt einige Jahrzehnte – ohne Verweis auf das Wohl zukünftiger Generationen und damit verbundener Nutzungseinschränkungen in der Gegenwart ist eine ökonomisch nachhaltige Bewirtschaftung demnach nicht zu realisieren.

---

218 Vgl. Becker (1991); Hamberger (2003), S. 38–41.
219 Vgl. Nutzinger (1995), S. 207–212.
220 Vgl. Grober (2013), S. 16.
221 Vgl. Carlowitz (2013), S. 361–362.
222 Vgl. Nutzinger (1995).
223 Grober weist hier vor allem auf die Vorarbeiten des Briten John Evelyn hin, dessen Werk „Sylva or a Discourse of Forest Trees and the Propagation of Timber" aus dem Jahr 1666 vermutlich auch für von Carlowitz eine ergiebige Quelle war. Nach Grober setzte sich von Carlowitz in Frankreich zudem mit der vom damaligen Finanzminister Colbert vorangetriebenen Forstreform auseinander (1667), in deren Ordonnanzen ebenfalls Grundsätze einer nachhaltigen Forstnutzung formuliert wurden. (Grober (2013), S. 17–20).
224 Carlowitz (1713), Titelblatt.
225 Vgl. Carlowitz (1713), S. 44–53.

So argumentierte von Carlowitz einerseits rein ökonomisch, in dem er darauf hinwies, dass, „wenn die Holtz und Waldung erst einmal ruinirt […] die Einkünfte auff unendliche Jahre hinaus zurücke“[219] blieben und verglichen mit dem „scheinbaren Profite“[219] einer kurzfristigen Verwertung des Bestands „ein unersetzlicher Schade[n]“[226] entstünde.

Auf der anderen Seite begründet er seine Forderungen nach einer nachhaltigen Bewirtschaftung des Waldes als Beitrag „zur Beförderung des algemeinen Bestens“[227] und der erforderlichen Vorsorge gegenüber der „lieben *Posterität* zur Erhaltung ihrer Nahrung“[228] (Posterität i.S. nachfolgender Generationen), womit er eine klar normative Argumentationslinie wählte.

2.2.1.1 Ressourcenökonomisches Prinzip und Managementregeln für den Umgang mit natürlichen Ressourcen

Das durch von Carlowitz für die Forstwirtschaft formulierte ressourcenökonomische Prinzip, von einer nachwachsenden Ressource nur so viel Ertrag zu ernten, dass deren Substanz und die dadurch zu erzielenden Erträge mindestens erhalten bleiben[229] (statische bzw. dynamische Nachhaltigkeit[230]), wurde mit dem Konzept des „Sustainable Yield“ auch auf andere Bereiche, allen voran die Fischereiwirtschaft übertragen[231]. In der Ökonomie selbst gilt analog das Prinzip des Kapitalerhalts, also von den Erträgen der Zinsen und nicht vom Kapital zu leben, im Hinblick auf den Umgang mit Finanzkapital als grundlegende Handlungsregel[232].

Die vor dem Hintergrund des modernen Nachhaltigkeitsleitbilds notwendige Übertragung dieser Handlungsregel auf alle Kapitalarten erfährt aber bisher weder in der wirtschaftswissenschaftlichen Theorie[233], noch in der Unternehmenspraxis ausreichend Beachtung.

---

226 Carlowitz (1713), S. 87.

227 Carlowitz (1713), Titelblatt.

228 Carlowitz in seiner Widmung an Friedrich August (Carlowitz (2013), S. 95)

229 Er forderte „*Praecaution*, […] daß eine Gleichheit zwischen dem An- und Zuwachs und dem Abtrieb derer Höltzer erfolget“; Carlowitz (2013), S. 197.

230 Vgl. Nutzinger, Radke (1995), S. 15.

231 Grober (2013), S. 14; Finley, Oreskes (2013).

232 Vgl. Müller-Christ (2001), S. 91; Müller-Christ (2010), S. 110–111.

233 Diesbezügliche Ansätze im Hinblick auf einen nachhaltigen Umgang mit Naturkapital auf volkswirtschaftlicher Ebene sind zu finden bei Pearce und Turner (1990) sowie Daly (1990); bezogen auf immaterielle Ressourcen auf betriebswirtschaftlicher Ebene bei Moldaschl (2007) sowie Ansätze eines

Ein Grund hierfür kann in den kurzfristigen Zielhorizonten ökonomischen Handelns gesehen werden – eine Feststellung, die schon von Carlowitz als zentralen Hemmfaktor für nachhaltiges Wirtschaften erkannte[234]. So mögen die Anforderungen nachhaltigen Handelns aus der Perspektive kurzfristiger ökonomischer Erfolgsmaximierung zunächst widersprüchlich erscheinen, dies ist aber meist nicht auf tatsächliche Konflikte zwischen sozialen, ökologischen und ökonomischen Zielstellungen zurückzuführen. Vielmehr bestehen Konflikte zwischen kurz- und langfristigen Zielen ökonomischer Aktivitäten. Eine Ausdehnung des Betrachtungshorizonts auf mehrere Jahrzehnte oder Jahrhunderte macht deutlich, dass nachhaltiges Wirtschaften als oberstes ökonomisches Ziel und der Erhalt von sozialen, ökonomischen und ökologischen Kapitalstöcken als Voraussetzung dauerhaft erfolgreichen ökonomischen Handelns gelten darf.

Natürlich zeichnet sich der Anwendungsbereich der durch von Carlowitz formulierten Nutzungsregeln durch eine verhältnismäßig geringe Komplexität aus, ebenso wie die Bewirtschaftung anderer natürlicher Ressourcen gemäß dem Prinzip des nachhaltigen Ertrags („Sustainable Yield“). Sowohl der zu betrachtende Zeitrahmen, die Komplexität der Ursache-Wirkungsbeziehungen, als auch die geographische Reichweite der Problemstellung sind hier in der Regel überschaubar. Problemverursacher und Lösungsansätze sind klar zu bestimmen und die Operationalisierung von Nachhaltigkeit damit wesentlich einfacher.

Mit dem modernen Verständnis nachhaltiger Entwicklung haben sich Zeitrahmen und Ursache-Wirkungs-Zusammenhänge erheblich ausgeweitet[235]: Aus einer regional begrenzten Problematik mit einem zeitli-

---

nachhaltigen Human Resource Managements bei Ehnert, Harry, Zink (2014) und der nachhaltigen Gestaltung von Arbeits- bzw. Wertschöpfungssystemen bei Zink, Fischer (2013) und Fischer, Zink (2012); als übergreifenden organisationstheoretischen Ansatz des Nachhaltigkeitsmanagements vgl. die Theorie der Wirtschaftsökologie (Müller-Christ (2010), S. 123 ff und Remer (1993)). Von Hauff weist schließlich darauf hin, dass Nachhaltigkeit als Wissenschaftsdisziplin trotz der frühen Erkenntnisse aus der Forstwirtschaft und der Etablierung des Wissenschaftszweigs der „Oecologie“ im 19. Jahrhundert erst wieder in den 1970er Jahren verstärkte Aufmerksamkeit erhielt (vgl. Hauff (2014), S. 4).

234 Vgl. Carlowitz (1713), S. 86–87 sowie S. 94.

235 Vgl. hierzu auch die von Rogall (2012) aufgegriffenen quantitativen und qualitativen Unterschiede zwischen den modernen und den vorindustriellen Umweltzerstörungen (Rogall (2012), S. 32).

chen Bezugsrahmen von einigen Jahren oder Jahrzehnten wie in den Anwendungsbereichen des Sustainable-Yield-Ansatzes, ist ein globales Problem mit einem mehrere Generationen übergreifenden zeitlichen Horizont geworden. Der durch eine nicht-nachhaltige Wirtschaftsweise entstehende Schaden ist oft nicht unmittelbar wahrnehmbar und dem jeweiligen Verursacher nur schwer zuzurechnen, wie es zum Beispiel bei der Akkumulation toxischer Substanzen in der Umwelt oder bei Klimaveränderungen durch den anthropogenen Ausstoß von Treibhausgasen der Fall ist. Dies erschwert auch entsprechend die Möglichkeiten einer Internalisierung negativer externer Effekte und schränkt die Umsetzbarkeit bzw. Effektivität traditioneller neoklassischer Steuerungsansätze der Umweltökonomie erheblich ein[236]. Hinzu kommt, dass im Hinblick auf das moderne Nachhaltigkeitspostulat nicht nur, wie im Fall des Sustainable-Yield-Prinzips, regenerative natürliche Ressourcen zu „managen" sind, sondern auch nicht-regenerative sowie immaterielle Ressourcen.

Trotz dieser Herausforderungen fand das Nachhaltigkeitsprinzip im weiteren Sinne erst wieder ab den 1950er Jahren in die wirtschaftswissenschaftliche Forschung Einzug. So verdeutlichten die Arbeiten von Karl Kapp zu den volkswirtschaftlichen Kosten der Marktwirtschaft[237] und die systemtheoretisch fundierte „Reconstruction of Economics" von Kenneth E. Boulding[238] sehr früh die Wechselwirkungen moderner ökonomischer Prozesse mit der ökologischen Umwelt und sozialen Systemen.

Ausgehend von diesen und weiteren Arbeiten[239] entwickelte sich seit Mitte der 1980er Jahre das Wissenschaftsfeld der Ökologischen Ökonomie[240], das stark von naturwissenschaftlichen, thermodynamischen Überlegungen geprägt war. Auf der Grundlage der Erkenntnis,

---

[236] Traditionelle neoklassische Ansätze der Umweltökonomie zur Korrektur des Marktversagens sind Preislösungen wie die Pigou-Steuer (beispielsweise in Form der „Öko-Steuer" umgesetzt) oder Verhandlungslösungen, die auf dem Coase-Theorem basieren und zum Beispiel in der Gestalt des Emissionshandels umgesetzt werden. Die grundlegenden Voraussetzungen, vollständige Information und Transaktionskostenfreiheit (Coase) sind aber in der Realität nicht gegeben, weshalb diese Instrumente nur eingeschränkt funktionieren; vgl. Pascour (1996).

[237] Vgl. Kapp (1975 (EA:1950)).

[238] Vgl. Boulding (1950).

[239] Vgl. Georgescu-Roegen (1976 (EA: 1971)); Barbier (1989).

[240] Vgl. Rogall (2012), S. 119–121.

dass die Ökonomie als offenes Subsystem des an sich geschlossenen Systems Erde[241] auf den stetigen Zu- und Abfluss von Materie und Energie angewiesen ist, konnten die Endlichkeit der Ressourcen auf dem „Spaceship Earth"[242] begründet und entsprechende Lösungsansätze, wie die einer „Steady State Economy"[243] entwickelt werden[244].

Aus dieser Diskussion entstanden schließlich auch konkrete Managementregeln für den nachhaltigen Umgang mit natürlichen Ressourcen, die in der Zwischenzeit einen festen Platz im wissenschaftlichen wie politischen Nachhaltigkeitsdiskurs gefunden haben. Vorreiter für diese Formulierungen[245] war Daly, der im Jahr 1990 die folgenden Managementregeln für eine nachhaltige Ressourcennutzung aufstellte[246]:

- Erneuerbare Ressourcen dürfen nur in dem Maße abgebaut werden, wie sie sich regenerieren (Abbau geringer als Regenerationsrate),
- nicht-erneuerbare Ressourcen (zum Beispiel fossile Energieträger) dürfen dauerhaft nur in dem Umfang genutzt werden, wie ihre

241 In der Thermodynamik werden drei Arten von Systemen unterschieden – offene, geschlossene und abgeschlossene Systeme. Sie unterscheiden sich hinsichtlich ihrer Fähigkeit zum Austausch von Energie und Materie mit ihrer Umgebung. So stehen offene Systeme im Materie- und Energietransfer mit ihrer Umgebung, während geschlossene Systeme Energie, aber keine Materie und abgeschlossene weder Energie noch Materie mit ihrer Umgebung tauschen. Vgl. Lüdecke, Lüdecke (2000), S. 218. Da ökonomische Prozesse auf dem Austausch von Materie und Energie beruhen, ist die Ökonomie als offenes System einzustufen.

242 Vgl. Boulding (1950).

243 Vgl. Daly (1974).

244 An dieser Stelle ist hervorzuheben, dass die starke Ausrichtung dieser Arbeiten an thermodynamischen Gesetzlichkeiten auch zu nicht haltbaren Analogienbildungen zwischen Thermodynamik und Ökonomie geführt hat, darunter die Begründung des „vierten Hauptsatzes" durch Georgescu-Roegen, der einen naturgesetzlich vorgegebenen Materieverlust im Zuge ökonomischer Tätigkeiten unterstellte: Mit der Begründung, dass die Thermodynamik zwar energetische Aspekte erkläre, sich aber nicht auf Materie beziehe, formuliert er, „daß Materie ebenso in zwei Zuständen existiert, nämlich verfügbar und unverfügbar und daß sie genau wie Energie ständig und unwiderruflich von dem einen in den anderen Zustand abnimmt". Demnach sei die Nutzung von Ressourcen mit einem unwiderruflichen Verlust an verfügbarer Materie verbunden, sie „löst sich ebenso wie Energie in Staub auf". Diese Annahme ist allerdings mit den thermodynamischen Hauptsätzen unvereinbar. (Zitate aus Georgescu-Roegen (1987), S. 8).

245 Vgl. Hauff (2014), S. 55.

246 Vgl. Daly (1990), S. 2 ff.

Funktion durch andere Ressourcen substituiert werden kann (zum Beispiel durch erneuerbare Energieträger),

- bei jeglicher Ressourcennutzung ist die Grenze der Aufnahmefähigkeit der Natur (Assimilationsfähigkeit) für Emissionen zu berücksichtigen (vgl. zum Beispiel beim Ausstoß von Treibhausgasen).[247]

2.2.1.2 Mikroökonomische Nachhaltigkeit

Die von Daly und weiteren Vertretern der Ökologischen Ökonomie, aber auch von Pearce und Turner als Vertreter der neoklassischen Umweltökonomie formulierten Handlungsprinzipien einer nachhaltigen Ressourcennutzung fokussieren vorrangig die volkswirtschaftliche Betrachtungsebene und sind auf den nachhaltigen Umgang mit Naturkapital ausgerichtet.

Diese Überlegungen transferierten Remer und Müller-Christ mit der Erarbeitung ihres Ansatzes der Wirtschaftsökologie Ende der 1990er Jahre auf die mikroökonomische Ebene des nachhaltigen Ressourcenmanagements von Unternehmen, in dem sie einen betriebswirtschaftlichen Modernisierungsprozess anhand des Einbezugs ökologischer Prinzipien forderten[248]. Dabei verstehen Remer und Müller-Christ den Ökologie-Begriff in seinem ursprünglichen Sinn als „Lehre von den (lebenserhaltenden) Haushalts-Beziehungen“[249] und nutzen die wechselseitigen, auf Dauer angelegten Ressourcenbeziehungen in Ökosystemen als Metapher für ein nachhaltiges Management von Ressourcen in der Wirtschaft[250].

Demnach leben alle natürlichen und anthropogenen Systeme, darunter auch das Wirtschaftssystem, in einer Art Haushaltsgemeinschaft, die von allen Systemen gemeinsam bewirtschaftet wird. Entscheidend ist hierbei die Aussage, dass ein einzelnes System (wie ein Unternehmen) die

---

247 Ähnliche Managementregeln sind auch bei Pearce und Turner zu finden; vgl. Pearce, Turner (1990), S. 44. Im Gegensatz zu Daly als Vertreter und Mitbegründer der Ökologischen Ökonomie sind Pearce und Turner jedoch der neoklassischen Schule zuzuordnen, haben aber das Konzept des konstanten Naturkapitals hervorgebracht (vgl. Burschel, Losen, Wiendl (2004), S. 31).

248 Vgl. Remer (1993).

249 Remer (1993), S. 458.

250 Vgl. Müller-Christ, Remer (1999), S. 80.

Umwelten, von denen es lebt, nicht soweit schädigen darf, dass es dabei seine eigene Existenzgrundlage zerstört[251].

Diese Forderung erinnert stark an die Carlowitzschen Aussagen zur Forstwirtschaft knapp 300 Jahre zuvor. Von ihrer Umsetzung sind die gegenwärtigen Wirtschafts- und Gesellschaftssysteme aber noch immer weit entfernt, insbesondere dann, wenn Schädigungen der Umwelten bzw. Ressourcenquellen und entstehende Ressourcenknappheiten nicht direkt wahrnehmbar sind[252]. Diese Schädigungen können schließlich – abhängig von den betrachteten Ressourcen – unmittelbar oder auch erst mittel- bis langfristig zu negativen Rückwirkungen auf die Unternehmen oder das Wirtschaftssystem als Ganzes führen. Der Erhalt und die Pflege der betrieblichen Ressourcenquellen unter Berücksichtigung der jeweiligen Eigengesetzlichkeiten als Überlebens- und Reproduktionsbedingungen[253] müssen daher im Zuge eines nachhaltigen Ressourcenmanagements im Vordergrund stehen:

> „Es müssen alle Systeme ‚einzahlen', weil sonst bald die ‚Lebensmittel' knapp würden. Allen Umwelten, von denen die Wirtschaft lebt, muß sie ihrerseits direkt oder indirekt das Leben ermöglichen"[254].

Zur Konkretisierung dieser Forderung führen Müller-Christ und Remer ein substanzerhaltungsorientiertes Nachhaltigkeitsprinzip ein, demzufolge mit jedem Ressourcenverbrauch für einen mindestens gleichwertigen Ressourcennachschub zu sorgen ist. Einen wichtigen Ausgangspunkt für ihre Überlegungen sehen sie dabei im in der Ökonomie vorrangig herrschenden Effizienzparadigma[255], das aus ihrer Sicht vor dem Hintergrund des Nachhaltigkeitspostulats zu kurz greift:

> „[Das] normative Ziel der intergenerativen Gerechtigkeit hat unserer Meinung nach eine Qualität, die über das Anliegen einer effizienten Bewirtschaftung der Natur deutlich hinausgeht. Die dauerhafte

---

[251] Vgl. Remer (1993), S. 458.

[252] Steimle (2008) argumentiert diesbezüglich, dass auch die Bekanntheit von real bestehenden Knappheiten aber nicht unmittelbar zu einer nachhaltigen Ressourcennutzung als betriebswirtschaftlich rational zu begründete Handlungsoption führen müsse, wie das Beispiel des Umgang mit den sich erschöpfenden fossilen Energieträgern zeige; vgl. Steimle (2008), S. 139-140.

[253] Vgl. Müller-Christ, Remer (1999), S. 72.

[254] Remer (1993), S. 460.

[255] Auch in der Nachhaltigkeitsdebatte spielt das Thema Effizienz traditionell eine bedeutende Rolle (vgl. zum Beispiel Schmidheiny (1999)), wird inzwischen aber um die Kriterien der Suffizienz und Konsistenz ergänzt (vgl. Hauff (2014), S. 62-65).

Bedürfnisbefriedigungsmöglichkeit wird nämlich nicht alleine dadurch erreicht, daß die vorhandenen Ressourcen sparsam bewirtschaftet werden. Nachhaltig erscheint uns eine Entwicklung vielmehr dann, wenn der *Verbrauch* an Entwicklungschancen (Ressourcen) zumindest kompensiert wird durch die Bereitstellung oder den *Nachschub* an neuen Entwicklungschancen."[256]

Um diese Überlegungen direkt anschlussfähig zu bestehenden betriebswirtschaftlichen Kennzahlen zu machen, drücken Müller-Christ und Remer ihr Prinzip zudem in Form einer operativen Kennzahl aus:

$$\text{Nachhaltigkeit des Ressourceneinsatzes} = \frac{\text{Ressourcen verbrauch}}{\text{Ressourcen nachschub}}$$ [257]

Mit dieser Kennzahl erweitern bzw. ergänzen sie letztlich das Anwendungsfeld der erwähnten Managementregeln, die von Daly sowie Pearce und Turner für eine nachhaltige Ressourcennutzung formuliert wurden. Die von Müller-Christ vorgeschlagenen Handlungsoptionen zur aktiven Sicherung des Ressourcennachschubs und zur Pflege der Ressourcenquellen unterscheiden sich dabei nur gering von den oben genannten Managementregeln[258].

Verglichen damit hat das wirtschaftsökologische Nachhaltigkeitsverständnis aber einen explizit mikroökonomischen und organisationstheoretischen Bezugsrahmen und bezieht die gesamte betriebswirtschaftliche Ressourcenbasis ein, also neben ökologischen Ressourcenquellen auch anthropogene Ressourcen des Human- und Sozialkapitals sowie des Sach- und Finanzkapitals.

Dabei sehen Müller-Christ und Remer ihren Ansatz einerseits als einen, auf ökonomischer Rationalität begründeten Zugang zu nachhaltigem Unternehmenshandeln, andererseits aber auch als Ausgangspunkt strategischer Handlungsspielräume für ein Unternehmen[259]. Ausreichende Informationen über die Herkunft der betrieb-

---

[256] Müller-Christ, Remer (1999), S. 70.

[257] Vgl. Müller-Christ, Remer (1999), S. 92; Müller-Christ (2010), S. 111.

[258] Dazu zählen die identische Wiederherstellung einer verbrauchten Ressource, die (Wieder-)Erschließung einer funktionsgleichen Ressource (im Idealfall durch Substitution einer nicht-regenerativen durch eine regenerative Ressource) und Investitionen in die Leistungsfähigkeit der Ressourcenquellen (zum Beispiel in die Mitarbeitermotivation, in die Assimilationsfähigkeit der Natur); vgl. Müller-Christ (2001), S. 93.

[259] Vgl. Müller-Christ (2001), S. 94.

lichen Ressourcen und die Gesetzlichkeiten, unter denen sie entstehen, erlauben einem Unternehmen schließlich, gezielt in die Ressourcenquellen zu investieren und damit zur Sicherung des eigenen Ressourcennachschubs beizutragen, womit umweltbedingte Unsicherheiten reduzieren werden können[260]. Folglich entsteht „mit der Investition in den Nachschub ein *neuer Handlungsspielraum*, der einen konstruktiven Umgang mit der Begrenztheit der Ressourcen erlaubt“[261].

2.2.1.3 Steuerungslücken zwischen mikro- und makrosystemischer Nachhaltigkeit

Die Anforderungen an ökonomisches Handeln, die aus dem ressourcenökonomischen Sustainable-Yield-Ansatz, aber auch aus dem umfassenderen wirtschaftsökologischen Konzept der Substanzerhaltung resultieren, münden zunächst in vorrangig mikroökonomische Handlungsprinzipien. Damit kann in vielen Fällen auch dem globalen Makro-Konzept der Nachhaltigkeit Rechnung getragen werden, zum Beispiel durch gezielte Investitionen in den Erhalt der von einem Unternehmen genutzten Kapitalstöcke.

Dennoch bedeutet ein aus mikroökonomischer Perspektive nachhaltiges Wirtschaften nicht in allen Fällen, dass sich der jeweilige Wirtschaftsakteur auch vor dem Hintergrund des globalen Leitbilds nachhaltig verhält. Die Aktivitäten eines Forstwirts, der nur so viel Holz erntet, wie im gleichen Zeitraum nachwachsen kann, aber durch die von ihm geschaffenen Monokulturen zum Artenschwund und einer dauerhaften Verödung der Landschaft beiträgt, können aus der Sicht des Makro-Leitbilds der Nachhaltigkeit ebenso wenig als nachhaltig gelten, wie die Aktivitäten eines fiktiven Unternehmens, welches seine Wertschöpfungsprozesse vollumfänglich am Prinzip der Substanzerhaltung ausrichtet (geschlossene Stoffkreisläufe, Nutzung regenerativer Energien, nachhaltiges Human Resource Management etc.), dabei aber geächtete Kriegsmittel herstellt.

Während die Zielstellungen mikroökonomischer Nachhaltigkeit in erster Linie dem Postulat mittel- bis langfristiger betriebswirtschaftlicher Rationalität unterworfen sind, spielen auf gesamtgesellschaftlicher

---

[260] Vgl. hierzu auch die Argumentationslinie des Ressourcenabhängigkeitstheorems, siehe Kapitel 4.3.4.2.

[261] Müller-Christ (2001), S. 397.

Ebene zusätzliche weitere, außerhalb des mikroökonomischen Zielsystems liegende Anforderungen eine Rolle. Dazu zählen gesellschaftliche Wert- und Normvorstellungen, wie sie im oben genannten Beispiel des Kriegsmittelproduzenten zum Tragen kommen oder auch das Wissen über gesamtsystemische Zusammenhänge in Ökosystemen, wie sie für den geschilderten „nachhaltigen" Forstwirt von Relevanz sind und von Seiten der Ökologischen Ökonomie in den Mittelpunkt gerückt wurden. Diese, den mikrosystemischen Nachhaltigkeitsanspruch übertreffenden Anforderungen müssen bzw. können dem einzelnen Akteur im Zweifelsfall aber gar nicht bekannt sein. Das heißt, ihm liegen die für „tatsächlich" nachhaltiges Wirtschaften erforderlichen Informationen oftmals gar nicht vor, wie es etwa im Hinblick auf die komplexen Zusammenhänge in Ökosystemen und deren Tragekapazitäten[262], die Reichweiten von Ressourcen bzw. Reserven[263] oder auch die Bedürfnisse von ihm gegenüber nicht artikulationsfähigen Stakeholdergruppen der Fall ist. Doch auch für den Fall, dass klare Informationen zur Verfügung stehen, bedeutet dies nicht, dass diese von einem nachhaltigkeitsorientierten Akteur aufgrund seiner begrenzten kognitiven Fähigkeiten auch handlungsrelevant „übersetzt" werden können.

Um als einzelner Wirtschaftsakteur nachhaltig zu handeln ist eine Ausrichtung am ressourcenökonomischen Nachhaltigkeitsprinzip folglich zwar notwendig, aber nicht immer hinreichend.

Auf diese Differenzierung wird in der Literatur zum betriebswirtschaftlichen Nachhaltigkeitsmanagement allerdings kaum eingegangen. Vielmehr wird dort oft implizit ein Gleichklang zwischen mikro- und makrosystemischer Nachhaltigkeit unterstellt. Als Beispiel lässt sich hierfür die vielfach zitierte Begriffsabgrenzung unternehmerischer Nachhaltigkeit (Corporate Sustainability) durch Dyllick und Hockerts aus dem Jahr 2002 anführen. Die beiden Autoren übertragen die von der Brundtland-Kommission formulierte Nachhaltigkeitsdefinition unmittelbar auf Unternehmen, in dem sie den Bezugsrahmen des übergeordneten Nachhaltigkeitsleitbilds von der Menschheit im Allgemeinen auf die Stakeholders eines Unternehmens herunterbrechen:

> „When transposing this idea to the business level, corporate sustainability can accordingly be defined as meeting the needs of a firm's direct and

[262] Vgl. Steimle (2008), S. 59–60.
[263] Vgl. Wacker, Blank (1999).

indirect stakeholders (such as shareholders, employees, clients, pressure groups, communities etc), without compromising its ability to meet the needs of future stakeholders as well."[264]

Selbst bei einem auf Dauer angelegten Unternehmenszweck und einer umfassenden, normativen Interpretation des Stakeholder-Begriffs[265] macht diese Übertragung doch deutlich, dass mikrosystemische bzw. -ökonomische Nachhaltigkeitsziele (Fähigkeit des Unternehmens jetzt und in Zukunft die Bedürfnisse seiner Stakeholders zu befriedigen) nicht unmittelbar mit dem makrosystemischen Nachhaltigkeitsverständnis (menschliche Bedürfnisbefriedigung im Allgemeinen, intra- und intergenerative Gerechtigkeit) gleichgestellt werden können.

Um mikroökonomische und – im Sinne des Nachhaltigkeitsleitbilds – makropolitische Nachhaltigkeit miteinander in Einklang zu bringen ist daher eine Art gesamtsystemisches Korrektiv notwendig. Mit den Begriffen der Steuerungstheorie bzw. Kybernetik[266] ausgedrückt, müssen den einzelnen Akteuren demnach ausreichende Steuerungsinformationen bzw. -impulse gegeben werden, um ihr Handeln an gesamtsystemischer Nachhaltigkeit ausrichten zu können[267]. Dies führt wiederum zu der Frage nach geeigneten Governance-Strukturen und -Prozessen, welche diese Funktion der nachhaltigkeitsbezogenen Steuerung von Organisationen als mikroökonomische Akteure übernehmen können[268].

Die Ausführungen in diesem Kapitel haben gezeigt, dass sich nachhaltiges Handeln nicht nur auf normative und ethische Argumentationen zurückführen lässt, sondern auch auf ökonomische Rationalität.

So kann Nachhaltigkeit - einen entsprechend langfristigen Betrachtungshorizont oder auch (wahrgenommene) absolute Knappheiten vorausgesetzt – als grundlegendes ökonomisches Handlungsprinzip und Voraussetzung für dauerhaft erfolgreiches Wirtschaften gelten.

Die frühe Argumentation durch von Carlowitz verdeutlichte hierbei, wie bei einer ausreichend langen zeitlichen Perspektive für ökono-

---

[264] Dyllick, Hockerts (2002), S. 131.

[265] Vgl. hierzu die Ausführungen zum Stakeholderansatz in Kapitel 4.3.

[266] Vgl. hierzu Kapitel 3.

[267] Diese Überlegungen können entsprechend systemtheoretisch begründet werden: Ein einzelnes Subsystem ist nicht in der Lage, zu beurteilen, inwiefern es zum Erhalt des Gesamtsystems beizutragen hat. Hierfür ist ein gesamtsystemtisches Korrektiv erforderlich, funktional beispielsweise begründet als „System 5" in Beers Viable Systems Model; vgl. Beer (1981), S. 73 ff.

[268] Vgl. Kapitel 4 und 5.

misches Handeln, in diesem Fall induziert durch die Eigengesetzlichkeiten der Ressource Holz, normatives und ökonomisch begründetes Nachhaltigkeitsverständnis unmittelbar miteinander vereinbar sind.

Wie gezeigt wurde, hat sich seit der ersten Formulierung des ressourcenökonomischen Prinzips in der Fortwirtschaft der Bezugsrahmen nachhaltigen Handelns allerdings grundlegend erweitert, wodurch neue Anforderungen an eine nachhaltige Gestaltung ökonomischer Prozesse entstehen:

> „Was beim Wald als Grundsatz einfach verständlich ist, stellt uns bei der Anwendung auf die gesamte Wirtschaft vor einige Probleme politischer und wirtschaftlicher Natur. Nachhaltige Entwicklung ist ein globales, also ein Makro-Konzept, während die Umweltzerstörung die Folge der Summe der wirtschaftlichen Tätigkeiten aller Individuen und Unternehmen ist.“[269]

Zu den unter das Nachhaltigkeitsprinzip fallenden Ressourcen(-quellen) zählen nicht mehr allein regenerative, natürliche Ressourcen, sondern auch nicht-regenerative, materielle sowie zunehmend immaterielle Ressourcen, die nicht über Faktormärkte bezogen werden können und in ihrer Genese anderen Eigengesetzlichkeiten unterliegen. Gerade der nachhaltige Umgang mit den immateriellen Ressourcen Legitimität und Vertrauen und der daraus resultierenden „License to operate“[270] spielen dabei für die weiteren Ausführungen in diesem Buch eine zentrale Rolle: Sie moderieren oft den Zufluss anderer Ressourcen[271] und können damit im Sinne von Corporate Sustainability Governance unmittelbar steuerungswirksam auf das Unternehmenshandeln werden. Die Fragestellung, ob und unter welchen Rahmenbedingungen sich daraus auch effektive, Nachhaltigkeit fördernde Governance-Prozesse entwickeln können, ist ein zentraler Gegenstand der weiteren Ausführungen[272].

Zudem wurde gezeigt, dass ressourcen- und mikroökonomisches Nachhaltigkeitsstreben nicht immer ausreichen, um gesamtsystemische Nachhaltigkeit sicherzustellen. Einzelwirtschaftliche Nachhaltigkeitsra-

---

[269] Schmidheiny (1999), S. 135.

[270] Howard-Grenville, Nash, Coglianese (2008), S. 77 ff.

[271] Vgl. Steimle (2008), S. 145–146. Hierfür lassen sich als Beispiele die Bedingungen für den Zufluss von Fremdkapital oder die Gefahr von Konsumentenboykotts bei Legitimationsentzug anführen.

[272] Vgl. hierzu die weitere Fundierung von Corporate Sustainability Governance als nachhaltigkeitsintendierende Governance in Kapitel 4 sowie die Diskussion über deren Effektivität in Kapitel 5.

tionalität führt „in Summe" also nicht unmittelbar zu nachhaltiger Entwicklung. Vielmehr liegen auch nachhaltigkeitsorientierten ökonomischen Akteuren häufig nicht ausreichende Informationen vor bzw. können diese von ihnen nicht vollständig verarbeitet werden, um gesamtsystemische Nachhaltigkeitsanforderungen zu erfüllen.

Geeignete Governance-Prozesse können dazu beitragen, diese Steuerungslücke zwischen über- und untergeordneten Systemebenen zu füllen. Die hier relevanten Wechselwirkungen zwischen gesamt- und mikrosystemischer Nachhaltigkeit und den damit verbundenen Governance-Ebenen werden wiederum in den folgenden Kapiteln diskutiert[273].

---

[273] Vgl. Kapitel 4.1.

3 Das Governance-Konzept – Entwicklungslinien und Verwendungskontexte

Etwa seit den 1990er Jahren ist eine sprunghafte Zunahme der Verwendung des Governance-Begriffs, sowohl im wissenschaftlichen, als auch im öffentlichen politischen Diskurs festzustellen[274]. Dabei wird Governance ausgehend von verschiedenen Herkunftsdisziplinen und Diskursfeldern erforscht und thematisiert[275]. Die gegenwärtige Popularität des Begriffs und seine spezifischen Entstehungs- und Bezugskontexte führen dabei unweigerlich zu unterschiedlichen, nebeneinander existierenden Governance-Konzepten. Wie auch viele andere inflationär verwendete und nicht eindeutig abgegrenzte Begriffe läuft Governance damit Gefahr, zu einer Worthülse, einem „Empty Signifier"[276], zu degenerieren, der abhängig vom jeweiligen Bezugskontext und der jeweiligen Zielstellung mit Inhalt gefüllt wird und damit letztendlich an Aussagekraft verliert. Der „geradezu raketenartige Aufstieg des Governance-Begriffs"[277] wird dementsprechend auch in der Literatur kritisiert, bis hin zum Verdacht, mit ihm würden lediglich altbekannte Problemstellungen unter einem neuen, positiv gefärbten Label diskutiert[278].

Um diesem Verdacht vorzubeugen, soll in diesem Kapitel einerseits verdeutlicht werden, welche neuen Erkenntnisbeiträge die wissenschaftliche und politische Governance-Debatte vor dem Hintergrund komplexer Steuerungs- und Wirkungszusammenhänge in der Realität liefern kann. Andererseits wird der „schillernde" Governance-Begriff in seiner unterschiedlichen Verwendung in spezifischen wissenschaftlich-disziplinären sowie politischen Diskursfeldern verortet und auf die jeweils zugrundeliegenden theoretischen Grundannahmen und Intentionen eingegangen.

Schließlich lässt der „Siegeszug des Begriffs"[279] vermuten, dass der Diskurs um Governance verschiedenen Bedürfnissen entgegenkommt,

---

274 Vgl. Jann (2006), S. 21–23.
275 Vgl. De La Rosa, Sybille, Kötter (2008).
276 Offe (2008).
277 Schuppert (2006), S. 374.
278 Vgl. Offe (2008), S. 71–75.
279 Benz et al. (2007), S. 12.

sei es von Seiten politischer Akteure oder dem Bedürfnis der Wissenschaft „mit einem neuen Begriff arbeiten zu können, der verkrustete theoretische Zugänge aufbricht, neue Perspektiven eröffnet und insbesondere durch die Überwindung überkommenen Grenzdenkens neue Phänomene und Entwicklungen erkennbar werden lässt.“[280]

Auf die mögliche Leistung des Governance-Begriffs, inhaltliche Brücken zwischen den beteiligten Disziplinen zu schlagen und damit zu einer verbesserten, ganzheitlichen Analyse und Erklärung realer Steuerungsphänomene beizutragen, wird am Ende dieses Kapitels eingegangen.

Zuvor werden die verschiedenen Wurzeln des Governance-Diskurses skizziert, wobei sich nach Schuppert (2008) grob vier verschiedene Entwicklungslinien identifizieren lassen: der ökonomische Neoinstitutionalismus, das politikwissenschaftliche Forschungsfeld der Internationalen Beziehungen, der Diskurs über die Weiterentwicklung der Steuerungstheorie sowie die politischen Arbeiten supranationaler Organisationen, darunter allen voran der Vereinten Nationen und der Weltbank mit ihren inzwischen weit verbreiteten Diskursen um Global bzw. Good Governance.

Im ersten und zweiten Teil des Kapitels wird zunächst auf die wichtigsten wissenschaftlichen „Inkubatoren“ des Governance-Begriffs eingegangen und es werden die unterschiedlichen Konzepte der wirtschafts- und politikwissenschaftlichen Diskussion vorgestellt.

Im dritten Teil des Kapitels werden schließlich spezifische Governance-Diskurse identifiziert, die sich in der Zwischenzeit auf der Grundlage der vorgestellten disziplinären Begriffszugänge manifestiert haben. Diese Diskurse sind zwar nach wie vor kontextspezifisch geprägt und werden vorrangig in ihren jeweiligen „Communities“ geführt. Allerdings ist durch die sich immer stärker überlappenden Untersuchungsgegenstände und Erkenntnisobjekte sowie die zunehmende Tendenz in Richtung einer interdisziplinär ausgerichteten Governance-Forschung[281] eine gewisse Annäherung und gegenseitige Beeinflussung zu beobachten. Damit wird eine trennscharfe Abgrenzung der einzelnen Governance-Konzepte schwieriger, was im Lichte eines transdisziplinären Forschungsansatzes aber auch nicht von vorrangiger Bedeutung ist.

---

280 Schuppert (2008), S. 13–14.
281 Vgl. Brunnengräber et al. (2004), S. 21–24.

Wichtig ist allerdings, die den jeweiligen Governance-Konzepten zugrundeliegenden Verständnisse und Grundannahmen zu explizieren, um darauf aufbauend Komplementaritäten, aber auch mögliche Widersprüche in deren Erklärungs- und Gestaltungswirkung aufdecken zu können.

Aus diesem Grund ist der in diesem Kapitel zu schaffende Überblick über die gegenwärtige Governance-Landschaft schließlich Voraussetzung, um in Kapitel 4 den eigentlichen Untersuchungsgegenstand dieses Buches, das Konstrukt der Corporate Sustainability Governance abzugrenzen und theoretisch zu fundieren.

3.1 Governance-Konzepte in der Ökonomie

Die Ökonomie gilt als wissenschaftliche Heimatdisziplin des Governance-Konstrukts[282]. So waren es ökonomische Effizienzüberlegungen, die schon in den 1930er Jahren erste Governance-Ansätze in den Wirtschaftswissenschaften entstehen ließen, während Governance als politisches Programm supranationaler Organisationen wie der Weltbank oder der Vereinten Nationen erst in den 1990er Jahre weltweite Bekanntheit erlangte[283].

3.1.1 Ökonomischer Neoinstitutionalismus

3.1.1.1 Ausblendung institutioneller Rahmenbedingungen in der Neoklassik

Die frühe Entstehung governance-bezogener Betrachtungen in den Wirtschaftswissenschaften ist eng mit der Entwicklung institutionenorientierter ökonomischer Ansätze verbunden[284]. Diese haben ihre Wurzeln in unterschiedlichen Schulen seit der Mitte des 19. Jahrhunderts, die allesamt aus einer kritischen Auseinandersetzung mit dem neoklassischen Forschungsprogramm hervorgingen, dessen Verbreitung dazu führte, dass die institutionellen Rahmenbedingungen ökonomischen

[282] Vgl. Schuppert (2008), S. 16; Benz et al. (2007), S. 11; Brunnengräber et al. (2004), S. 4–8.

[283] Vgl. Kapitel 3.3.1 und 3.3.2.

[284] Vgl. Brunnengräber et al. (2004), S. 14.

Handelns in wirtschaftswissenschaftlichen Analysen zunehmend ausgeblendet wurden[285].

So fokussieren die Modelle der Neoklassik ausschließlich die Austauschrelationen auf Märkten. Nicht-marktliche Koordinationsformen ökonomischer Transaktionen, wie Hierarchie und Macht, gelten nicht als Untersuchungsgegenstand der Ökonomie, sondern anderer Disziplinen, allen voran der Soziologie[286]. Institutionen[287] werden damit in der neoklassischen Modellwelt als gegebene, exogene Variablen eingeordnet und „verbleiben im außerökonomischen ‚Datenkranz'"[288]. Damit liefern die neoklassischen Paradigmen und Modelle zwar ein in sich geschlossenes Theoriegebäude, sind aber zur Analyse und Erklärung komplexer Probleme der ökonomischen Wirklichkeit nur begrenzt geeignet. Nach dem Zweiten Weltkrieg erkannten daher verschiedene Ökonomen die Notwendigkeit, das wirtschaftswissenschaftliche Forschungsprogramm stärker mit der realen Welt in Einklang zu bringen[289].

In seinem Beitrag „The Nature of the Firm" stellte Coase im Jahr 1937 schließlich die zentrale Frage, wieso Firmen überhaupt existieren und nicht alle Transaktionen über den Preismechanismus auf Märkten abgewickelt werden:

---

285 Vgl. Erlei, Leschke, Sauerland (2007), S. 26–27. Während in der Klassik Institutionen noch eine bedeutende Rolle spielten, wurden diese in der Neoklassik ausgeblendet. Feldmann (1995) führt hier als Beispiele die Betrachtung der Institutionen Moral, Markt und Rechtsnormen durch Adam Smith sowie die Analyse von Eigentumsrechten durch David Hume an (vgl. Feldmann (1995), S. 18–22).

286 Vgl. Göhler, Kühn (1999), S. 23–24.

287 Der Institutionenbegriff umfasst in der institutionalistischen Forschung nicht nur Organisationen im engeren Sinne, sondern dauerhafte Regeln und Arrangements, die gestaltend auf das Verhalten von Akteuren wirken, vgl. Meyer (2005), S. 8; Erlei, Leschke, Sauerland (2007), S. 22. Dazu zählen Entscheidungssysteme (Markt, Hierarchie, Verhandlung, Wahl), Verhaltensregeln (Rechts- und Sozialnormen wie Normen, Traditionen und Gesetze) und schließlich auch Organisationen (Staatsorgane, Unternehmen etc.) vgl. Feldmann (1995), S. 9–10. Zu einer weiterführenden Abgrenzung des in diesem Buch zugrunde gelegten Institutionenbegriffs siehe Kapitel 4.2.4.

288 Göhler, Kühn (1999), S. 23.

289 Vgl. Opper (2001), S. 602; Kirchgässner (1991), S. 69–72. Die Kritik an für die Lösung realer Probleme ungeeigneten ökonomischen Modellansätzen führte aber nicht nur zur Entwicklung institutionenorientierter Programme, sondern war auch für die Entstehung systemorientierter Ansätze in den Wirtschaftswissenschaften, wie das der Hochschule St. Gallen ausschlaggebend (vgl. Ulrich (1970); Ulrich, Krieg (1974); Ulrich (1984)).

> „[I]n view of the fact that it is usually argued that co-ordination will be done by the price mechanism, why is such organisation necessary?"[290]

Coase charakterisiert in seinem Beitrag schließlich Markt und (Firmen-) Hierarchie als funktional gleichwertige, alternative Governance-Formen[291] und begründet die Entstehung institutionell-hierarchischer Organisationen wie folgt:

> „The main reason why it is profitable to establish a firm would seem to be that there is a cost of using the price mechanism"[292].

Diese „‚Entdeckung' der Transaktionskosten"[293] war schließlich Voraussetzung dafür, Institutionen überhaupt für eine weiterführende ökonomische Analyse zugänglich zu machen[294]. So werden Institutionen zu bedeutenden endogenen Variablen der ökonomischen Modellierung, wenn ihr Einfluss auf die Höhe der Transaktionskosten[295] in den Vordergrund gestellt wird.

Coase war allerdings nicht der Erste, der die Bedeutung von Institutionen für das Wirtschaftssystem erkannte[296]. Frühere institutionalistische Strömungen, wie der „amerikanische Institutionalismus" Anfang des 20. Jahrhunderts[297] konnten sich aber nicht dauerhaft im ökonomischen Forschungsprogramm verankern. Sie waren im Gegensatz

---

290 Coase (1937), S. 388.

291 Er beschreibt beide als "alternative methods of co-ordinating production"; Coase (1937), S. 388.

292 Coase (1937), S. 388; Coase stellt zudem transaktionskostenbezogene Hyptohesen über die Enstehung von Firmen auf, vgl. Coase (1937), S. 396–397.

293 Richter, Furubotn (1996), S. VI.

294 Vgl. Held, Nutzinger (2003), S. 121–122.

295 Für eine Einführung des Transaktionskostenbegriffs siehe den Abschnitt „Transaktionskostentheorie" in diesem Kapitel.

296 So weisen Held und Nutzinger jedoch darauf hin, dass der Beitrag von Coase nicht wie ein „Solitär vom Himmel" gefallen sei: Coase war „nicht der Erste, er konnte vielmehr u. a. auf die in der damaligen Debatte wichtigen Arbeiten des amerikanischen Institutionalisten Commons zurückgreifen"; (Held, Nutzinger (2003), S. 120).

297 Schon die frühen Vertreter des ökonomischen Institutionalismus kritisierten Anfang des 20. Jahrhunderts diesen Modellplatonismus und forderten, auf der Basis empirisch-deskriptiver Arbeiten und mit normativer Argumentationslinie eine Neuausrichtung der ökonomischen Forschung unter Einbezug soziologischer und evolutionstheoretischer Erkenntnisse. Zu den Vertretern dieses sogenannten „amerikanischen Institutionalismus" zählen Thorstein B. Veblen, Wesley C. Mitchell, Clarence Ayres und John R. Commons (vgl. Göhler, Kühn (1999), S. 23).

zum transaktionskostenorientierten Zugang zu wenig anschlussfähig zur herrschenden ökonomischen Theorie[298].

3.1.1.2 Neue Institutionenökonomik

Auch die grundlegenden Aussagen von Coase fanden erst nach einiger Zeit Rezeption in den Wirtschaftswissenschaften. Erst mit der Entwicklung des Forschungszweigs der „Neuen Institutionenökonomik" seit Ende der 1960er Jahre erlangte die Bedeutung von Transaktionskosten und institutionellen Arrangements gesteigerte Aufmerksamkeit. Dies ist maßgeblich auf die Arbeiten von Oliver E. Williamson zurückzuführen, der die modernen institutionalistischen Ansätze bewusst gegen den älteren, theoretisch wenig fundierten Institutionalismus abgrenzte[299] und dem Programm zu seinem bis heute gebräuchlichen Namen verhalf[300].

Williamson entwickelte Anfang der 1970er Jahre die grundlegende Transaktionskosten-Hypothese von Coase zur Transaktionskostentheorie weiter[301], und rückte damit die Ausgestaltung geeigneter institutioneller Arrangements zur effizienten Abwicklung von Transaktionen in den Vordergrund der institutionenökonomischen Forschung[302]. Ebenfalls in diesem Jahrzehnt entstanden durch Douglass C. North und Robert P. Thomas wirtschaftshistorische Analysen bezüglich der Auswirkungen von Institutionen auf die langfristige Entwicklung von Volkswirtschaften[303], von Jensen und Meckling wurden die Grundlagen der später weiter ausdifferenzierten Agency-Theorie gelegt[304].

Ein weiteres frühes Untersuchungsfeld der institutionenökonomischen Analyse war die Verfassungsökonomik, welche die Auswirkungen alternativer institutioneller Rahmenbedingungen auf die Wohlfahrt einer

---

298 Vgl. Erlei, Leschke, Sauerland (2007), S. 39–40.

299 Vgl. Opper (2001), S. 602; vgl. zur scharfen Kritik durch Coase am „antitheoretischen" historischen Institutionalismus Göhler, Kühn (1999), S. 23.

300 Der Begriff „Neue Institutionenökonomik" wurde von Williamson zunächst nur zur Bezeichnung der Transaktionskostentheorie verwendet (vgl. Opper (2001), S. 602); einige Vertreter sprechen daher auch heute von der „modernen Institutionenökonomik" (vgl. Feldmann (1995)); an dieser Stelle soll aber die gängige Bezeichnung „Neue Institutionenökonomik" beibehalten werden.

301 Vgl. Feldmann (1995), S. 8.

302 Vgl. Brunnengräber et al. (2004), S. 16.

303 Vgl. beispielsweise North, Thomas (1970).

304 Vgl. Jensen, Meckling (1976).

Gesellschaft untersucht[305]. Durch Elinor Ostrom rückte schließlich die Frage der nachhaltigen Bewirtschaftung von Gemeinschaftsgütern („Common-Pool Resources“) in den Mittelpunkt der institutionenökonomischen Analyse[306] [307].
Verglichen mit früheren institutionalistischen Ansätzen oder der etwa zur gleichen Zeit wie die Institutionenökonomik entstandenen Ökologischen Ökonomie[308], hatte die neue institutionenökonomische Forschung keinen Bruch mit den neoklassischen Paradigmen zum Ziel, sondern entwickelte diese weiter[309]. Dementsprechend basieren die Ansätze der Neuen Institutionenökonomik auf zentralen neoklassischen Grundannahmen, was dem Forschungszweig zu einer hohen Anschlussfähigkeit an den „ökonomischen Mainstream“ verhalf, ihm aber auch Kritik einbrachte[310].

---

305 Vgl. Feldmann (1995), S. 64 ff.

306 Vgl. Ostrom (2003 (EA: 1990)).

307 In den letzten Jahrzehnten wurde der Nobelpreis für Wirtschaftswissenschaften mehrmals an Begründer und Vertreter institutionenökonomischer Forschung verliehen, was deren Bedeutung zeigt. So wurde James M. Buchanan im Jahr 1986 mit dem Preis ausgezeichnet, Ronald H. Coase 1991, Douglass C. North 1993 und Elinor Ostrom im Jahr 2009.

308 Vgl. hierzu Kapitel 2.2.1.1.

309 Diese Intention wird zum Beispiel in den Arbeiten von Coase deutlich, so betont er im Zuge seiner „definition of a firm“, dass er einerseits zu einer der Realität besser entsprechenden Modellierung kommen möchte, diese andererseits aber klar anschlussfähig zu den formalen und exakten Modellen der Neoklassik sein soll (vgl. Coase (1937), S. 386–387); ähnlich seine Aussagen zur mikrökonomomischen Preistheorie: „We will not replace price theory (supply and demand and all that) but will put in a setting that will make it vastly more fruitful.” (Coase (1999), S. 5).

310 Diese „Linientreue“ brachte der Neuen Institutionenökonomik einerseits Kritik von radikaleren Vertretern ein, die für eine weiterführende Abkehr von der neoklassischen Modellwelt bzw. eine vollumfänglicher Integration der institutionalistischen Perspektive in die ökonomische Theorie plädieren (vgl. Held, Nutzinger (2003), S. 123–134). So kritisieren Held und Nutzinger: „Die Aussagen der Neuen Institutionenökonomik, zum Beispiel zu unvollständigen Verträgen, zu Informationsasymmetrien etc., können nicht einfach in das ansonsten von unveränderten Annahmen ausgehende Theoriegebäude *ad hoc* ‚angebaut‘ werden. Ein derartiger Anbau, so beliebt er auch in den institutionenökonomischen Arbeiten der letzten 30 Jahre ist, wirft schwerwiegende methodische Probleme auf, die in der einschlägigen Literatur bisher so gut wie gar nicht erörtert werden“ (Held, Nutzinger (2003), S. 129). Andererseits hat die theoretische Anschlussfähigkeit der Neuen Institutionenökonomik zur neoklassischen Theorie aber auch zu deren Verbreitung beigetragen (Feldmann (1995), S. 42–43.)

Durch einen Blick auf diese Grundannahmen lassen sich die Gemeinsamkeiten und Unterschiede neoklassischer und institutionenökonomischer Modellierung wie folgt skizzieren[311]:

- *Homo oeconomicus als Analysekonstrukt*
  Ebenso wie die Neoklassik greift die Neue Institutionenökonomik auf das heuristische Menschenbild des homo oeconomicus als Analysekonstrukt zurück.
  Damit geht sie auch von individuellem Rationalverhalten der Akteure aus[312], sieht dies jedoch aufgrund unvollkommener Informationen und eingeschränkter kognitiver Fähigkeiten der Informationsaufnahme und -verarbeitung im Sinne der „Bounded Rationality" nach Simon[313] beschränkt. Das Individuum handelt so zwar intendiert rational, es bleibt ihm aber ein im Ergebnis rationales Handeln versagt[314]. Die beschränkte Rationalität hat schließlich auch zur Folge, dass ökonomische Austauschbeziehungen in der Realität nur selten vollständig ex ante geregelt und vertraglich fixiert werden können. Damit sind geeignete institutionelle Arrangements die Voraussetzung, um trotz unvollständiger Verträge[315] zu effizienten Governance-Konstellationen zu kommen.
  Neben der individuellen Rationalität zählt auch die Annahme des Strebens nach individueller Nutzenmaximierung zum Menschenbild des homo oeconomicus. Diese wird auch von der Neuen Institutionenökonomik übernommen und zusätzlich explizit um ein Repertoire opportunistischer Verhaltensweisen („self-interest seeking with guile"[316]) aus vertragstheoretischer Perspektive erweitert[317], womit wiederum der Bedarf an der Gestaltung geeigneter institutioneller Governance- und Kontrollstrukturen deutlich wird.

---

[311] Vgl. Opper (2001), S. 602–603; Richter, Furubotn (1996), S. 3–9; Held, Nutzinger (2003), S. 121–122.

[312] Vgl. hierzu Wolff (1999): „Die Rationalitätsannahme besagt nicht mehr und nicht weniger, als daß kein Akteur sich willentlich so verhalten wird, daß er sich selbst schadet. Sie besagt also nicht, daß die Akteure über eine computerhafte und allwissende Hyperrationalität verfügen." Wolff (1999), S. 138.

[313] Vgl. Simon (1955).

[314] Vgl. Voigt (2009), S. 22 ff.

[315] Vgl. hierzu Furubotn, Richter (1991), S. 18 ff.

[316] Williamson (1985), S. 47.

[317] Hieraus resultieren Vertragsrisiken wie Adverse Selection, Moral Hazard und Hold-Up, vgl. Wolff (1999), S. 142–143.

- *Methodologischer Individualismus*
  In beiden Strömungen wird das Prinzip des methodologischen Individualismus aufrechterhalten. Das heißt, das Verhalten von Kollektiven (Akteursgruppen, Unternehmen, Staaten) wird methodisch stets auf das des einzelnen Wirtschaftssubjekts zurückgeführt[318]. Die Aussagen über das individuelle Verhalten der Akteure werden aus den Annahmen des homo oeconomicus abgeleitet. Eine weiterführende Analyse des Individualverhaltens wird nicht als Gegenstand ökonomischer Modellierung, sondern anderer Disziplinen, wie der Psychologie, gesehen[319]. Damit verbunden ist auch eine klare Trennung zwischen durch Institutionen begründeten Restriktionen der Akteure und ihren aus dem Verhaltensmodell des homo oeconomicus abgeleiteten Präferenzen[320].
- *Modellierung von Transaktionskosten*
  Wie oben angedeutet, ist der wichtigste Unterschied zwischen neoklassischer und institutionenökonomischer Modellierung die explizite Berücksichtigung von Transaktionskosten. So geht das formale neoklassische Forschungsprogramm von vollkommenen Märkten mit vollständiger Konkurrenz und symmetrischer Verteilung der Informationen zwischen Anbieter und Nachfrager aus[321], womit für die Nutzung des marktbezogenen Austauschmechanismus keinerlei Kosten entstehen. In der Realität stehen dieser Annahme aber zum Beispiel Kosten für Informationsbeschaffung, Preisermittlung und Vertragsverhandlung sowie die Durchsetzung von Verträgen und die Kanalisierung opportunistischen Verhaltens gegenüber[322]. Die Existenz von Transaktionskosten macht die Ausgestaltung von Institutionen und damit nicht-marktförmiger Governance-Strukturen[323] zu wichtigen Determinanten ökonomischer Ent-

318 Vgl. Wolff (1999), S. 141–142.
319 Vgl. Erlei, Leschke, Sauerland (2007), S. 51–52.
320 Vgl. Wolff (1999), S. 135–140.
321 Vgl. hierzu Laux (2006), S. 119–120.
322 Vgl. Schulze (1997), o. S.
323 Dabei sollte nicht vergessen werden, dass auch der Markt als solches eine Institution ist, deren Entstehung und Voraussetzungen aber als solche im neoklassischen Forschungsprogramm nicht untersucht werden. Vgl. Edeling (1999), S. 11–12.

wicklung und begründet deren Bedeutung für die ökonomische Analyse[324].

Trotz ihrer inzwischen weit vorangeschrittenen theoretischen Fundierung ist die Neue Institutionenökonomik kein homogenes Forschungsprogramm, sondern umfasst mehrere unterschiedliche Theoriefelder, die sich mit Institutionen im Markt und im politischen Sektor auseinandersetzen. Dazu zählen neben dem zentralen Ansatz der Transaktionskostentheorie die Vertretungs- und Verfügungsrechtstheorie. In einem breiteren Verständnis werden auch die Ansätze der Neuen Politischen Ökonomik und der Verfassungsökonomik als Beiträge zur Neuen Institutionenökonomik gezählt[325]. Die letztgenannten Forschungszweige stehen dabei für eine „Neue Institutionenökonomik des Staates“[326] und liegen außerhalb des eigentlichen wirtschaftswissenschaftlichen Untersuchungsbereichs. Dies zeigt, dass die institutionenökonomische Methodik mittlerweile auch von anderen Disziplinen zur Analyse genutzt wird. Die disziplinären Grenzen, vor allem zwischen Wirtschafts- und Politikwissenschaft sowie der Soziologie, werden zunehmend durchlässiger[327], was auf ein gemeinsames Interesse an der (erneuten) Berücksichtigung von Institutionen in modernen sozialwissenschaftlichen Forschungsansätzen im Sinne eines Neoinstitutionalismus[328] zurückgeführt werden kann.

In den folgenden Abschnitten werden die zum unmittelbaren Kern der Neuen Institutionenökonomik zählenden wirtschaftswissenschaftlichen Ansätze kurz skizziert, um das Governance-Verständnis in den Wirtschaftswissenschaften zu charakterisieren.

Transaktionskostentheorie

Wie oben beschrieben, ist die Transaktionskostentheorie maßgeblich auf die Arbeiten von Williamson[329] zurückzuführen, der sich zur Entwicklung seines Ansatzes neben der Coaseschen Tansaktionskosten-

324 Vgl. Opper (2001), S. 603.
325 Vgl. Erlei, Leschke, Sauerland (2007), S. 43.
326 Vgl. Richter, Furubotn (1996), S. 453 ff.
327 Vgl. Richter, Furubotn (1996), S. 35–38.
328 Vgl. Schmid; Maurer (Hrsg.) (2003).
329 Vgl. stellvertretend Williamson (1975); Williamson (1985).

Hypothese auch auf zahlreiche weitere „dogmenhistorische Vorläufer“[330] stützt.

Williamson interpretiert Institutionen und Governance-Strukturen („Beherrschungs-Strukturen“) als Arrangements, die zu unterschiedlich hohen Transaktionskosten führen. Die Wahl bzw. Ausgestaltung der institutionellen Rahmenbedingungen folgt damit der Zielstellung möglichst niedriger Transaktionskosten.

Nach Williamson können Transaktionskosten nach dem Zeitpunkt ihrer Entstehung als Ex-ante-Transaktionskosten (Kosten der Anbahnung, Aushandlung und Absicherung von Verträgen) und Ex-post-Transaktionskosten (Kosten zur Einrichtung der Beherrschungsstrukturen und zur Durchsetzung von Zusagen) unterschieden werden[331]. Außerdem zieht Williamson die Faktorspezifität[332] sowie die Unsicherheit und Häufigkeit von Transaktionen als Kriterien für die Auswahl und Gestaltung der entsprechenden institutionellen Arrangements heran und erklärt damit beispielsweise, welche Transaktionen über den Markt (keine Faktorspezifität, gelegentliche Transaktionen), unter vertraglichem Regime (mittlere Spezifität, regelmäßige Transaktionen) oder unternehmensintern (hohe Spezifität, Wiederholung) abgewickelt werden[333]. Die Transaktionskostentheorie ist für institutionenökonomische Betrachtungen von grundlegender Relevanz und bildet damit auch die theoretische Basis für die anderen, spezifischeren Ansätze der neuen Institutionenökonomik.

Zu den wichtigsten Anwendungsfeldern der Transaktionskostenökonomik zählt die Modellierung von „Make or buy“-Entscheidungen, die Betrachtung von langfristigen Lieferverträgen sowie die Analyse interner Organisationsstrukturen[334] [335].

---

330 Feldmann (1995), S. 63–64. Als wichtige Grundlagen werden von Feldmann die Überlegungen Commons, die Transaktionen zum Basiselement der Institutionenanalyse zu machen sowie Vorarbeiten zur begrenzten Rationalität angeführt.

331 Vgl. Williamson (1985), S. 20–22.

332 Mit der Faktorspezifität wird die Spezialisierung von Produktionsfaktoren auf bestimmte Verwendungen verstanden, wobei zwischen Standort-, Sachkapital- und Humankapitalspezifizität unterschieden werden kann. Durch Faktorspezifität kommt es zu einer restriktiven Bindung an bestimmte Vertragspartner (zum Beispiel durch Investitionen am Standort des Vertragspartners, in spezifische Maschinen oder eine spezielle Ausbildung), die eine spezielle institutionelle Absicherung erforderlich macht. Vgl. Feldmann (1995), S. 52.

333 Vgl. Williamson (1985), S. 72–79.

334 Vgl. Feldmann (1995), S. 74–75.

Verfügungsrechtstheorie (Property-Rights-Theorie)

Die Property-Rights-Theorie rückt die mit einem Gut verbundenen Handlungs- und Verfügungsrechte in den Vordergrund der Betrachtung und steht damit in der Tradition Commons, der den Tausch von Rechten (Transaktionen) schon in den 1930er Jahren als Basiselement der ökonomischen Analyse vorschlug[336].

Zentrale Aussage des Ansatzes ist, dass die Ausgestaltung von Verfügungsrechten und deren Zuteilung zu einem oder mehreren Trägern maßgebliche Auswirkungen auf die Allokation und Nutzung knapper Ressourcen hat[337]. So führen die mit einem Gut verbundenen Verfügungsrechte zu unterschiedlich hohen Transaktionskosten und Anreizen für ökonomisches Handeln, was zum Beispiel umittelbare Auswirkungen auf Investitionsentscheidungen haben kann.

Im Property-Rights-Ansatz werden vier Arten von Verfügungsrechten unterschieden: das Recht, ein Gut zu nutzen (usus), die daraus erzielten Erträge einzubehalten (usus fructus), es zu verändern (abusus) und, das Gut mit dem ihm verbundenen Rechten anderen zu überlassen bzw. zu veräußern[338]. Nur wenn alle Verfügungsrechte vollständig bei einem Träger liegen, hat dieser das ausschließliche Nutzungsrecht für ein Gut[339]. In der Realität sind die Verfügungsrechte allerdings meist eingeschränkt, sei es durch gesetzliche Regelungen, wie zum Beispiel bzgl. der Bebauung von Flächen oder der Anwendung von Produkten, oder das Auftreten von Transaktionskosten[340]. Der Property-Rights-Ansatz setzt sich demnach mit den Fragen auseinander, welche Ausgestaltungs- und Zuteilungsformen von Verfügungsrechten in einem Wirtschaftssystem auftreten, wie sie entstehen und welche Auswirkungen diese auf das ökonomische Verhalten haben[341]. Dabei ist der Ansatz für wirtschaftshistorische Betrachtungen ebenso fruchtbar[342], wie für die Untersuchung der Wirtschaftssysteme gegenwärtiger „Emerging Markets“ und Transformationsökonomien, in der das zum Schutz privater

335 Zur Kritik an der Theorie sowie deren Weiterentwicklung siehe Sydow (1999).

336 Vgl. Commons (1936), S. 240-241 (Fußnotentext).

337 Vgl. Furubotn, Pejovich (1972), S. 1139.

338 Vgl. Feldmann (1995), S. 46; Opper (2001), S. 604.

339 Vgl. Alchian, Harold, Pejovich (1973), S. 17.

340 Vgl. Alchian, Harold, Pejovich (1973), S. 19–22.

341 Vgl. Alchian, Harold, Pejovich (1973), S. 17.

342 Zu den bedeutendsten Vertretern zählt hier North (vgl. North, Thomas (1970); North (1992); North (2005)).

Verfügungsrechte erforderliche institutionelle Umfeld noch nicht vorhanden ist bzw. sich im Umbruch befindet[343]. Im mikroökonomischen Kontext hat die Verfügungsrechtstheorie zur Modellierung der Eigentumsstrukturen von Unternehmen beigetragen und wurde hier zur Untersuchung unterschiedlicher Unternehmensformen in Markt- und Planwirtschaften eingesetzt[344].

Agenturtheorie (Principal-Agent-Theory)

Die Agenturtheorie betrachtet Beziehungen zwischen Auftraggebern (Prinzipalen) und Auftragnehmern (Agenten) und setzt sich mit den Unsicherheiten auseinander, die aus der Delegation der Tätigkeiten für das Vertragsverhältnis zwischen beiden resultieren.

Ihre Entstehung geht auf einen Beitrag von Michael C. Jensen und William H. Meckling aus dem Jahr 1976 zurück[345], der unmittelbar an die Vorarbeiten auf dem Gebiet der Transaktionskostens- und Verfügungsrechtstheorie anknüpft[346]. Jensen und Meckling sehen die Notwendigkeit einer weiterführenden vertragstheoretischen Modellierung der Delegationsbeziehungen in Unternehmen, um individuelles opportunistisches Verhalten zu erklären[347].

Die Autoren fokussieren in ihrem Beitrag zwar auf die Vertragsbeziehung zwischen Eigentümern und Management in nicht-eigentümergeführten Unternehmen, weisen aber auf das universelle Auftreten von Prinzipal-Agenten-Beziehungen in unterschiedlichen Kontexten hin[348].

Die hinter der Agenturtheorie stehende Problemstellung resultiert aus der Annahme eines nutzenmaximierenden Individualverhaltens der beiden Vertragsparteien[349], der asymmetrischen Informationsverteilung zwischen Auftraggeber und Auftragnehmer und den mit einer Über-

---

343 Vgl. hierzu das Konzept der Good Governance, Kapitel 3.3.1.
344 Vgl. Feldmann (1995), S. 69.
345 Vgl. Jensen, Meckling (1976).
346 Vgl. Jensen, Meckling (1976), S. 3–4.
347 "The firm is a 'black box' [...]. Except for a few recent and tentative steps, however, we have no theory which explains how the conflicting objectives of the individual participants are brought into equilibrium so as to yield this result." (Jensen, Meckling (1976), S. 3).
348 Vgl. Jensen, Meckling (1976), S. 6–7.
349 So formulieren Jensen und Meckling: „If both parties to the relationship are utility maximizers, there is good reason to believe that the agent will not always act in the best interests of the principal"; Jensen, Meckling (1976), S. 5.

wachung und Steuerung des Auftragnehmers verbundenen Kosten für den Auftraggeber. Prinzipal und Agent verfolgen dabei zunächst inkongruente Ziele. Zudem liegt das aus den (Fehl-)Entscheidungen des Agenten resultierende Risiko in erster Linie beim Auftraggeber[350]. Diese Unsicherheiten sollen schließlich durch Governance in institutionellen Arrangements, wie einer vertraglich geregelten Beteiligung des Agenten an unternehmerischem Risiko und Residualgewinnen[351] oder geeignete Kontrollmechanismen reduziert werden[352].

Zu den Anwendungsfeldern der Agenturtheorie zählt klassischerweise die Untersuchung von Interessenkonflikten zwischen Aktionären und Management bei börsennotierten Unternehmen und die Auseinandersetzung mit diesbezüglichen Governance-Systemen, wie Aufsichtsräten und der Gestaltung von Überwachungs- und Entlohungssystemen zur Kontrolle bzw. Anreizsetzung[353]. Außerdem werden Prinzipal-Agenten-Modelle auf Fragestellungen der Vertrags- und Beziehungsgestaltung zwischen Vorgesetzten und hierarchisch unterstellten Mitarbeitern sowie in der Modellierung von Auftragsbeziehungen in politischen Systemen angewendet[354].

3.1.2 Politische Ökonomie

3.1.2.1 Begriffsabgrenzung

Die Politische Ökonomie bringt ein im Vergleich zur institutionenökonomischen Interpretation von Governance breiteres Konzept mit sich. Dies kann auf ihre Verschränkung mit verschiedenen politikwissenschaftlichen und soziologischen Ansätzen zurückgeführt werden, die einen fruchtbaren Ausgangspunkt für eine interdisziplinäre Betrachtung liefert.

Durch ihre interdisziplinäre Ausrichtung, aber auch durch historisch bedingte Unterschiede in der Nomenklatur fällt es dabei zunächst nicht leicht, abzugrenzen, welche Beiträge unter dem Übergriff der Politischen Ökonomie einzuordnen sind.

---

350 Vgl. Opper (2001), S. 606.
351 Vgl. Fama, Jensen (1983).
352 Vgl. Jensen, Meckling (1976), S. 5 ff.
353 Vgl. Kapitel 3.3.2, Corporate Governance.
354 Vgl. Feldmann (1995), S. 71–74.

So ist nach Priddat[355] sowie nach Schubert und Klein[356] bei der Abgrenzung der Politischen Ökonomie zwischen unterschiedlichen Bezügen zu differenzieren:

- Der klassischen Bezeichnung der Nationalökonomie von Adam Smiths und David Ricardo als Politische Ökonomie (Political Economy),
- der modernen kapitalismuskritischen Politischen Ökonomie, geprägt durch die Arbeiten von Marx und der Sozialökonomie,
- dem Forschungszweig der Neuen Politischen Ökonomie, der durch eine Übertragung (institutionen-)ökonomischer Methoden zur Modellierung des Verhaltens politischer Akteure sowie des verhaltensprägenden Einflusses politischer Institutionen gekennzeichnet ist[357],
- und den ebenfalls unter dem Sammelbegriff der Politischen Ökonomie[358] firmierenden aktuellen Forschungsarbeiten, die sich vorrangig analytisch-deskriptiv mit der „Interferenz [...] zwischen Wirtschaft, Politik und Gesellschaft“[359] auseinandersetzen und damit interdisziplinär zu erklärende Wechselwirkungen zwischen ökonomischen, politischen und sozialen Prozessen beleuchten[360].

Für die weiteren Betrachtungen sind vor allem die letztgenannten Beiträge der Politischen Ökonomie von Interesse. Sie zeichnen sich durch ein interdisziplinäres Erkenntnisinteresse aus und verfolgen das Ziel, den realen Verflechtungen von Politik, Wirtschaft und Gesellschaft mitsamt der daraus resultierenden Schnittstellendynamiken anhand unterschiedlicher theoretischer Zugänge zu begegnen.

---

355 Vgl. Priddat (2009), S. 8.

356 Vgl. Schubert, Klein (2006), S. 234.

357 Eine gute Übersicht hierzu bieten Richter, Furubotn (1996), S. 453–476.

358 Anstelle des Begriffs Politische Ökonomie wird von Schneider und Kenis auch von Politischer Soziologie gesprochen, was wiederum die Verortung dieser Arbeiten im disziplinären „Dreieck“ von Ökonomie, Politologie und Soziologie deutlich macht. Vgl. Kenis, Schneider (1996).

359 Priddat (2009), S. 8.

360 Vgl. hierzu die Sammelbände von Priddat (2009); Lütz (Hrsg.) (2006) und Kenis, Schneider (Hrsg.) (1996).

3.1.2.2 Interdisziplinäres Governance-Konzept

Diese Zielsetzung gilt auch und insbesondere für die Konzeptualisierung von Governance, die in der Politischen Ökonomie eine bedeutende Rolle einnimmt. Der Governance-Begriff wird dabei zunächst – ähnlich wie in der institutionenökonomischen Diskussion – unmittelbar zur Bezeichnung institutioneller Steuerungsformen verwendet[361]. Allerdings bleibt die Analyse und Ausgestaltung von Governance in der Politischen Ökonomie nicht auf die Perspektive der Neuen Institutionenökonomik beschränkt, in der nicht-ökonomisch motivierte Entstehungs- und Erklärungsansätze institutioneller Steuerung systematisch ausgeblendet bleiben.

Die Politische Ökonomie zeigt sich vielmehr offen für ökonomische, soziologische und politikwissenschaftliche Erkenntnisbeiträge[362]. Zudem ist sie in ihrem Governance-Konzept nicht auf die für die Neue Institutionenökonomik typische, dichotome Gegenüberstellung von Markt und Hierarchie als maßgebliche Steuerungsformen ökonomischer Aktivitäten beschränkt, sondern sie bezieht weitere alternative Governance-Typen explizit in ihre Analyse ein[363]. Dazu zählen etwa Netzwerke zwischen wirtschaftlichen Akteuren[364], die auf Vertrauen gegründet sind und aus der Bündelung von Ressourcen Vorteile erzielen, Verbände als Formen organisatorischer Konzertierung von Interessen[365], die für ihre Mitglieder vorrangig Clubgüter produzieren (wie Interessenvertretung und -artikulation), und schließlich der Staat, verstanden als gestaltender Governance-Akteur[366], der auch jenseits bloßer Rahmensetzungen wichtige Kollektivgüter zur Absorption ökonomischer Unsicherheiten zur Verfügung stellt.

Zwar lassen sich diese Koordinationsformen alle auch mit dem institutionenökonomischen Methodeninventar modellieren, sie liegen

[361] Vgl. Lütz (2008).
[362] Vgl. Lütz (2006).
[363] Vgl. Lütz (2006), S. 21; Brunnengräber et al. (2004), S. 17.
[364] Vgl. Powell (1996); Wald, Jansen (2007).
[365] Vgl. Streeck, Schmitter (1996).
[366] Vgl. Lütz (2006), S. 24–25. Lindberg et al. (1991) weisen zudem auf den besonderen Charakter des Staates als gestaltendem Governance-Akteur hin: „the state assumes a privileged conceptual position […] because it is capable of influencing governance in many complex ways, most of which are not available to organizations in civil society." (Lindberg, Campbell, Hollingsworth (1991), S. 31.).

jedoch außerhalb des modelltheoretischen Kerns der institutionenökonomischen Betrachtung[367].

3.1.2.3 Verschiedene Governance-Typen in ökonomischen Systemen

Die von der Politischen Ökonomie betrachteten Governance-Formen treten dabei selten idealtypisch, sondern vielmehr in gemischter Form auf, womit sie sich gegenseitig in ihrer Effektivität und Effizienz – positiv wie negativ – beeinflussen können[368]. Damit sind „Märkte also von einem Bündel nicht-marktförmiger Koordinationstypen durchzogen […]. Wirtschaftliche Ordnung ist demnach erst zu verstehen, wenn die Wechselbeziehungen zwischen verschiedenen Koordinationstypen und deren Kombinationsformen berücksichtigt werden."[369]

Eine umfassende Übersicht dieser Koordinationsformen hat Lütz abgeleitet. Bei ihrer in Tabelle 5 dargestellten Typologie verschiedener Governance-Formen[370] in der Wirtschaft fällt jedoch auf, dass die unmittelbare Einflussnahme von Seiten der Zivilgesellschaft bzw. zivilgesellschaftlicher Organisationen auf ökonomische Akteure, wie sie im Rahmen der aktuellen Diskussion um Corporate Social Responsibility bzw. nachhaltige Unternehmensführung zu beobachten ist, noch keine Berücksichtigung findet. Dieser Steuerungsmechanismus wird in Kapitel 4 weiterführend diskutiert und im Rahmen der Fundierung von Corporate Sustainability Governance eingeführt.

Tabelle 5 verdeutlicht auch, dass jenseits des marktlichen Preismechanismus – und teilweise verwoben mit der Institution des Marktes als solches – zahlreiche weitere Formen institutioneller Steuerung bestehen und miteinander wechselwirken, die ökonomisches Verhalten beeinflussen.

---

[367] Dies wird vor allem am Beispiel von Netzwerken deutlich. Netzwerke sind explizit nicht marktförmig oder hierarchisch aufgebaut, um ihre Koordinierungsfunktion zu betrachten ist Vertrauen als soziologisches Konstrukt erforderlich (vgl. Eberl (2010), S. 244–247). Dies steht jedoch im fundamentalen Gegensatz zur Opportunismusannahme der Neuen Institutionenökonomik.

[368] Vgl. Streeck, Schmitter (1996), S. 124–125; Lütz (2006), S. 25; Mayntz (2009a), S. 10.

[369] Lütz (2006), S. 25.

[370] Lütz (2006) hat diese Grundtypen institutioneller Steuerung der Wirtschaft anhand einer Analyse unterschiedlicher Beiträge zusammengestellt. Vgl. Lütz (2006), S. 26; für ähnliche Zusammenstellungen siehe Streeck, Schmitter (1996), S. 128–129; Powell (1996), S. 221; Kenis, Raab (2008), S. 133.

Insgesamt kann der Politischen Ökonomie durch ihre Offenheit für verschiedene disziplinäre Erkenntnisbeiträge ein „integrierendes Moment in der Governancedebatte“[371] attestiert werden. So zeigt ihr Governance-Konzept, dass sich eine Analyse von Governance in der Wirtschaft auf unterschiedliche Betrachtungswinkel und theoretische Grundlagen stützen kann. Ebenso wie es möglich ist, das Verhalten in politischen Systemen mit ökonomischen Methoden zu modellieren, kann Governance in ökonomischen Systemen somit nicht nur aus der Perspektive der Institutionenökonomik analysiert und gestaltet werden, sondern auch mithilfe politikwissenschaftlicher und soziologischer Ansätze. Die disziplinäre Verortung der jeweiligen Erkenntnisbeiträge ist dabei von nachrangiger Bedeutung. Wichtig ist vielmehr, den für die jeweilige Problemstellung adäquaten Modellierungsansatz zu finden.

[371] Brunnengräber et al. (2004), S. 16.

	Markt	Firmen-hierarchie	Netzwerk	Verband	Staat
Zentraler Koordina-tionsmodus	- Preis - Atomistische Konkurrenz	- Kontrolle - Anweisung	- Vertrauen - Ressourcen-austausch auf Basis von Reziprozität	- Intra- und interorgani-satorische Konzentrierung	- Hierarchi-sche Kontrolle - Befehl
Normative Basis der Mitgliedschaft	- Verträge - Eigentums-rechte	- Arbeits-verhältnis	- Komplemen-täre Stärken	- Formale Mitgliedschaft	- Bürgerstatus
Art der Tausch-beziehungen	- Symmetrisch und anonym - Tausch-gegenstand klar spezifi-ziert (tangible Güter)	- Asymme-trisch und nicht anonym - Verfügung über Arbeits-kraft gegen Entlohnung	- Symmetrisch und nicht anonym - Tauschgegen-stand unspe-zifisch (tacit knowledge, intangible Güter)	- Asymmetrisch und nicht ano-nym - Lobbying oder selektive An-reize gegen Folgebereit-schaft	- Asymme-trisch und anonym - Produktion kollektiver Entschei-dungen gg. Folgebereit-schaft
Vorteile	- Effiziente Allokation - Niedrige Transak-tionskosten	- Berechen-barkeit - Effizienz bei wiederholten Transaktio-nen, hoher Spezifität, großer Unsi-cherheit und hohen Ska-lenerträgen	- Flexibilität - Lernprozess möglich	- Symmetrische Verteilung von Vorteilen - Berechen-barkeit	- Risikomini-mierung - Berechen-barkeit - Gleiche Behandlung aller
Nachteile	- „Marktver-sagen", Ex-ternalitäten - Kollektiv-güter für Funktio-nieren des Marktes können nicht selbst produ-ziert werden	- Mangelnde Flexibilität - „X-Ineffi-zienz"	- Ausgrenzung - Tendenz zur Kartell-bildung	- Oligarchi-sierung der Verbandsspitze - Ausgrenzung - Kartellbildung auf Kosten Nichtorgani-sierter - Fördert Entpar-lamentarisie-rung v. Politik	- „Staatsver-sagen" - Tendenz zur Bürokrati-sierung - Oligarchi-sierung d. polit. Führung - Mangelnde Zielgenauig-keit

Tabelle 5: Governance-Typen als „Bausteine institutioneller Steuerung der Wirtschaft" [372]

[372] Tabelle nach Lütz (2006), S. 26.

3.1.3 Fazit: Governance in der Ökonomie

Zusammenfassend kann festgehalten werden, dass Governance in der Ökonomie allgemein für institutionelle Regeln der Handlungskoordination ökonomischer Akteure jenseits des klassischen Preismechanismus auf Märkten steht. Der ökonomischen Analyse entsprechend hat die wirtschaftswissenschaftliche Governance-Forschung dabei das vorrangige Ziel, Erkenntnisse über die Auswirkungen von Institutionen auf die Effizienz ökonomischer Transaktionen sowie über die Ausgestaltung geeigneter institutioneller Rahmenbedingungen und Alternativen zu erhalten[373].

Dabei zeichnen sich die ökonomischen Governance-Ansätze durch eine analytische Herangehensweise aus, auch wenn mit dem Streben nach einer Verminderung von Unsicherheit und bestmöglicher Effizienz eine klare Zielstellung ökonomischer Governance verbunden ist.

In den institutionenökonomischen Ansätzen werden Institutionen als handlungsprägende Restriktionen verstanden, die von den Präferenzen der Akteure losgelöst sind[374]. Ihnen kommt die Rolle zu, Entscheidungsunsicherheiten, die auf Informationsdefiziten beruhen, abzumildern[375] sowie in Form von Eigentumsrechten unmittelbar auf die Allokation knapper Ressourcen einzuwirken.

Das Institutionenverständnis der Politischen Ökonomie ist hier umfassender. Bedingt durch ihre Offenheit für soziologische Erklärungsansätze werden durch sie Institutionen nicht nur in ihrer restringierenden Wirkung auf ökonomische Aktivitäten verstanden, sondern wirken zudem identitätsbildend und tragen zur Bildung von Präferenzen und Wertestrukturen der ökonomischen Akteure bei[376].

Die Vorstellung der verschiedenen Ansätze der Neuen Institutionenökonomik einschließlich derer Übertragungen auf politische Systeme sowie die Skizzierung des Governance-Verständnisses in der Politischen Ökonomie zeigt schließlich, dass sich im wirtschaftswissenschaftlichen Diskurs verschiedenartige Governance-Konzepte entwickelt haben. In Abhängigkeit von deren Nähe zum neoklassischen, soziologischen oder politikwissenschaftlichen Forschungsprogramm unterscheiden sich diese

---

[373] Vgl. Benz et al. (2007), S. 11.

[374] Vgl. Wolff (1999), S. 136–137; Edeling (1999), S. 10.

[375] Vgl. Schimank (2007c), S. 165.

[376] Vgl. Hall, Taylor Rosemary C. R. (1996), S. 15. Für eine Gegenüberstellung von ökonomischem und soziologischem Institutionalismus vgl. Schulze (1997).

in ihren Interpretationen mitunter stark voneinander und können auf jeweils unterschiedliche theoretische Wurzeln zurückgeführt werden.

Die in Tabelle 6 in Anlehnung an Lindberg et al. (1991) zusammengestellten ökonomischen Governance-Konzepte geben einen Überblick über die ausdifferenzierte ökonomische Governance-Diskussion.

Darunter befinden sich auch Ansätze, die in der vorangehenden Vorstellung nicht genannt wurden.

Governance-Konzept	Untersuchungsgegenstand	Theoretische Bezugspunkte
utilitaristisch	Governance zur effizienten Gestaltung ökonomischer Transaktionen	Neoklassik, Neue Institutionenökonomik
organisational	Governance im Sinne einer Prägung organisationaler „Mindsets“ und Zielstellungen	Organisationssoziologie und Organisationspsychologie
evolutionär	Governance-Transformationen als Resultat evolutionärer Selektionsprozesse	Evolutionstheorie, Wirtschaftsgeschichte
machtpolitisch	Governance als Resultat machtpolitischer Interessen	Politische Ökonomie (einzelne Vertreter)
hybrid	Kombiniertes Auftreten verschiedener Governance-Typen in Abhängigkeit sozialer, ökonomischer und politischer Rahmenbedingungen; multiple Erklärungs- und Gestaltungsansätze	Politische Ökonomie, Sozialökonomie

Tabelle 6: Governance-Konzepte in der Ökonomie[377]

Der Blick auf die Governance-Debatte in den Wirtschaftswissenschaften zeigt auch, dass der Begriff „Governance“ selbst in den ökonomischen Ansätzen weit weniger prominent verwendet wird, als dies in der Politikwissenschaft der Fall ist[378]. Geprägt durch die mehrere Jahrzehnte zurückreichende Debatte der Institutionenökonomie wird das Phänomen der Governance in der Ökonomie offenbar weniger deutlich „beim

[377] Eigene Erstellung in Anlehnung an Lindberg, Campbell, Hollingsworth (1991), S. 3–4.

[378] Siehe Kapitel 3.2.

Namen genannt“[379]. Der Fokus liegt eher auf den institutionellen Voraussetzungen und Arrangements, die letztlich zu Governance führen.

Diese institutionalistische Perspektive führt schließlich dazu, dass das Verhalten der Akteure und deren Präferenzen und Werte – abgesehen vom Verhaltensmodell des homo oeconomicus – in der wirtschaftswissenschaftlichen Governance-Debatte größtenteils außen vor bleiben. Damit werden allerdings auch jene Beweggründe und Entstehungsmechanismen für Governance ausgeblendet, die jenseits ökonomischer Nutzenmaximierung liegen (wie zum Beispiel machtpolitische Aspekte). Auf die Konsequenzen dieser „Akteursblindheit“ für die Modellierung des angestrebten Konstrukts der Corporate Sustainability Governance wird in Kapitel 4 näher eingegangen.

3.2 Governance in der Politikwissenschaft

Die Entstehung politikwissenschaftlicher Governance-Konzepte ist stark durch die weltpolitischen Veränderungen und zunehmenden Globalisierungsprozesse seit dem Ende des Kalten Krieges geprägt. Wie in Kapitel 2 am Beispiel der UN-Nachhaltigkeitspolitik beschrieben, kam es mit dem Ende der Blockkonfrontation in den 1990er Jahren zunächst zu einer multilateralen Neuausrichtung der internationalen Politik und damit zu einem Wandel der Rolle des Nationalstaats.

Analog zu dem auf den Marktmechanismus verengten neoklassischen Steuerungsparadigma konnte demnach auch das klassische politikwissenschaftliche Steuerungsmodell staatlicher Hierarchie die realen politischen Gegebenheiten nur noch unzureichend abbilden. Während die ungleich früher geführte institutionenökonomisch geprägte Governance-Debatte in den Wirtschaftswissenschaften dazu beitrug, die Steuerung ökonomischen Verhaltens auch jenseits des Marktmechanismus zu modellieren, hielt mit dem Governance-Konzept in der Politikwissenschaft ein erweitertes Verständnis politischer Steuerung jenseits des „methodologischen Nationalismus“[380] Einzug, was Zürn (2009) wie folgt zusammenfasst:

> „Die zentrale Einsicht der Governance-Forschung lautet, dass vom Staat gesetzte und hierarchisch durchgesetzte Gesetze und Verordnungen nur

[379] Vgl. dazu Schimank (2007c), S. 200–201.
[380] Vgl. Zürn (2009), S. 66.

> eine mögliche Form der politischen Regelung gesellschaftlicher Zusammenhänge sind. Andere Governancestrukturen, in denen der Staat kein Regelungsmonopol einnimmt, sondern entweder als einer unter anderen Akteuren mitwirkt oder sich ganz zurückzieht und bestenfalls die Randbedingungen setzt, können ebenso effektive Governance hervorbringen."[381]

Eine Auseinandersetzung mit Governance in der Politikwissenschaft bedeutet demnach, den alleinigen Fokus vom Mechanismus hierarchischer, staatlicher Steuerung zu lösen und weitere, alternative Steuerungsformen in die Betrachtung einzubeziehen. Damit sind schließlich zwei grundlegende Fragen verbunden, die auch für den politikwissenschaftlichen Governance-Diskurs charakteristisch sind und anhand derer dieser in den folgenden Kapiteln erörtert werden soll:

1) Welche veränderte Rolle kommt dem Nationalstaat in der Governance-Diskussion zu und welche neuen Formen von Staatlichkeit werden relevant?
2) Welche Steuerungsformen jenseits hierarchischer, staatlicher Steuerung kommen in Frage?

3.2.1 Veränderte Rolle des Nationalstaats und neue Formen von Staatlichkeit

Angesichts der zunehmenden globalen Verflechtungen politischer und ökonomischer aber auch sozialer und ökologischer Prozesse gerät der klassische Nationalstaat an die Grenzen seiner politischen Problemlösungsfähigkeit. So sind die Reichweite nationalstaatlicher Steuerung und damit deren Effektivität per se begrenzt, was vor allem im Fall globaler Problemstellungen, wie der Gestaltung der Weltwirtschaft, dem Umgang mit dem Klimawandel oder der Bekämpfung von Krankheiten und Armut gilt[382].

Weltpolitische Entscheidungsprozesse können demnach nicht mehr ausschließlich von Regierungen bestimmt werden, es treten vielmehr auch internationale Organisationen sowie private und transnational

---

381 Zürn (2009), S. 61.
382 Vgl. Brunnengräber (2009), S. 10.

organisierte Akteure in den Vordergrund[383], was zu veränderten Governance-Strukturen führt:

> „[G]lobale Regime wie die Welthandelsorganisation (WTO), internationale Organisationen wie der Internationale Währungsfonds (IWF), global agierende Unternehmen, aber auch global engagierte Nichtregierungsorganisationen (NGOs), die in Netzwerkformationen mit multinationalen Konzernen soziale und ökologische Standards verhandeln, gewinnen an Bedeutung, während die Reichweite nationaler Regierungen an territorialen Grenzen halt macht, die für den Transfer von Geld, Waren, Technologie und Wissen oft keine zentralen Hindernisse mehr darstellen."[384]

Dementsprechend setzt sich der politikwissenschaftliche Governance-Diskurs mit der Frage auseinander, wie grenzüberschreitenden, denationalisierten[385] Problemfeldern durch neue Steuerungsformen begegnet werden kann. Zentraler Bestandteil der Debatte ist dabei die Ausgestaltung und Abgrenzung der neuen Rolle des Nationalstaates in einem zunehmend globalisierten politischen Bezugsrahmen.

Im Zuge dieser Konzeptionierung von Governance wird dem Nationalstaat in der politikwissenschaftlichen Debatte eine unterschiedlich hohe Bedeutung beigemessen. So kann Governance explizit ausschließlich zur Bezeichnung nicht-hierarchischer Steuerung herangezogen werden („Governance without Government"[386] bzw. Governance als Gegenbegriff zu Government), während andere in ihr Governance-Konzept neben kooperativen Formen des Regierens auch staatlich-hierarchische Steuerung einschließen („Governance with Government" bzw. Governance als Oberbegriff)[387] [388].

Nach Mayntz (2009) eignet sich jedoch gerade ein breites Governance-Konzept, das unterschiedliche hierarchische und nicht-hierarchi-

---

383 Vgl. Kolleck (2011), S. 35–37.
384 Messner (2003), S. 90.
385 Vgl. zu diesem Begriff Zürn (2009), S. 68.
386 An dieser Stelle ist darauf hinzuweisen, dass Rosenau und Cziempl in ihrem 1992 veröffentlichten Pionierwerk der Governanceforschung mit dem scheinbar eindeutigen Titel „Governance without Government" weder Governance mit dem „Ende des Nationalstaats" in Verbindung brachten, noch „Global Governance" als Synonym für einen „Weltstaat" betrachteten, vgl. Nuscheler (2009), S. 7–8.
387 So zum Beispiel Mayntz (2009a), S. 10.
388 Vgl. Offe (2008), S. 63 ff.

sche Steuerungsformen vereint besonders gut für die Analyse und Modellierung realer politischer Gegebenheiten:

> „Denn diese real existierende Ordnung ist in der Tat durch eine große Vielfalt verschiedener, teil [sic!] konkurrierender, teils gegensätzlicher, teils kooperierender Regelungsinstanzen gekennzeichnet" und „es ist genau diese umfassende Definition des Untersuchungsgegenstands, die den Governance-Begriff besser als andere Begriffe zur Analyse der real existierenden politischen Ordnung von heute erscheinen lässt." [389]

Diese Auffassung wird von verschiedenen weiteren Vertretern der politikwissenschaftlichen Governance-Debatte geteilt[390] und kann analog zu dem oben beschriebenen Governance-Pluralismus der Politischen Ökonomie gesehen werden[391].

Neben die Frage, ob es sich um Governance durch, mit oder ohne den Staat handelt, treten durch die Entgrenzung politischer Problemstellungen auch verschiedene mögliche geographische Ebenen in Erscheinung, auf denen Governance angesiedelt sein kann[392]. Zürn (2008) gelangt durch die Gegenüberstellung dieser beiden Kriterien (Beteiligung des Staates und geographische Ebene) zu der in Tabelle 7 gezeigten Typologie von Governance-Strukturen[393]:

---

389 Mayntz (2009a), S. 10.

390 Neben Mayntz (2009a) zählen hierzu beispielsweise Zürn (2008a), S. 554; Benz et al. (2007), S. 13 und Greven, Scherrer (2005), S. 125.

391 Vgl. Kapitel 3.1.2.

392 Vgl. Zürn (2008a), S. 558.

393 Vgl. Zürn (2008a), S. 559.

Governance/Ebene	Innerhalb des Nationalstaats	Jenseits des Nationalstaats
By government	Territorialstaat	Weltstaat/Imperium (faktisch nicht existent)
With government(s)	Public-Private Partnership im nationalen Kontext (dominante Rolle des Staates)	Internationale Institutionen mit dominanter Rolle der Staaten (zwischenstaatliche Institutionen wie die Vereinten Nationen)
Without government(s)	Gesellschaftliche Selbstregelung (zum Beispiel Verbandsarbeit oder Tarifverhandlungen)	Transnationale Netzwerke im Sinne eines gleichberechtigten Miteinanders staatlicher und nichtstaatlicher Akteure (Bsp.: World Commission on Dams)

Tabelle 7: Typologie politologischer Governance-Strukturen[394]

In Tabelle 7 wird allgemein zwischen Governance-Prozessen innerhalb und jenseits des Nationalstaats unterschieden. Dabei lässt sich die geographische Verortung von Governance weiter differenzieren: Nationale Governance-Strukturen sind in ein Mehrebenensystem eingebettet, welches Governance auf lokaler, nationaler, regionaler sowie inter- bzw. transnationaler Ebene umfasst. Die weiterführende Analyse dieser Formen von Governance mündet schließlich in den politikwissenschaftlichen Konzepten der Multi-Level- bzw. Global Governance[395]. Da sich jenseits des Nationalstaats bisher keine umfassenden und einheitlichen Governance-Strukturen etablieren konnten, sind die einzelnen Governance-Systeme meist auf bestimmte denationalisierte Problemlagen wie den Klimaschutz oder die Bekämpfung von Korruption „spezialisiert" und damit sektoral segmentiert[396].

Durch den beschriebenen Rollen- und Bedeutungswechsel des Nationalstaats wird schließlich auch das klassische Bild des Staates als alleinigen „Wahrer des Gemeinwohls" zunehmend verwässert, öffent-

---

394 Tabelle nach Zürn (2008a), S. 559.
395 Vgl. Kapitel 3.3.1.
396 Zürn (2008a), S. 572.

liche Aufgaben werden auch von anderen, nicht-staatlichen Akteuren übernommen. Neben internationalen Institutionen zählen hierzu verstärkt (multinationale) Unternehmen, deren Handeln als Corporate Citizens einem hohen Legitimationsdruck unterliegt und damit zunehmend politisiert wird[397]. Diese „Politization of the Corporation“[398] kann dabei sowohl aus ökonomischem wie politikwissenschaftlichem Blickwinkel kontrovers diskutiert werden. So bleibt es aus (institutionen-)ökonomischer Lesart fraglich, ob die zunehmende Übernahme öffentlicher Aufgaben nicht den Interessen der Eigentümer entgegensteht[399], was wiederum als Problemstellung der Agency-Theorie modelliert werden kann. Aus politologischer, demokratietheoretischer Perspektive stellt sich schließlich die Frage, inwieweit Akteuren, die nicht demokratisch legitimiert sind, überhaupt staatliche Aufgaben zukommen sollten:

> „The politization of firms […] puts economic/corporate actors directly in charge of political tasks such as running school, implementing health programs or providing infrastructures. This evokes the illusion of a shortcut solution of ‘social problems‘. However, the only legitimate guardians of the public interests are governments, which are accountable to all their citizens.”[400]

Die bisher erörterten Phänomene einer Mehrebenen- und Global Governance sowie einer zunehmenden Politisierung nicht-nationalstaatlicher Akteure setzen zwar ein grundsätzlich erweitertes Verständnis politischer Steuerung voraus, dennoch bleibt bei diesen Governance-Formen die gleichzeitige Existenz funktionierender nationalstaatlicher Strukturen implizit als Voraussetzung bestehen.

Damit stellt sich die Frage, inwieweit die Effektivität dieser Governance-Formen nicht auch vom „Schatten der Hierarchie“[401] abhängt, also von den in letzter Instanz vorhandenen staatlichen Steuerungssystemen, die als „Sicherungsnetz“ für den Fall des Versagens anderweitiger Regelungsformen fungieren können, oder aber im Fall eines „zu langen Schattens der Hierarchie“ die Entstehung nichtstaatlicher Governance hemmen[402].

---

[397] Zürn (2008a), S. 576–577.
[398] Vgl. Palazzo, Scherer (2008), vgl. auch Zürn (2008b).
[399] Vgl. Zürn (2008a), S. 576.
[400] Willke, Willke (2008), S. 555.
[401] Vgl. Börzel (2008); Börzel (2007).
[402] Vgl. Börzel (2008), S. 128.

Weiter gedacht mündet diese Überlegung schließlich in der Frage, wie Governance ohne oder nur mit sehr eingeschränktem Rückgriff auf effektive Formen von Staatlichkeit zu gestalten wäre. Sie stellt sich vor allem in Räumen begrenzter Staatlichkeit, wie sie in vielen Nicht-OECD-Staaten anzutreffen sind[403].

3.2.2 Von hierarchischer Top-down-Steuerung zu multiplen Formen kooperativer Governance-Prozesse

Wie vorangehend gezeigt, führte der Governance-Diskurs der Politikwissenschaft zu einer Abwendung vom klassischen nationalstaatlichen Hierarchiemodell als alleinigem Steuerungsmechanismus. So zählt der Einbezug nicht rein hierarchischer, kooperativer Steuerungsformen, innerhalb derer private Akteure an der Formulierung und Implementierung von Politik mitwirken, zu den konstitutiven Definitionsbestandteilen des politikwissenschaftlichen Governance-Begriffs[404].

Die mit dem Governance-Diskurs verbundene Betrachtung der in der Realität anzutreffenden Vielfalt unterschiedlicher, zusammenwirkender Steuerungsformen führte schließlich auch zur zunehmenden Ablösung des steuerungstheoretischen Paradigmas der 1960er und 1970er Jahre[405].

Modelltheoretisch war dies im Ansatz der Kybernetik erster Ordnung verankert[406] deren Aussagen auf politische Systeme übertragen wurden. Hierfür war die Annahme grundlegend, dass Gesellschaftssysteme „durch eine intelligente politische Zentrale, die gleichsam als der Gesellschaft extern gedacht war“[407] gesteuert werden könnten.

Diese Vorstellung wurde im Zuge der Entstehung des Governance-Konzepts zunehmend durch eher emergente, systemimmanente Formen der Steuerung und Selbstregelung abgelöst. Modelltheoretisch lässt sich der Schritt von der Steuerungs- zur Governancetheorie in der

---

403 Vgl. hierzu die Forschung im DFG Sonderforschungsbereich 700 „Governance in Räumen begrenzter Staatlichkeit. Neue Formen des Regierens?“, siehe dazu den Herausgeberband von Lehmkuhl und Risse (2007).

404 Vgl. Mayntz (2008), S. 45; Zürn (2008a), S. 554.

405 Während im deutschsprachigen Raum der Begriff Governance eindeutig für die neueren Regelungsformen verwendet wird, wird in englischsprachigen Arbeiten von „New Governance“ gesprochen, um den Unterschied zu Governance im Sinne von Steuerung deutlich zu machen. Vgl. Mayntz (2008), S. 45.

406 Siehe Kapitel 4.1.

407 Zürn (2008a), S. 557.

Politikwissenschaft entsprechend mit einer Weiterentwicklung des politologischen Steuerungsverständnisses von der Kybernetik erster hin zur Kybernetik zweiter Ordnung begründen.

Für die Analyseebene des Governance-Prozesses bedeutet dies eine Abkehr von der Alleinstellung des top-down verlaufenden Steuerungsprozesses hin zu einem Pluralismus unterschiedlicher hierarchischer und nicht-hierarchischer Steuerungsformen. Diese steuerungs- bzw. governancetheoretische Entwicklung hat für die politikwissenschaftliche Forschung zentrale Implikationen: So löst sich die ehemals klare Abgrenzung zwischen Regierenden und Regierten bzw. Steuerungssubjekten und -objekten zunehmend auf[408], die Steuerungsobjekte des klassischen Modells staatlicher Regierung wirken im Governance-Konzept schließlich selbst an der Regelung kollektiver Sachverhalte mit.

Darüber hinaus führte die Ablösung der klassischen Steuerungstheorie durch die Governance-Forschung zu einer „Institutionalisierung" des politikwissenschaftlichen Untersuchungsgegenstandes. Anstelle des zielorientierten Handelns einzelner politischer Akteure in einem hierarchischen Steuerungsmodell stehen nun Institutionen als Strukturen und Voraussetzungen gesellschaftlicher Koordination im Vordergrund der Analyse[409]. Die einzelnen Akteure und ihr politisches Handeln nehmen in der Modellierung nur noch eine untergeordnete Rolle ein, sie werden hauptsächlich als in den institutionellen Kontext integriert betrachtet[410].

3.2.3 Fazit: Politisches Governance-Konzept in seiner Abgrenzung zur Ökonomie

Wie die vorangehenden Ausführungen zeigen, ist das Governance-Konzept der Politikwissenschaften ebenso wie das der Ökonomie eng mit einer institutionalistischen Perspektive verbunden, die sich einhergehend mit der Entstehung des Neuen Institutionalismus[411] in den Sozialwissenschaften entwickelt hat und sich durch das Streben nach einer ganzheitlicheren Betrachtung realer Sachverhalte auszeichnet. So hat die unzureichende Aussagekraft klassischer, reduktionistischer

[408] Vgl. Mayntz (2008), S. 46.
[409] Vgl. Mayntz (2008), S. 46.
[410] Vgl. Lütz (2006), S. 13–14.
[411] Vgl. Schmid, Maurer (2003).

Modelle sowohl in der Politikwissenschaft, als auch in der Ökonomie zur Entwicklung alternativer Steuerungsmodelle im Sinne von Governance geführt.

Trotz dieser Gemeinsamkeiten unterscheiden sich die beiden Governance-Konzepte allerdings grundlegend in ihrer Zielstellung und den zur Erfolgsmessung herangezogenen Kriterien. So wohnt der politikwissenschaftlichen Governance-Debatte ein gewisser kollektiver „Problemlösungsbias“[412] inne. Im Gegensatz zum Governance-Begriff der Ökonomie, der durch die Zielstellung ökonomischer Effizienz gekennzeichnet ist, zählt damit der Beitrag zur Gemeinwohlorientierung zu den konstituierenden Zielstellungen politikwissenschaftlicher Governance-Konzepte: So kann „nur dann von Governance gesprochen werden, wenn von den beteiligten Akteuren der Anspruch erhoben wird, das *gemeinsame Interesse eines Kollektivs* oder stärker noch, das Gemeinwohl einer Gesellschaft *absichtsvoll* zu fördern.“[413] Ob dieser Anspruch tatsächlich eingelöst wird oder nicht, ist schließlich abhängig von der Effektivtät der betrachteten Governance-Prozesse, die zusammen mit deren Legitimität zu den wichtigsten Beurteilungskriterien von Governance im politikwissenschaftlichen Verständnis zählt[414].

Zürn (2008) weist in diesem Zusammenhang allerdings auf eine bedeutende Differenzierung hin. So ginge es bei dem Ziel des Gemeinwohlbeitrages zwar „explizit um die Rechtfertigung des eigenen Tuns“[408], allerdings „keinesfalls um die reale Motivationslage“[415] der Governance-Akteure. Mit dieser zentralen Unterscheidung zwischen postuliertem Ziel und tatsächlichen Motiven von Governance öffnet Zürn die eher positiv konnotierte[416] politikwissenschaftliche Governance-Diskussion explizit auch für eine Modellierung opportunistischen, von den individuellen Zielen einzelner Akteure abhängigen politischen Verhaltens. In der institutionalistisch fokussierten Governance-Debatte mit tendenzieller „Unterbelichtung der Akteursebene“[417] ist es damit umso wichtiger, neben institutionenorientierten Ansätzen auch geeignete, das Individualverhalten der Akteure betrachtende Ansätze zur

---

[412] Vgl. Mayntz (2006), S. 17.
[413] Zürn (2008a), S. 555.
[414] Vgl. hierzu Kapitel 5.1.1.
[415] Zürn (2008a), S. 555.
[416] Vgl. hierzu Offe (2008), S. 71; Budäus (2005), S. 10–11.
[417] Vgl. Lütz (2006), S. 14.

Analyse heranzuziehen. Diesem Umstand wird bei der Entwicklung des angestrebten Konstrukts der Coperate Sustainability Governance in Kapitel 4 entsprechend Rechnung getragen.

3.3 Abgrenzung verschiedener Governance-Diskursfelder

In den vorangehenden Kapiteln wurde die wissenschaftlichen Entwicklungslinien des Governance-Konzepts in der Ökonomie und der Politikwissenschaft skizziert. Neben den beschriebenen, zentralen wissenschaftlichen Entstehungskontexten findet Governance auch in weiteren verwandten Fachrichtungen Anwendung, so zum Beispiel in der Verwaltungspolitik („New Public Management") und dem Verwaltungsrecht[418]. Diese Ansätze werden an dieser Stelle jedoch nicht weiter vertieft, sie sind für den Untersuchungsgegenstand dieses Buches nicht maßgeblich.

Ausgehend von den beschriebenen theoretischen Grundlagen haben sich in der Zwischenzeit verschiedene Governance-Diskursfelder entwickelt, die sich mit der Steuerung von Gesellschafts- und Wirtschaftssystemen in unterschiedlichen Bezugskontexten auseinandersetzen. In diesem Abschnitt werden die Diskursfelder der Good, Global, Economic und Corporate Governance näher vorgestellt. Sie sind für das in Kapitel 4 zu entwickelnde Konstrukt der Corporate Sustainability Governance von besonderer Relevanz und werden bei der dort vollzogenen governancetheoretischen Fundierung des Konstrukts wieder aufgegriffen.

Einhergehend mit einer zunehmend inter- bzw. transdisziplinär geprägten Governance-Debatte speisen sich diese Diskursfelder nicht mehr nur aus einzeldisziplinären Ansätzen, vielmehr ist eine Verschränkung verschiedener Perspektiven festzustellen. Auch die methodologischen Zugänge zu den jeweils betrachteten Governance-Phänomenen unterscheiden sich dementsprechend: Je nach Intention des Diskurses ist Governance nicht nur Gegenstand analytisch-deskriptiver Untersuchungen, sondern – teilweise stark politisch motiviert – auch verbunden mit normativ-präskriptiven Gestaltungsansprüchen, die wiederum auf

---

[418] Vgl. Brunnengräber et al. (2004), S. 2–3.

bestimmten theoretischen Grundannahmen und Modellvorstellungen über „richtige Governance“ gründen[419].

Dabei können grundsätzlich zwei unterschiedliche Zielvorstellungen voneinander abgegrenzt werden, die wiederum auf die beiden in den vorangehenden Kapiteln vorgestellten ökonomischen bzw. politologischen Governance-Konzepte zurückzuführen sind: Einerseits die wirtschaftswissenschaftlich motivierte Zielstellung bestmöglicher ökonomischer Effizienz, die mithilfe flankierender Governance-Arrangements sicherzustellen ist und andererseits der politikwissenschaftlich verankerte „Problemlösungsbias“, der Governance mit dem Ziel der Gemeinwohlmaximierung verknüpft.

In Abbildung 3 ist die Verschränkung der geschilderten disziplinären Zugänge und verschiedenen methodischen Zielsetzung der in diesem Kapitel zu skizzierenden Governance-Diskursfelder illustriert. Wie bei der Vorstellung dieser Diskursfelder gezeigt wird, wirken auf sie verschiedene disziplinäre Einflüsse und auch die mit ihnen verbundenen methodischen Zugänge einer eher analytisch-deskriptiven oder normativ-präskriptiven Betrachtung können nicht immer trennscharf abgrenzt werden. Damit zeigt diese Abbildung eher eine akzentuierende Gegenüberstellung und Illustration der verschiedenen Hintergründe und Wechselwirkungen von Governance-Diskursen, die selbst wiederum in enger Beziehung zueinander stehen und teilweise ineinander übergehen.

---

[419] Für eine ausführliche Gegenüberstellung analytisch-deskriptiver und normativ-präskriptiver Governance-Konzepte vgl. Kapitel 4.2.3.

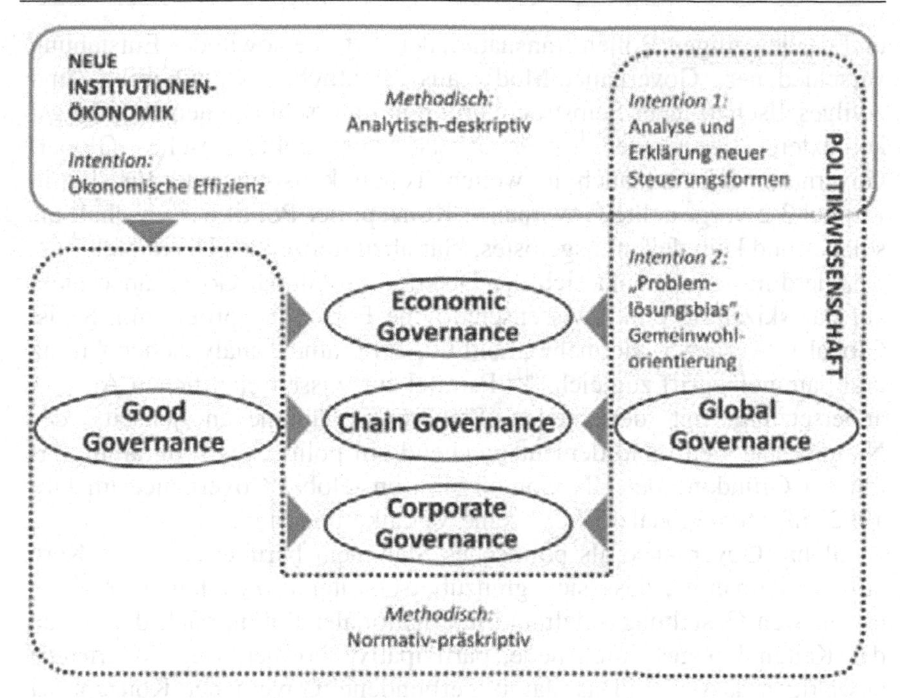

Abbildung 3: Abgrenzung von Governance-Diskursfeldern

3.3.1 Global und Good Governance als vorrangig normativ-präskriptive, politische Diskursfelder

3.3.1.1 Global Governance

In Kapitel 2.3.3 wurde auf Global Governance als politikwissenschaftlichen Forschungsansatz verwiesen, in dessen Rahmen neue Regierungsformen jenseits des Nationalstaats mit einer vornehmlich analytisch-deskriptiven Herangehensweise untersucht und diskutiert werden. Akteursvielfalt, Mehrebenenpolitik und ein Pluralismus an Governance-Formen bilden dabei die Kernelemente des politologischen Global-Governance-Diskurses[420]. Dementsprechend setzt sich die Forschung in diesem Feld mit Phänomenen wie dem Verhältnis und Zusammenspiel von „Governance by", „with" und „without Government"

[420] Vgl. Müller, Platzer, Rüb (2004), S. 22; Messner (2003), S. 95.

und der jeweiligen Rollen transnationaler Akteure sowie der Entstehung verschiedener Governance-Modi aus staatlicher Regulierung und zivilgesellschaftlicher Selbstregulierung in unterschiedlichen Regelungskontexten auseinander[421]. Damit ist der politologische Global-Governance-Diskurs auch in weiten Teilen konstituierend für das in Kapitel 3.2 vorgestellte Governance-Konzept der Politikwissenschaft als solches und kein davon losgelöstes, klar abzugrenzendes Diskursfeld[422].

Allerdings beschränkt sich der Diskurs um Global Governance nicht auf das skizzierte politikwissenschaftliche Forschungsprogramm. So ist Global Governance vielmehr „Leitbild, Programm, analytischer Ansatz und Sammelbegriff zugleich."[423] Parallel zur wissenschaftlichen Auseinandersetzung mit den neuen Steuerungsphänomenen jenseits des Nationalstaats entstand dementsprechend ein politisches Programm, das mit der Gründung der UN Commission on Global Governance im Jahr 1992 auf internationaler Ebene seine Verankerung fand.

Global Governance als politisches Statement beruhte dabei im Kern auf der Annahme, dass sich grenzüberschreitende Problemlagen[424] im erweiterten Gestaltungsspielraum internationaler Politik nach dem Ende des Kalten Krieges durch neue, partizipative Formen von Governance bewältigen lassen[425]. Das damit verbundene Governance-Konzept ist sehr breit und umfasst verschiedene Formen der Kooperation und des Zusammenwirkens staatlicher, privatwirtschaftlicher und zivilgesellschaftlicher Akteure[426], wie anhand der Governance-Definition der UN Commission in ihrem Abschlussbericht „Our Global Neighbourhood" aus dem Jahr 1995 deutlich wird:

---

421 Vgl. Müller, Platzer, Rüb (2004), S. 22.

422 Dementsprechend unterscheiden einige Autoren in ihrer Begriffsverwendung auch nicht zwischen Governance und Global Governance, wie zum Beispiel Offe (2008).

423 Seifer (2009), S. 61.

424 Zu solchen Problemen zählen globale ökologische und ökonomische Krisen wie die Bekämpfung von Armut oder der Klimawandel, womit Global Governance unweigerlich in die Nähe des normativen Leitbilds einer nachhaltigen Entwicklung rückt; vgl. Brunnengräber (2009), S. 10; vergleiche zu Global Governance in einer präskriptiven Verwendungsweise auch Zürn (2006), S. 126–127.

425 Vgl. Fuchs (2005), S. 42; vergleiche hierzu auch die Aussagen im Bericht der Commission on Global Governance: „The collective power of people to shape the future is greater now than ever before, and the need to exercise it is more compelling." (Commission on Global Governance (2005 (EA: 1995)), S. 1).

426 Vgl. hierzu Aras, Crowther (2009), S. 10.

> „Governance is the sum of the many ways individuals and institutions, public and private, manage their common affairs. It is a continuing process through which conflicting or diverse interests may be accommodated and co-operative action may be taken. It includes formal institutions and regimes empowered to enforce compliance, as well as informal arrangements that people and institutions have either agreed to or perceive to be in their interest [...]. [Governance] must now be understood as also involving non-governmental organizations (NGOs), citizens' movements, multinational corporations, and the global capital market. Interacting with these are global mass media of dramatically enlarged influence."[427]

Das mit dieser Definition skizzierte politische Programm hat die Aktivierung von Global Governance als eine Art „collective power to create a better world"[428] zum Ziel und ist mit einem entsprechend weitreichenden Gestaltungsanspruch verbunden. Dieser wirkt normativ-präskriptiv und gibt leitbildhaft vor, wie globalen Problemstellungen begegnet werden sollte: Durch „mehr Demokratie" und die Bündelung kollektiver Problemlösungskapazitäten als Ergebnis der Partizipation und Kooperation verschiedenster Akteure im Rahmen einer Mehrebenenpolitik, die durch das multilaterale System der Vereinten Nationen zu moderieren und zu koordinieren ist[429]. Dass diese Ansprüche durchaus kritisch zu hinterfragen sind, wird in den folgenden Abschnitten noch erörtert.

Die Prozesse der Globalisierung nehmen im politischen Diskurs um Global Governance eine zentrale, wenn auch ambivalente Rolle ein. So werden sie einerseits „als hilfreich angesehen, wenn sie der globalen Verbreitung und Anerkennung von Menschenrechten, von Standards für effiziente, öffentliche Verwaltungen oder von demokratischen Verhältnissen sowie von sozialen und ökologischen Mindeststandards dienen."[430] Andererseits wird mit Global Governance aber gerade auch der (ideologische) Anspruch verbunden, die als Folge einer neoliberalen Globalisierung entstandenen Problemlagen in den Griff zu bekommen, womit sich das Konzept als progressive Alternative zum Neoliberalismus[431] präsentiert. Dabei wird das Konzept maßgeblich von westlichen Vorstellungen einer „Weltethik" bzw. erfolgreicher Governance-Modelle

[427] Commission on Global Governance (2005 (EA: 1995)), S. 2-3.
[428] Commission on Global Governance (2005 (EA: 1995)), S. 2.
[429] Vgl. Commission on Global Governance (2005 (EA: 1995)), S. 2–6.
[430] Brunnengräber (2009), S. 25.
[431] Vgl. Brand et al. (2000), S. 13; Kolleck (2011), S. 32–34.

dominiert und blendet andere Ordnungsmodelle weitestgehend aus[432]. Seifer (2009) weist in diesem Zusammenhang auf einen problematischen normativen Zirkelschluss hin. So „sind die erst durch Global Governance zu realisierenden, als universalistisch angesehenen Werte gleichzeitig das Fundament des Konzepts. Die Werte sind also anzustrebendes Ziel und Problemlösung zugleich.“[433]

Der normative Bias der politischen Global-Governance-Diskussion verbindet dieses Diskursfeld unmittelbar mit dem der Good Governance, das sich ebenfalls der Sicherstellung universell „richtiger“ institutioneller Arrangements verschrieben hat und im folgenden Kapitel vorgestellt wird. Ihm liegt ein insitutionenökonomisch geprägtes Governance-Konzept zugrunde, was die Beeinflussung der hier beschriebenen Diskursfelder durch unterschiedliche disziplinäre Governance-Konzepte verdeutlicht (vgl. Abbildung 3 zu Beginn des Kapitels).

Der Vorwurf, das politische Global-Governance-Programm beinhalte implizit einen normativen Bias zu Gunsten westlicher Governance-Modelle, ist allerdings nicht die einzige Kritik, die gegen das Konzept vorgebracht wird. Insgesamt können die zentralen Kritikpunkte am Global-Governance-Diskurs wie folgt zusammengefasst werden[434]:

- *Begriffliche Konturlosigkeit*[435]*:*
  Die vielseitigen Verwendungskontexte und Bezugspunkte des Global-Governance-Begriffs führen zu unklaren Abgrenzungen und miteinander verschwimmende Begriffsintentionen. Dies macht (Global) Governance offen „für allerlei beschönigende Suggestionen […]. Im Grenzfall wird das Konzept gleichbedeutend mit ‚alles was passiert, wenn (beziehungsweise passieren müsste, damit) Probleme einer Gesamtheit von Akteuren zufriedenstellend gelöst werden.“[436].
- *Machtblindheit:*
  Real existierende Macht- und Herrschaftsverhältnisse werden vom Global-Governance-Konzept nicht ausreichend berücksichtigt, weil es im Kern auf der Annahme eines kooperativen Zusammenwirkens der Akteure beruht oder zumindest von einem gemeinsamen

432 Vgl. hierzu Brand et al. (2000), S. 146–148.
433 Seifer (2009), S. 68.
434 Vgl. Brand et al. (2000), S. 17–18.
435 Vgl. Offe (2008), S. 71.
436 Offe (2008), S. 71.

Problemverständnis dieser ausgeht[437]: „Die gesellschaftlichen Besonderheiten und historischen Hintergründe der Probleme sowie die in ihnen zum Ausdruck kommenden konfliktiven Prozesse [...] verschwinden hinter dem Schleier der ‚globalen Risikogemeinschaft' und der gemeinsamen ‚Menschheitsinteressen'"[438].

- *Mangelnde demokratische Legitimation:*
  Die demokratietheoretischen Defizite von Global-Governance-Prozessen lassen sich in verschiedenen Bereichen feststellen. Einerseits gehört der Einbezug nicht demokratisch legitimierter Akteure wie zum Beispiel Unternehmen oder NGOs in die (Mit-)Gestaltung globaler Politik zu den konstitutiven Merkmalen von Global Governance, was die Input-Legitimität der Prozesse per se in Frage stellt[439]. Anderseits ist die Architektur von Global Governance sowohl im Hinblick auf ihre Wertebasis, als auch ihre maßgeblichen Strukturen und Institutionen, wie die Vereinten Nationen, die Weltbank oder der Internationale Währungsfonds (IWF) stark westlich dominiert. Verbunden mit dem Anspruch der Lösung „globaler Menschheitsprobleme", die vor allem in armen, nur in eingeschränktem Maße an den Governance-Prozessen beteiligten Weltregionen besonders verschärft auftreten[440], stellt sich neben der Fragen nach der Input-Legitimation auch die der tatsächlichen Effektivität und damit Output-Legitimität von Global-Governance.

Zweifelsohne bergen ein leerformelhaftes Begriffsverständnis und ein unkritisch bejahender Global-Governance-Diskurs die Gefahr, durch positive Rhetorik von der Lösung globaler Problemstellungen abzulenken, als effektiv zu dieser beizutragen[441]. Dennoch erscheint es lohnenswert, das Problemlösungspotenzial von Global Governance sowohl in der Wissenschaft, als auch in der politischen Praxis zu erschließen und dabei den oben geschilderten Kritikpunkten am Konzept entsprechend zu begegnen, etwa in dem durch innovative Beteiligungsformen und angepasste Effektivitätskriterien versucht wird, Demokratiedefizite abzubauen (vgl. hierzu beispielsweise die in Kapitel 2 vorgestellten Ausfüh-

437 Vgl. Brunnengräber (2009), S. 14–15.
438 Brand et al. (2000), S. 130.
439 Vgl. Palazzo (2009), S. 26–27.
440 Vgl. Brand et al. (2000), S. 143–146.
441 Vgl. Budäus (2005), S. 10–11.

rungen zum globalen Beteiligungsprogramm bei der Entwicklung der Agenda 2030 für nachhaltige Entwicklung durch die Vereinten Nationen).

Der Global-Governance-Diskurs kann schließlich durch seine Offenheit für verschiedene Akteurskonstellationen und Governance-Formen sowie den eng mit dem Leitbild nachhaltiger Entwicklung verbundenen Problemlösungsanspruch[442] als eine Ausgangsbasis für die governancetheoretische Fundierung von Corporate Sustainability Governance[443] gesehen werden. Dabei besitzt der Diskurs einen gewissen integrativen Charakter. So können alle in den folgenden Abschnitten vorgestellten, weiteren Governance-Diskursfelder jeweils unter dem Blickwinkel der Global Governance betrachtet werden und hierzu einen spezifischen Beitrag liefern.

3.3.1.2 Good Governance

Im vorangehenden Kapitel wurde gezeigt, dass der internationale politische Governance-Diskurs maßgeblich durch die UN Commission on Global Governance und dem gleichnamigen Konzept der „Global Governance“ vorangetrieben wurde. Etwa im selben Zeitraum, Anfang der 1990er Jahre, verhalf auch die Weltbank zusammen mit weiteren internationalen Geberinstitutionen dem Governance-Begriff zu globaler Bekanntheit. Sie prägte das entwicklungspolitische Leitbild der „Good Governance“[444], das sich vorrangig auf die Systemebene einzelner Nationalstaaten bezieht, dabei allerdings mit einem noch stärkeren normativ-präskriptiven Gestaltungsanspruch verbunden ist, als das oben vorgestellte Global-Governance-Konzept.

Dass sich die Weltbank seit den 1990er Jahren ausgerechnet mit der Bedeutung von Staatlichkeit in ihren Empfängerländern, allen voran im subsaharischen Afrika, auseinandersetzte, ist auf einen grundlegenden Wechsel ihres entwicklungspolitischen Kurses zurückzuführen. So war ihre Politik noch in den 1980er Jahren vom neoliberalen „Washington Consensus“ geprägt, einer breiten politischen Übereinstimmung zwischen Weltbank, IWF und zahlreichen OECD-Ländern, dass nur durch

---

442 Vgl. hierzu kritisch Brand et al. (2000), S. 153–156.
443 Vgl. Kapitel 4.2.
444 Vgl. Nuscheler (2009).

wirtschaftliche Liberalisierung und einen Rückzug des Staates Wachstum und Armutsbekämpfung zu erreichen seien[445].

Für die Umsetzung dieser Politik forderte die Weltbank von Seiten der afrikanischen Empfängerländer die Durchführung tiefgreifender Strukturanpassungsprogramme, die mit Stabilisierungsmaßnahmen des IWF verschränkt waren. Damit sollten die Volkswirtschaften durch Kürzungen der öffentlichen Ausgaben, Privatisierungen und Handelsliberalisierung sowie die Abwertung ihrer Währungen innerhalb weniger Jahre an die Bedingungen des Weltmarkts angepasst werden.[446]

Die Politik der neoliberalen Strukturanpassung scheiterte jedoch und hatte neben der Verfehlung ihrer eigentlichen ökonomischen Entwicklungsziele auch gravierende negative soziale Folgewirkungen, weshalb Weltbank und IWF zunehmend unter Legitimationsdruck gerieten. Neben verschiedenen weiteren Faktoren[447] führte dieser Druck schließlich zu einem Politikwechsel der Weltbank, verbunden mit einer Abkehr vom Liberalisierungsparadigma des Washington Consensus und der Hinwendung zu den in den Empfängerländern bestehenden institutionellen Gefügen und Strukturen von Staatlichkeit als Voraussetzungen für wirtschaftliche und gesellschaftliche Entwicklung[448].

Dieser neuen Ausrichtung entsprechend diagnostizierte die Weltbank 1989 erstmals eine „crisis of governance“[449] im subsaharischen Afrika und führte damit die Entwicklungskrise in dieser Region auf Unzulänglichkeiten der vor Ort bestehenden politischen Systeme zurück[450]. Drei Jahre später stellte sie schließlich ihre Vorstellungen von guter Regierungsführung unter der Bezeichnung Good Governance explizit in der Veröffentlichung „Governance and Development“[451] zusammen und leitete entsprechende Konditionalitäten für die Gewährung von

---

445 Vgl. Sehring (2003), S. 12.

446 Vgl. Sehring (2003), S. 12–13.

447 Hierzu zählten auch personelle Wechsel, so wurde der spätere Nobelpreisträger Joseph Stiglitz im Jahr 1997 Chefökonom der Weltbank. Als weitere Gründe für den Politikwechsel führt Altmann eine gewisse „Aid fatigue“ der Industrienationen und die Änderungen der politischen Rahmenbedingungen mit Ende des Ost-West-Konflikts an (vgl. Altmann (2005), S. 306).

448 Vgl. Altmann (2005), S. 307–308.

449 World Bank (1989), S. 60.

450 Vgl. hierzu im ausführlichen Wortlaut: „Because countervailing power has been lacking, state officials in many countries have served their own interests without fear of being called to account.” (World Bank (1989), S. 60–61).

451 Vgl. World Bank (1992)

Transferleistungen ab. Dabei wies sie jedoch auch auf die Notwendigkeit der Berücksichtigung landesspezifischer Gegebenheiten, wie kulturell unterschiedliche institutionelle Arrangements, hin und ging auf die aus ihrer Sicht bestehenden Einschränkungen des Ansatzes ein.[452]

Zu den Kernpunkte des postulierten Good-Governance-Ansatzes zählen Accountability[453], im Sinne klarer Verantwortlichkeiten im Umgang mit öffentlichen Ressourcen, die Schaffung geeigneter rechtlicher Rahmenbedingungen, die Dezentralisierung und Verbesserung der Effizienz der Verwaltungsstrukturen sowie die übergeordneten Aspekte der Transparenz und Partizipation[454].

Bei der Formulierung ihrer Reformforderungen stützte sich die Weltbank vor allem auf die Erkenntnisse der Institutionenökonomik[455]. Dementsprechend werden die vor Ort existierenden institutionellen Rahmenbedingungen als maßgeblich für den Erfolg oder Nichterfolg entwicklungspolitischer Programme eingestuft, wobei die Weltbank hierbei nach wie vor in erster Linie das quantitative Wachstum der Volkswirtschaften als Mittel zur Armutsbekämpfung betrachtet[456]. Das Konzept der Good Governance wurde rasch von weiteren internationalen Organisationen (OECD, UN, EU) aufgegriffen, wodurch es zunehmend politisiert und normativ aufgeladen wurde[457]. Hierzu hat auch dessen Weiterentwicklung in den „wissenschaftlichen Denkfabriken" internationaler und nationaler Entwicklungsorganisationen beigetragen, mit deren Hilfe Messinstrumente und Indikaktoren zur Überprüfung des Konzepts entwickelt wurden[458]. Mittlerweile arbeiten neben der Weltbank auch der IWF und die OECD mit dem Good-Governance-Konzept, bedingt durch ihre jeweiligen Statuten allerdings mit leicht unterschiedlicher Auslegung bzw. Schwerpunktsetzung[459]. Dementsprechend spielt Good Governance als entwicklungspolitisches Leitbild nach wie vor eine zentrale Rolle und wird von den bedeutendsten trans-

---

452 Vgl. World Bank (1992), S. 7–8.
453 Zu dem differenzierten Verständnis von Accountability der Weltbank vgl. World Bank (1992), S. 13 ff.
454 Vgl. World Bank (1992), S. 12–47.
455 Vgl hierzu Altmann, der Good Governance unmittelbar auf die Ansätze der Neuen Institutionenökonomik zurückführt. (Altmann (2005), S. 8–10).
456 Vgl. Nuscheler (2009), S. 11–12.
457 Vgl. Nuscheler (2009), S. 15 ff.
458 Vgl. Nuscheler (2009), S. 43.
459 Vgl. Altmann (2005), S. 305.

nationalen Geberinstitutionen als Schlüssel für die Überwindung von Entwicklungsproblemen gesehen[460].
Die folgenden Kritikpunkte werden dem Konzept entgegengebracht[461]:

- *Externe Einmischung:*
  Die mit dem Konzept einhergehenden Konditionalitäten von Seiten der Geberinstitutionen des Westens werden als Verstoß gegen das „Ownership-Prinzip"[462] der betroffenen Staaten gewertet, bis hin zum Vorwurf, Good Governance sei lediglich eine „rhetorisch drapierte Version des alten Neoimperialismus"[463].
- *Einseitige Verantwortungszuschreibung:*
  Mit dem Verweis auf endogene Unzulänglichkeiten in den politischen Systemen der Empfängerländer blende der Westen die eigene entwicklungspolitische Verantwortung und seinen Beitrag zu den Missständen zunehmend aus, womit der Good-Governance-Diskurs einer einseitigen Verantwortungszuschreibung und einer gewissen „Aid fatigue" Vorschub leiste[464].
- *Unrealistische Anforderungen:*
  Mit den auf tiefgreifende und langfristige angelegte Veränderungen abzielenden Reformforderungen seien viele Empfängerländer überfordert, zudem stießen aber auch die nördlichen Geberinstitutionen wegen der hohen Komplexität dieser Veränderungsprozesse an die Grenzen ihrer Expertise.
- *Glaubwürdigkeitsdefizite:*
  Die Geberinstitutionen bzw. westlichen Nationen interpretierten Good Governance selbst nicht als unumstößliche, allgemein verbindliche Grundsätze[465], sondern legen das Konzept in Abhängig-

[460] Vgl. Altmann (2005), S. 305.
[461] Vgl. Altmann (2005), S. 312 ff; Nuscheler (2009), S. 54 ff.
[462] Das in der Paris Declaration on Aid Effectiveness festgehaltene Ownership-Prinzip beschreibt das Recht auf Selbstbestimmung und die Pflicht zur Eigenverantwortung der „Empfängerländer" und ist ein zentraler Aspekt einer partnerschaftlicheren Orientierung in der Entwicklungszusammenarbeit (vgl. OECD (2005/2008), S. 3). Das Ownership-Prinzip konfligiert allerdings per se mit der Formulierung von Konditionalitäten (vgl. Betz (2007), S. 326–327).
[463] Altmann (2005), S. 313.
[464] Vgl. Nuscheler (2009), S. 57.
[465] Vgl. hierzu mit Hinblick auf die USA und das Verbot von Folter Nuscheler (2009), S. 57.

keit von der strategischen Relevanz des jeweiligen Empfängerstaates für westliche Interessen (zum Beispiel in der Terrorbekämpfung) unterschiedlich stark aus. Außerdem verstoßen westliche Länder teilweise selbst gegen die von ihnen propagierten Anforderungen, wie zum Beispiel im Fall von Waffenlieferungen in instabile Regionen bei gleichzeitigen Abrüstungsforderungen.

Der entwicklungspolitische Good-Governance-Diskurs ist für die weitere Diskussion in diesem Buch vor allem aus zweierlei Hinsicht von Bedeutung:

Einerseits zeigt sein Beispiel sehr anschaulich, welchen Einfluss die jeweiligen theoretischen Wurzeln eines Governance-Konzepts auf die realpolitische Ausgestaltung von Governance haben können – in diesem Fall durch die Zugrundelegung des Modellgebäudes der Institutionenökonomik. So gilt die Weltbank als zentrale „agenda setting agency" in der entwicklungspolitischen Diskussion und besitzt damit eine hohe Definitions- und Deutungsmacht[466]. Das von ihr jeweils beanspruchte und zuweilen selbst weiterentwickelte Theoriegebäude hat damit unmittelbare Auswirkungen auf die politische Realität in zahlreichen Entwicklungs- und Schwellenländern, wie der oben beschriebene Politikwechsel der Bank nach dem „Washington Consensus" verdeutlicht. In diesem Zusammenhang ist hervorzuheben, dass die Prinzipien von Good Governance inzwischen auch über das Feld der Entwicklungspolitik hinaus rezipiert werden. So nehmen sie auch im Diskurs um Corporate Governance[467] ihren Platz ein[468].

Andererseits verdeutlicht der „missionarische" Charakter von Good Governance im entwicklungspolitischen Diskurs die drohende Ignoranz präskriptiver Governance-Ansätze gegenüber etablierten, spezifischen Governance- und Wertestrukturen sowie kulturellen Aspekten. Auch die westlich dominierte Debatte um Corporate Social Responsibility läuft diesbezüglich Gefahr, die Ansprüche des Westens als allgemein gültig postulierte Prinzipien zu globalisieren und damit über spezifische Wertvorstellungen und Entwicklungspfade hinwegzusehen[469].

Aus systemtheoretisch-kybernetischer Perspektive kann Good Governance in seiner entwicklungspolitischen Interpretation schließlich

466 Vgl. Sehring (2003), S. 1–2.
467 Vgl. Kapitel 3.3.2.
468 Vgl. Aras, Crowther (2009).
469 Vgl. hierzu am Beispiel von Afrika Dartey-Baah, Amponsah-Tawiah (2011).

als extern an ein System herangetragener Steuerungsimpuls gewertet werden[470], der zu entsprechenden Abwehrreaktionen und damit Schwierigkeiten bei der Umsetzung der erforderlichen Veränderungsprozesse führen kann.

Wie schon im vorangehenden Kapitel beschrieben, lässt sich Good Governance wiederum als Teil bzw. spezifische Form von Global Governance charakterisieren. Bedingt durch die institutionenökonomische Fundierung des Konzepts, seinem Fokus auf einzelne Nationalstaaten und die spezifisch entwicklungspolitische Prägung, nimmt der Diskurs um Good Governance allerdings eine gewisse Sonderstellung in der Debatte um Global Governance ein.

In den vorangehenden Abschnitten wurden mit den Diskursen um Global und Good Governance zwei wesentliche Komponenten des gegenwärtigen politischen Governance-Diskurses skizziert. Dieser Diskurs ist in zahlreiche weitere Governance-Ansätze differenziert, wie zum Beispiel Water Governance, Environmental Governance oder Climate Governance, um nur einige Schlagwörter zu nennen[471].

Schon die Gegenüberstellung von Global und Good Governance verdeutlichte wiederum die Heterogenität der Governance-Debatte. So sind beide Diskursfelder auf unterschiedliche theoretische Grundlagen zurückzuführen und von spezifischen Intentionen und Gestaltungsansprüchen geprägt. Dennoch sind Global und Good Governance eng miteinander verknüpft und können nicht voneinander losgelöst diskutiert werden.

3.3.2 Economic, Chain und Corporate Governance: Verschiedene Diskursebenen von Governance in Wirtschaftssystemen

Auch die in den folgenden Kapiteln vorgestellten Diskursfelder, die Governance in Wirtschaftssystemen auf unterschiedlichen Bezugsebenen fokussieren, können auf verschiedene theoretische Grundlagen zurückgeführt werden und sind damit sowohl von institutionenökonomischen, als auch von politologischen Governance-Konzepten geprägt

---

470 Vgl. Kapitel 4.1.

471 Vgl. hierzu exemplarisch die Studien von Thiel (2014), Stead (2014) sowie Asselt und Zelli (2014).

bzw. können ebenso mit einer eher normativen Intention, wie mit einer analytisch-deskriptiven Zielstellung verbunden sein.
In den folgenden Abschnitten nähert sich die Vorstellung dabei der für das Erkenntnisobjekt der Corporate Sustainability Governance primär relevanten Unternehmensebene in einem „Top-down"-Prozess, beginnend mit Economic Governance, über Governance in Wertschöpfungsketten (Chain Governance), bis hin zu Corporate Governance.

3.3.2.1 Economic Governance

Das Diskursfeld der Economic Governance umfasst allgemein formuliert alle Prozesse intendierter Ordnungsbildung, die sich auf die Gestaltung wirtschaftlicher Aktivitäten und ein Kollektiv von Governance-Adressaten, zum Beispiel einzelne Wirtschaftssektoren, auswirken[472].

Economic Governance kann dabei von öffentlichen Akteuren wie nationalstaatlichen und inter- bzw. supranationalen Institutionen ebenso ausgehen, wie von privaten, nicht-staatlichen Akteuren. In vielen Fällen ist, dem Governance-Konzept entsprechend, auch ein Zusammenwirken verschiedener Akteursgruppen maßgeblich, was sich zum Beispiel in den politischen Prozessen der Europäischen Union oder auch bei der Entstehung von Nachhaltigkeits- bzw. CSR-Standards (wie der UN Global Compact oder die Norm ISO 26000) beobachten lässt.

Dabei kann Economic Governance sowohl aus der Perspektive des ökonomischen, als auch der des politologischen Governance-Konzepts betrachtet werden.

In einer institutionenökonomischen Lesart entstehen private Formen von Economic Governance vor allem dann, wenn von Seiten des Staates keine für die Abwicklung ökonomischer Aktivitäten grundlegenden Governance-Leistungen, wie die Sicherstellung von Vertrags- und Eigentumsrechten, erbracht werden[473]. Ziel von Economic Governance ist dann die Absicherung und verbesserte Effizienz ökonomischer Transaktionen, wie es dem Verständnis der Institutionenökonomik und damit dem wirtschaftswissenschaftlichen Entwicklungspfad des Governance-Konzepts entspricht:

---

[472] Vgl. Trebesch (2008), S. 8.
[473] Vgl. Trebesch (2008), S. 9–10.

„Economic governance consists of the processes that support economic activity and economic transactions [...] carried out within institutions, formal and informal.“[474]

Doch auch in Bereichen funktionierender Staatlichkeit entwickeln sich Vereinbarungen wie branchenbezogene Selbstregulierungen nicht zuletzt mit dem Ziel, staatlichen Regelungsansätzen proaktiv zu begegnen bzw. diese durch Selbstverpflichtungen abzuwenden, wie das Beispiel der Diskussion um die Freiwilligkeit von Corporate Social Responsibility zeigt.

Neben der geschilderten institutionenökonomischen Ausgestaltung von Economic Governance kann diese auch dem Ziel einer gemeinwohlorientierten Steuerung wirtschaftlicher Aktivitäten verpflichtet sein, was eher dem politologischen Entstehungshintergrund von Governance entspricht. So verfolgen beispielsweise die Economic-Governance-Prozesse der Europäischen Union das Ziel, öffentliche Güter bereitzustellen[475]. Steuerungsobjekt sind die wirtschaftlichen Aktivitäten bzw. die Akteure von denen diese ausgehen, klar geprägt durch einen gemeinwohlorientierten Charakter.

Somit kann festgehalten werden, dass Economic Governance sehr unterschiedliche Formen der Steuerung von Wirtschaftssystemen umfasst. Dementsprechend kann Economic Governance auch als Überbegriff der im Folgenden beschriebenen spezifischeren Konzepte der Chain und Corporate Governance gesehen werden.

3.3.2.2 Chain Governance

Neuere governance-orientierte Ansätze im Rahmen der Wirtschaftswissenschaften befassen sich schließlich mit den Aspekten einer Chain Governance, das heißt mit dem Problem der Durchsetzung von Produkt-, Prozess- und Logistik-Parametern innerhalb von (internationalen) Wertschöpfungsketten[476]. Chain Governance betrachtet dabei die Beziehungen zwischen verschiedenen Unternehmen in einer Wertschöpfungskette und fokussiert auf die nicht-marktliche Koordinierung der Wertschöpfungsaktivitäten. Entsprechende Parameter können dabei nicht nur von „Lead Firms“ in der Kette gesetzt und kontrolliert werden, sondern

474 Dixit (2008).

475 Vgl. hierzu Heise (2005).

476 Vgl. Humphrey, Schmitz (2001); Gereffi, Humphrey, Sturgeon (2005).

auch von externen Akteuren, wie zum Beispiel von staatlichen Einrichtungen in Form gesetzlicher Vorgaben oder von internationalen Organisationen, wie im Fall der ILO Kernarbeitsnormen sowie durch NGOs[477].

Auch der Ansatz der Chain Governance lässt sich auf verschiedene theoretische Ansätze zurückführen. Klassisch ist der Bezug zur Institutionenökonomie und der Frage nach einer optimalen Ausgestaltung des Governance-Systems, um Transaktionskosten zu minimieren[478].

Der Diskurs um ein nachhaltiges Beschaffungsmanagement bzw. die Sicherstellung von Sozial- und Umweltstandards in Zulieferketten rückt den Ansatz wiederum in die Nähe der gemeinwohlorientierten, politischen Diskussion, ohne dass dadurch jedoch der institutionenökonomische Modellierungsansatz weniger relevant würde. Die in diesem Kontext zentrale Problemstellung, wie ein multinational agierendes Unternehmen sicherstellen kann, dass seine im Normalfall nur in der ersten Zulieferebene vertraglich gebundenen Lieferanten nachhaltigkeitsrelevante Mindeststandards sicherstellen, kann schließlich sehr gut als Agenturproblem zwischen auftraggebendem Unternehmen (Prinzipal) und Zulieferern (Agents) modelliert werden. Gegenwärtig eingesetzte Instrumente des nachhaltigen Beschaffungsmanagements wie Audits, Self-Assessments oder unternehmens- bzw. branchenspezifische Verhaltenskodizes (Codes of Conduct) können als Elemente noch weiterführend zu entwickelnder Governance-Arrangements betrachtet werden, die dem auftraggebenden Unternehmen bestmögliche Informations- und Kontrollmechanismen liefern sollen.

Mittlerweile werden auch soziologische Aspekte in die Analyse von Chain Governance einbezogen, so zum Beispiel die Bedeutung von Vertrauen für Governance in globalen Wertschöpfungsketten[479].

3.3.2.3 Corporate Governance

Der Diskurs um Corporate Governance fokussiert vorrangig unternehmensinterne Managementaspekte, verbunden mit dem Ziel einer „guten Unternehmensführung". Ursprünglich war dieser Ansatz vor allem auf

[477] Vgl. Messner (2003), S. 106.
[478] So zum Beispiel bei Gereffi, Humphrey, Sturgeon (2005)
[479] Vgl. Gosh, Fedorowicz (2008).

die Wahrung der Interessen von Shareholders nicht eigentümergeführter Unternehmen ausgelegt, die sich gegenüber dem Management in einer typischen Prinzipal-Agenten-Beziehung befinden. In diesem Verständnis ist Corporate Governance als institutionenökonomischer Ansatz zu charakterisieren, der sich auf die Agenturtheorie zurückführen lässt[480].

Analog zu grundlegenden staatlichen Governance-Leistungen, soll auch Corporate Governance Rechtsverbindlichkeit und Handlungssicherheit als Grundlage ökonomischer Aktivitäten zur Verfügung stellen, was vor allem für Investoren oder Kreditgeber in Regionen begrenzter Staatlichkeit von Relevanz ist:

> „Especially in emerging markets, creditors are a key stakeholder and the terms, volume and type of credit extended to firms will depend importantly on their rights and on their enforceability. Companies with a good corporate governance record are often able to borrow large sums and on more favourable terms than those with poor records or which operate in non-transparent markets."[481]

Corporate Governance ist dementsprechend auch eng mit den Fragestellungen des in Kapitel 3.3.1 vorgestellten, politischen Good-Governance-Konzepts verbunden[482].

In den letzten Jahren wurde die Perspektive des Corporate-Governance-Konzepts erweitert und fokussiert mittlerweile nicht mehr nur die Beziehung zwischen Shareholders und Management, sondern bezieht auch andere Stakeholdergruppen mit ein. Damit betrachtet Corporate Governance allgemein formuliert zunehmend „den Ausgleich von Interessenkonflikten zwischen Stakeholdern des Unternehmens“[483], was den Ansatz in die Nähe von Konzepten des Stakeholder-Managements[484] rückt[485].

---

480 Vgl. Voigt (2009), S. 84 ff.

481 Vgl. OECD (2004), S. 48.

482 Vgl. Aras, Crowther (2009), S. 11 ff.

483 Vgl. Bassen, Zöllner (2007), S. 94.

484 Vgl. hierzu Freeman, Harrison, Wicks (2007).

485 Eine diesbezügliche theoretische Fundierung unternimmt Wieland mit dem Ansatz der Governanceökonomik (vgl. Wieland (2008); Wieland (Hrsg.) (2008) und Wieland (Hrsg.) (2009)). Dort konstituiert er Unternehmen als Nexus von Stakeholdern, die über formelle und informelle Verträge als Ressourcen- Kompetenzbesitzer miteinander in Beziehung stehen. Wieland setzt sich damit von normativen Ansätzen der Stakeholder-Theorie ab und betrachtet nur diejenigen Stakeholder als „organisational“, die Ressourcen in den gemeinsamen Problemlösungsprozess

Diese Weiterentwicklung macht Corporate Governance direkt anschlussfähig zur Diskussion um Corporate Social Responsibility bzw. nachhaltige Unternehmensführung[486]. Neben diesem Aspekt ist für die weitere Betrachtung schließlich die systemische Verknüpfung von Corporate Governance mit der übergeordneten Bezugsebene von Global Governance besonders relevant[487].

Die geschilderte Öffnung des wissenschaftlichen Corporate-Governance-Diskurses spiegelt sich – wenn auch nur in begrenztem Maße – auch in entsprechenden anwendungsbezogenen Richtlinien wider. So wurde beim ersten Review der OECD Principles of Corporate Governance im Jahr 2004, verglichen mit der ursprünglichen Fassung aus dem Jahr 1999, die Rolle der Stakeholders leicht gestärkt[488].

Während in der ersten Fassung nur die gesetzlich geregelten Stakeholder-Rechte eingehalten werden sollten („The corporate governance framework should assure“[489]), werden in der überarbeiteten Fassung gesetzliche Regelungen sowie sonstige einvernehmliche Vereinbarungen („mutual agreements“[490]) mit den Stakeholders als verpflichtend angesehen („are to be respected“[491]). Außerdem werden die Rechte und der Schutz von „Whistleblowern“ (Informanten) im Falle von illegalem oder unethischem Verhalten hervorgehoben[492].

Im Deutschen Corporate Governance Kodex aus dem Jahr 2014 ist hingegen keine klare Aussage zur Bedeutung der Stakeholders zu finden. Hier wird lediglich angemerkt, dass Unternehmen „unter Berücksichtigung der Belange […] der sonstigen dem Unternehmen verbundenen Gruppen (Stakeholder) mit dem Ziel nachhaltiger Wertschöpfung“[493] geführt werden sollen. Dabei kann allerdings aus dem Kontext des Dokuments nicht geschlossen werden, dass diese Formulierung mit

---

einbringen. Vgl. hierzu das organisationstheoretische, ressourcenorientierte Akteurs-Konzept von Corporate Sustainability Governance, das in Kapitel 4.3.3 hergeleitet wird.

486 Vgl. hierzu exemplarisch die beiden Sammelbände Aras, Crowther (Hrsg.) (2009) und Aras, Crowther (Hrsg.) (2010).

487 Vgl. Kapitel 4.1 und 4.2.5.

488 Diese Anpassungen bestehen auch nach der zweiten Aktualisierung im Jahr 2015 fort. Vgl. OECD (2015).

489 OECD (1999), S. 20.

490 OECD (2004), S. 21.

491 OECD (2004), S. 46.

492 Vgl. OECD (2004), S. 47–48.

493 Regierungskommission DCGK (2014), S. 6.

einem Nachhaltigkeitsverständnis im Sinne des globalen Nachhaltigkeitsleitbilds verbunden wäre.

3.4 Governance als Brückenbegriff und Ausgangspunkt für die weitere Betrachtung

Die in diesem Kapitel aufgezeigten Entwicklungspfade ökonomischer und politikwissenschaftlicher Governance-Konzepte sowie deren Rezeption in verschiedenen Diskursfeldern verdeutlichen, wie unterschiedlich die Bezugskontexte, theoretischen Wurzeln und auch Zielstellungen von Governance sein können.

Es wurde schon erörtert, dass die starke Verbreitung des Governance-Begriffs in verschiedenen Anwendungsfeldern allerdings fast zwangsläufig zu Unklarheiten darüber führen kann, was im jeweiligen Kontext konkret unter Governance verstanden wird. Diesem Umstand kann letztlich nur begegnet werden, in dem die Hintergründe jeder Begriffsverwendung konsequent offengelegt und so theoretische Grundannahmen sowie spezifische Interpretationen und Intentionen expliziert werden.

Governance als „Catch-All-Phrase“[494] erfordert damit, wie die meisten übergreifend verwendeten Begrifflichkeiten, eine eindeutige, kontextspezifische Abgrenzung, ohne dass aber eine einheitliche Begriffsdefinition möglich oder für die unterschiedlichen Anwendungsbereiche adäquat wäre.

Verschiedene Autoren bescheinigen dem Governance-Begriff gerade wegen seiner Bedeutungs- und Anwendungsvielfalt schließlich aber auch eine vermittelnde und integrierende Funktion zwischen sonst parallel voneinander geführten Debatten, weil er eine über disziplinäre Schranken hinausgehende Metaebene der Kommunikation eröffnet[495]. So sehen Benz et al. die Eignung des Begriffs gerade „nicht in der präzisen Beschreibung einer bestimmten Realität, sondern in einer bestimmten Perspektive auf die Realität“[496], wobei sie hervorheben, dass sich das Governance-Konzept je nach Fachdisziplin mit unterschiedlichen

[494] Nuscheler (2009), S. 5.
[495] Vgl. Lütz (2006), S. 35–36; Schuppert (2006), S. 459–460; Benz et al. (2007), S. 16.
[496] Benz et al. (2007), S. 9–10.

Theorien und Methoden verbinde, die es in ihrer Komplementarität im interdisziplinären Diskurs aufrecht zu erhalten gelte[497].

Brunnengräber et al. argumentieren wiederum, dass mit der starken Verflechtung politischer und ökonomischer Sachverhalte zunehmend auch traditionelle, disziplinäre Untersuchungsgegenstände verschwömmen, wobei der Governance-Begriff in diesem Zuge „als Bindemittel zwischen den Disziplinen"[498] dienen könne.

Die Verwendung des Governance-Begriffs über verschiedene Disziplinen und Bezugskontexte hinweg fördert und fordert schließlich geradezu die Auseinandersetzung mit unterschiedlichen theoretischen Betrachtungsperspektiven[499]. Dabei ist das Governance-Konzept explizit offen für einen „Theorienpluralismus"[500], was den Vorteil mit sich bringt, unterschiedliche relevante Ansätze miteinander verknüpfen zu können, um der Analyse und Beschreibung komplexer Problemstellungen besser gerecht zu werden[501].

Die genannten Eigenschaften des Governance-Konzepts als interdisziplinärem „Brückenbegriff"[502] dienen auch als methodischer Ausgangspunkt für die Fundierung des in den folgenden Kapiteln zu entwickelnden Konstrukts der Corporate Sustainability Governance. Dabei werden die in diesem Kapitel vorgestellten theoretischen Wurzeln und Diskursfelder des Konzepts wieder aufgegriffen, um das Konstrukt in seiner Einbettung und Wechselbeziehung mit den Ansätzen der bestehenden Governance-Landschaft zu positionieren.

Vor dieser governancetheoretischen Fundierung werden die beiden Konzepte Governance und Nachhaltigkeit aber zunächst auf einer metatheoretischen Ebene miteinander verbunden, indem die beiden „Buzzwords"[503] aus systemtheoretisch-kybernetischer Perspektive abstrahiert und damit von spezifischen Bezugskontexten und historisch bzw. disziplinär bedingten Begriffsprägungen losgelöst werden.

---

[497] Vgl. Benz et al. (2007), S. 17.

[498] Brunnengräber et al. (2004), S. 24.

[499] Vgl. Lütz (2008), S. 133–134; zu den Schwierigkeiten im Umgang mit interdisziplinären Brückenbegriffen vgl. De La Rosa, Sybille, Kötter (2008), S. 16–17.

[500] Benz et al. (2007), S. 15–16.

[501] Vgl. Seifer (2009), S. 16.

[502] Vgl. Schuppert (2008), S. 18.

[503] Vgl. Kapitel 2.

4 Das Konstrukt „Corporate Sustainability Governance"

4.1 Metatheoretische Fundierung: Kybernetische Abstraktion von Nachhaltigkeit und Governance

In den vorangehenden Kapiteln wurde erörtert, dass sich sowohl die Begriffe Nachhaltigkeit bzw. nachhaltige Entwicklung, als auch Governance durch eine gewisse Unschärfe auszeichnen. Sie rührt vor allem daher, dass diese Termini im wissenschaftlichen wie nichtwissenschaftlichen Sprachgebrauch in unterschiedlichen Bedeutungskontexten und mit unterschiedlichen Zielstellungen Verwendung finden.

Diese begriffliche Unschärfe kann zunächst als nachteilig gesehen werden und wird auch vielfach kritisiert[504]. Sie ermöglicht es aber, überhaupt erst eine tiefergehende Auseinandersetzung mit derart komplexen Phänomenen über disziplinäre Schranken hinweg und die Grenzen des wissenschaftlichen Diskurses hinaus in Gang zu setzen. Nachhaltigkeit und Governance und die damit beschriebenen Phänomene bleiben so nicht einer isolierten fachsprachlichen Auseinandersetzung vorbehalten, sondern finden sich auch zunehmend in der politischen Diskussion und im alltäglichen Sprachgebrauch wieder. Beide Begrifflichkeiten übernehmen damit die Funktion von Brückenkonzepten[505]. Das heißt, sie bieten Identifikationspunkte und eine Art Lingua franca für verschiedene Akteure und die Betrachtung unterschiedlicher disziplinärer Problemlagen.

Um diese Diskussionen aber nicht „aneinander vorbei" zu führen, ist es erforderlich, das jeweils spezifische Begriffsverständnis zu explizieren und entsprechend im Diskurs zu verorten. So sind beispielsweise im Nachhaltigkeitsdiskurs einerseits Vertreter einer schwachen Nachhaltigkeit zu finden, die von einer vollständigen oder zumindest weitest gehenden Substituierbarkeit zwischen ökologischem und anthropogenem Kapital ausgehen, während dies die Vertreter der starken Nachhaltigkeitsposition andererseits strikt ablehnen[506]. Ähnliches lässt sich im

---

504 Vgl. Renn et al. (2007), S. 27; Weisensee (2012), S. 42.
505 Siehe Kapitel 3.4.
506 Vgl. Kapitel 2.1.2.

Governance-Diskurs beobachten: Je nach Standpunkt werden hier unter dem Begriff der Governance von einigen Vertretern nur explizit nichtstaatliche Steuerungsmechanismen subsumiert (also Private Governance und Governance without Government), während andere in ihrem Verständnis von Governance alle staatlichen Steuerungsformen als Teil des gesamten Konstrukts mit einschließen[507].

Diese Beispiele zeigen, dass eine Diskussion über Nachhaltigkeit und Governance nur dann sinnvoll ist, wenn die jeweiligen Begriffsverständnisse offengelegt werden. Dann allerdings können gerade die unterschiedlichen Positionen und Verwendungskontexte, die mit einem einzelnen Begriff verbunden sind, den Diskurs entscheidend voranbringen.

Nachhaltigkeit und Governance wurden in den vorangehenden Kapiteln grundlegend eingeführt. Um zum in diesem Buch angestrebten Konstrukt der Corporate Sustainability Governance zu gelangen und das damit verbundene Verständnis der beiden Begriffe darzulegen, sollen sie in diesem Kapitel zunächst mit Hilfe einer kybernetischen Betrachtung von unterschiedlichen Begriffsverständnissen und Bedeutungskontexten gelöst werden. Dadurch wird es möglich, beide Begrifflichkeiten so zu abstrahieren, dass sie in einen grundlegenden Beziehungszusammenhang zueinander gebracht werden können.

4.1.1 Systemtheorie und Kybernetik als metatheoretische Grundlagen

In diesem Kapitel werden die Ansätze der Systemtheorie und Kybernetik als metatheoretische Grundlagen für die weiteren Betrachtungen eingeführt. Beide Disziplinen gehen vom System und der damit verbundenen „systemischen Denkweise“ als zentralem Betrachtungsgegenstand aus und unterscheiden sich dabei vor allem durch ihre Analyseschwerpunkte. So untersucht die Kybernetik im Gegensatz zur statisch-strukturellen Betrachtungsweise der Systemtheorie vor allem anwendungsbezogene, dynamisch-funktionale Lenkungsprobleme[508].
Dass die beiden Ansätze in diesem Kapitel nacheinander vorgestellt werden, folgt daher eher didaktischen Überlegungen und soll nicht suggerieren, dass sie getrennt voneinander bestehen. Vielmehr kann von einem systemtheoretisch geprägten Forschungskomplex ausgegangen

---

507 Vgl. Kapitel 3.2.
508 Vgl. Lehmann (1974), S. 51.

werden, der mittlerweile zahlreiche und in verschiedenen Wissenschaftsdisziplinen verortete Strömungen umfasst, was eine klare Abgrenzung systemtheoretischer und kybernetischer Forschung unmöglich macht und auch als nicht zweckmäßig erscheinen lässt[509] [510].

Dennoch kann die Kybernetik generell als spezielle Form systemtheoretischer Betrachtungen eingeordnet werden[511]. Sie ist, ergänzend zur Systemtheorie, für die Betrachtung sozialer und soziotechnischer Systeme von zentraler Bedeutung[512].

Da mit dem Untersuchungsgegenstand in diesem Buch nachhaltigkeitsbezogene Lenkungsmechanismen in dynamischen sozialen Systemen im Vordergrund stehen, ist aber stets von einer kybernetisch geprägten Betrachtungsweise auszugehen.

4.1.1.1 Systemtheorie

Systemtheoretisches Denken hat seinen Ursprung in unterschiedlichen Fachdisziplinen, wobei die Entwicklung des Systemdenkens in seiner gegenwärtigen Form auf zwei Ausgangspunkte zurückzuführen ist. Eine Quelle ist die militärisch-ökonomische Forschung während des Zweiten Weltkriegs, aus der sich auf Basis des neu entwickelten Operations Research nach Kriegsende die Vorgehensweise der „systems analysis“ als Sammelbegriff für die Untersuchung und Beurteilung neuer Waffensysteme entwickelte. Der zweite Ausgangspunkt systemischen Denkens liegt in der theoretisch-wissenschaftlichen Forschung, hier prägten vor allem die Arbeiten des Biologen Bertalanffy in der Biologie ein ganzheitliches Verständnis.[513]

Er gründete zusammen mit Boulding, Gerard und Rapoport im Jahr 1954 die „Society for the Advancement of General Systems Theory“ (später: „Society for General Systems Research”) und legte damit den

---

509 Vgl. Lehmann, Fuchs (1974), S. 236.

510 Für eine entsprechende Klassifizierung siehe bei Probst (1981), S. 6–7.

511 Nach Ulrich kann die Kybernetik „als Teil der Systemtheorie aufgefasst werden, welche sich mit einer speziellen Klasse von Systemen befasst“. Ulrich (1984), S. 49; Lehmann spricht vom „kybernetischen […] Ansatz, der auch als ‚angewandte Systemtheorie’ bezeichnet werden könnte“. Lehmann (1974), S. 51; Gomez und Probst betrachten die Kybernetik als Ergänzung bzw. Teil der Systemtheorie. Vgl. Gomez (1981), S. 22. und Probst (1981), S. 14.

512 Vgl. Gomez (1981), S. 22.

513 Vgl. Händle, Jensen (1974), S. 10–12.

Grundstein für die eigenständige Entwicklung einer theoretischen Systemwissenschaft in Form der „allgemeinen Systemtheorie“[514].

Die an der Entwicklung der Systemtheorie beteiligten Disziplinen erfuhren zunächst eine starke Spezialisierung ihrer Ansätze[515], woraus die Forderung entstand, die bestehenden analytischen Methoden durch eine synthetisch-ganzheitliche Vorgehensweise zu ergänzen bzw. abzulösen[516]. Gemäß dem auf Aristoteles zurückzuführenden Leitsatz „Das Ganze ist mehr als die Summe seiner Teile“[517] wurde erkannt, dass sich viele reale Phänomene nicht durch eine rein kausal-analytische Betrachtung erfassen und erklären lassen[518]:

> „Die Physik zerlegte die Materie in immer kleinere Einheiten, die Biologie den Organismus in Zellen, die Vererbungswissenschaft das Erbsubstrat in Gene, die Psychologie das Verhalten in Reflexe und so fort. [....] Immer mehr aber tritt uns auf allen Gebieten, von subatomaren zu organischen und soziologischen, das Problem der organisierten Kompliziertheit gegenüber, das anscheinend neue Denkmittel erfordert – anders ausgedrückt – verglichen mit linearen Kausalketten von Ursache und Wirkung, das Problem von Wechselwirkung in Systemen. Damit gelangen wir aber zur Systemtheorie.“[519]

Für die Entstehung des Systemansatzes war die Erkenntnis entscheidend, dass bei entsprechender Abstraktion vom konkreten Untersuchungsgegenstand disziplinenübergreifend gleichartige Erscheinungen und Probleme auftreten[520]. Die Analyse dieser Gesetzmäßigkeiten erlaubt es einerseits, die spezifischen Erkenntnisse der Wissenschaften vergleichbar und übertragbar zu machen, andererseits können durch die umfassende Betrachtungsweise neue, über die disziplinären Erkenntnisse hinausgehende Einsichten gewonnen werden.

> „Clearly, for equivalent systems, we can apply the same methods to solve problems concerned with their structural properties since the systems are not distinguishable by these properties even though they may be quite different with respect to other properties.[....] Within each discipline, objects of study called ‘systems’ appear to possess attributes of

514 Vgl. Ulrich (1970), S. 103.
515 Vgl. Grochla (1974), S. 12.
516 Vgl. Händle, Jensen (1974), S. 12.
517 Vgl. Aristoteles (2003), S. 274.
518 Vgl. Bertalanffy (1972), S. 18.
519 Bertalanffy (1972), S. 19–20.
520 Vgl. Bertalanffy (1972), S. 21.

representation, problem statement, solution method, etc., which, when considering only the context-independent portion, yield similar properties. By studying these properties, both in the abstract and in their specific contexts, a new and unified binding among the various disciplines arises. An effect of this unification is to introduce transfer between the disciplines of conceptual and methodological approaches which may not have arisen from study within the discipline itself."[521]

Für dieses Vorgehen stellt die Systemtheorie eine vereinheitlichende Terminologie zur Verfügung. Der Problematik der erschwerten Nutzung interdisziplinärer Ergebnisse[522] durch die Existenz nicht zu vereinender wissenschaftlicher „Scheinwelten"[523] wird durch eine gemeinsame Sprache entgegengetreten, welche es erlaubt, „auf der formalen Ebene generelle Gesetzmäßigkeiten für strukturgleiche Systeme verschiedenen realen Inhalts zu erkennen und zu beschreiben"[524].

Bedingt durch die hohe Komplexität der Untersuchungsobjekte, ist bei der systemtheoretischen Modellbildung eine genaue Beschreibung und Erklärung der Realität weder von primärer Bedeutung, noch umsetzbar. Entscheidender ist das Treffen von Aussagen durch die gedankliche Neukombination von Elementen und Beziehungen.[525]

Systemorientierte Betrachtungen können damit als besondere Form der Modellbildung aufgefasst werden, nicht jede beliebige Auswahl von Elementen führt demnach zu einer systemtheoretischen Modellierung. Der Systemansatz stellt damit „ein *Ordnungskonzept* dar, das es erlaubt, inhaltlich ganz verschiedene Sachverhalte nach einheitlichen Gesichtspunkten zu beschreiben, zu analysieren und zu gestalten."[526]

Der Systembegriff

Zentraler terminologischer Bezugspunkt aller systemorientierten Arbeiten ist das System. Dem heterogenen Forschungskomplex systemtheoretischer Ansätze entsprechend, herrscht dabei keine Einigkeit über den „kleinsten gemeinsamen Nenner" bei der Abgrenzung des Systembegriffs. Insbesondere in kybernetisch orientierter Literatur findet sich ein

[521] Klir (1974), S. 15.
[522] Vgl. Gomez (1981), S. 20–21.
[523] Malik (1996), S. 19.
[524] Grochla (1974), S. 12.S. 12.
[525] Vgl. Ulrich (1984), S. 33–34.
[526] Ulrich, Krieg (1974), S. 12.

Systemverständnis, welches Eigenschaften wie Offenheit, Dynamik und Zweckorientiertheit als systemimmanent betrachtet[527]. Ulrich kritisiert die Aufnahme nicht-universeller Eigenschaften in die Systemdefinition, weil aus seiner Sicht dadurch die erforderliche Allgemeingültigkeit der systemtheoretischen Terminologie gefährdet sei. Er betont entsprechend, was ein allgemeiner Systembegriff „insbesondere *nicht* beinhaltet“[528].

Um eine formale Grundlage für die weiteren Betrachtungen zu erhalten, ist es für die Abgrenzung des Systembegriffs zunächst sinnvoll, alle nicht universellen Systemmerkmale auszuklammern[529].

Ein System kann damit allgemein als „eine Anzahl von Elementen mit Eigenschaften [...], die untereinander in einem Beziehungszusammenhang stehen“[530] definiert werden.

Umgang mit Komplexität

Wie in Tabelle 8 beschrieben, können zwischen den Elementen eines Systems Beziehungen bestehen, es können aber auch mehrere Elemente nicht miteinander vernetzt sein. Dies hat zur Folge, dass bereits ein einfaches System mit nur wenigen Elementen in einer Vielzahl unterschiedlicher Zustände vorliegen kann[531]. Geht man zusätzlich von einem dynamischen System aus, bleibt es nicht in einem dieser Zustände dauerhaft bestehen, sondern kann seinen Zustand im Zeitablauf beliebig oft ändern.

---

527 So beispielsweise bei Wilms (2003), S. 62–64 oder Beer (1966), S. 241–242.

528 Ulrich (1970), S. 105.

529 Vgl. Ulrich (1970), S. 105.

530 Lehmann, Fuchs (1974), S. 237.

531 Wird ein System mit n Elementen unter der Annahme betrachtet, dass die Beziehung zwischen den Elementen A und B nicht automatisch mit der zwischen B und A identisch sein muss, sind $n \cdot (n-1)$ Beziehungen zur vollständigen Beschreibung eines möglichen Systemzustands zu analysieren. Beschränkt man sich bei der Beschreibung aller möglichen Systemzustände auf die Untersuchung, ob zwischen den Elementen überhaupt eine Beziehung besteht oder nicht, existieren schließlich schon $2^{n(n-1)}$ mögliche Zustände, in denen das System vorliegen kann. Die Anzahl möglicher Systemzustände überschreitet damit bei einem System mit sechs Elementen bereits die Milliardengrenze. Vgl. Beer (1967), S. 25–26.

Element	Die Elemente eines Systems werden durch eine Menge von Merkmalen beschrieben. Wenn eine dynamische Betrachtung vorliegt, zudem durch das Verhalten des Elements.
Beziehung	Eine Beziehung wird definiert durch eine Zuordnung A → B zwischen zwei Teilmengen A und B. Diese Teilmengen können aus den Elementen des Systems und der Umwelt des Systems bestehen. Das heißt, es sind sowohl Beziehungen innerhalb des Systems als auch zwischen Elementen des Systems und der Umwelt möglich. Ebenso wie beim Element wird bei einer dynamischen Betrachtung zusätzlich das Verhalten der Beziehung relevant.
Verhalten	Das Verhalten eines Elements oder einer Beziehung wird durch die Abhängigkeit der Merkmalsausprägungen von weiteren Parametern angegeben. Verändern sich die Merkmalsausprägungen von Elementen und Beziehungen eines Systems in Abhängigkeit eines Parameters, liegt Dynamik vor. Meist wird dabei der Parameter „Zeit" betrachtet. Vereinfachend wird ein dynamisches System als im Zeitablauf veränderlich bezeichnet, ein statisches System als im Zeitablauf unveränderlich.
Umwelt und Umwelt-bezug	Die Umwelt des Systems steht für alle Einflussfaktoren auf das System, die ihren Ursprung nicht innerhalb des Systems haben. Als Merkmale der Umwelt gelten dabei alle Eigenschaften, die für das System von Bedeutung sind, weil sie Einflüsse auf das System ausüben oder vom System beeinflusst werden. Ein System, das Beziehungen zu seiner Umwelt aufweist, wird als offenes System bezeichnet. Bestehen keine Beziehungen zur Umwelt spricht man von einem geschlossenen System. Die Umwelt eines Systems kann ihrerseits als größeres System (Supersystem) aufgefasst werden, innerhalb eines Systems können einzelne Elemente zu einem Subsystem gruppiert werden. Die Elemente eines Systems können ebenfalls als Systeme verstanden werden, wenn man ihre interne Struktur mit in die Betrachtung einbezieht.

Tabelle 8: Systembeschreibung[532]

Aus diesem Grund kommt dem Umgang mit Komplexität in der Systemtheorie eine hohe Bedeutung zu. Dabei kann Komplexität als konstruktivistisches Systemmerkmal verstanden werden, das heißt sie hängt von der Perspektive des Beobachters und dessen kognitiven

---

532 Tabelle nach Franken, Fuchs (1974), S. 27–34; Ulrich, Probst (1995), S. 30; Ulrich (1984), S. 50; Alewell, Bleicher, Hahn (1972), S. 218.

Fähigkeiten ab[533]. Dementsprechend gewinnt auch die Umwelt nur in Bezug auf das jeweilige System eine bestimmbare Komplexität[534].
Um die Größe der Komplexität zu quantifizieren, wird auf die kybernetische Größe der Varietät zurückgegriffen, die auch als „Komplexitätsmaßzahl“ bezeichnet wird[535]. Die Varietät eines Systems gibt die Anzahl der Zustände an, in denen es vorliegen kann[536]. Sie setzt sich aus der Konstellation der Beziehungen zwischen den Elementen des Systems sowie der Konfiguration der Elemente selbst zusammen[537]. Allgemein kann Varietät damit als das Verhaltensrepertoire eines Systems interpretiert werden[538].

Hierbei ist zu berücksichtigen, dass das Verhältnis eines Systems zu seiner Umwelt durch ein Komplexitätsgefälle geprägt ist, das heißt, ein System ist stets von einer komplexeren Umwelt umgeben[539]. Die Bewältigung von Komplexität wird aus systemtheoretischer Sicht dabei zur Hauptaufgabe eines sozialen Systems[540], wie es eine Organisation, eine Akteursgruppe oder auch die Weltbevölkerung als solches ist.

> „Die Notwendigkeit einer Komplexitätsbewältigung ergibt sich aus der Erkenntnis, dass jedes System in eine Umwelt eingebettet ist, die in der Regel sehr viele Verhaltensmöglichkeiten besitzt. Will ein System in seiner Umwelt überleben, so muss es diesen Verhaltensmöglichkeiten ‚etwas‘ entgegensetzen können.“[541]

Um mit Komplexität erfolgreich umgehen zu können, sind schließlich entsprechende Lenkungsvorgänge erforderlich. Diese sind Gegenstand der kybernetischen Forschung, die im folgenden Kapitel näher vorgestellt wird. Eine der fundamentalen Erkenntnisse der Kybernetik besagt, dass Lenkungsprobleme nur dann gelöst werden können, wenn die Varietätsbilanz zwischen den beteiligten Systemen ausgeglichen ist[542], wobei dieser Ausgleich generell durch eine Varietätserhöhung (amplification) oder Varietätsreduktion (attenuation) erzielt werden

---

533 Vgl. Beer (1967), S. 27–33.
534 Vgl. Luhmann (2008 (EA: 1986)), S. 33.
535 Vgl. Probst (1981), S. 159.
536 Vgl. Ashby (1970), S. 214.
537 Vgl. Risse, S. 18.
538 Vgl. Ulrich, Probst (1995), S. 252.
539 Vgl. Luhmann (2008 (EA: 1986)), S. 35.
540 Vgl. Risse, S. 18. oder auch Probst (1987), S. 30.
541 Probst (1981), S. 159.
542 Vgl. Malik (1996), S. 102.

kann[543]. Wirkt auf ein System eine externe Störung ein, kann es nur stabilisiert werden, wenn seine Varietät ebenso groß ist wie die der Störung[544] oder wie es Ashby in seinem Gesetz der erforderlichen Varietät formuliert: „Only variety can destroy variety“[545]. Nach diesem Gesetz muss das potenzielle Verhaltensrepertoire einer effektiven Lenkungseinheit ebenso hoch sein, wie die Varietät des zu lenkenden Systems[546], was für die im folgenden Kapitel vorgestellten kybernetischen Modelle maßgeblich ist.

4.1.1.2 Kybernetik

Der Kunstbegriff Kybernetik ist auf das griechische Wort „kybernētikḗ“ zurückzuführen, das im engeren Sinn die Kunst der Steuerung eines Schiffes umschreibt (vgl. kybernḗtēs, griechisch für Steuermann), jedoch schon in der griechischen Antike in seiner erweiterten Bedeutung als Kunst der Staatsführung interpretiert wurde[547].

Durch die Begriffsverwendung der alten Griechen inspiriert, benannte der französische Physiker André-Marie Ampère in seiner Klassifizierung der Wissenschaften[548] im Jahr 1843 schließlich die von ihm als Teil der Politikwissenschaft eingestufte „art de gouverner en général“[549] (allgemeine Steuerungs- und Regierungskunst) mit der Wortschöpfung „Cybernétique“[550].

Für die Entstehung der modernen Kybernetik als Wissenschaftsdisziplin war ihr politikwissenschaftlicher Hintergrund[551] aber zunächst von untergeordneter Bedeutung. So fand der Begriff „Cybernetics“ mit dem Werk des amerikanischen Mathematikers Norbert Wiener „Cybernetics or Control and Communication in the Animal and Machine“ gut hundert Jahre nach der Wortschöpfung Ampères erneut Einzug in die

---

543 Vgl. Espejo, Watt (1988), S. 7.
544 Vgl. Wilms (2003), S. 102.
545 Ashby (1970), S. 206.
546 Vgl. Risse, S. 18.
547 Vgl. Ampère (1843), S. 141; Vogl (2004), S. 67–68.
548 Der Titel seines Werks war „Essai sur la philosophie des Sciences ou exposition analytique d’une classification naturelle de toutes les sciences”; (vgl. Ampère (1843).
549 Ampère (1843), S. 141.
550 Ampère (1843), S. 140–142.
551 Auf diesen Hintergrund wird in Kapitel 3.3 vertiefend eingegangen, wenn die Beziehungen zwischen kybernetischen Ansätzen und dem Konzept der Governance beschrieben wird.

Wissenschaftslandschaft, wobei Wiener dessen Vorarbeiten nach eigenen Angaben zum damaligen Zeitpunkt nicht bekannt waren[552].

Die Veröffentlichung seines Buchs im Jahr 1948 gilt gemeinhin als Gründungsdatum der modernen Kybernetik, auch wenn sich die Grundlagen dieser Disziplin auf verschiedene Arbeiten in diesem Zeitraum zurückführen lassen[553]. Dabei waren die Arbeiten der frühen Kybernetik stark von den technischen Anforderungen an die Entwicklung von Steuerungssystemen im Zuge des Zweiten Weltkriegs geprägt und wurden durch den wissenschaftlichen Fortschritt in anderen Disziplinen unterstützt. So arbeitete etwa Shannon[554] in der gleichen Zeit an der Entstehung der Informationstheorie, die für die Kybernetik wichtige mathematische Grundlagen lieferte.[555]

Das ursprüngliche Untersuchungsobjekt der frühen Kybernetik war der lebende Organismus und dessen Fähigkeit zur selbstständigen Anpassung an veränderte Umweltbedingungen als Voraussetzung der Überlebenssicherung[556]. Wiener war von der Möglichkeit der Zusammenführung naturwissenschaftlicher und technischer Erkenntnisse überzeugt und übertrug die Prinzipien der in natürlichen Organismen vorkommenden Steuerungsmechanismen auf Maschinen. So dienten ihm zum Beispiel Untersuchungen des menschlichen und tierischen Nervensystems zur Beantwortung technischer Fragestellungen bei der Entwicklung von Rechenmaschinen oder künstlichen Gedächtnissen für Maschinen[557]. Dementsprechend war die Bildung von Analogien seit jeher ein zentrales Prinzip bei der Gewinnung kybernetischer Erkenntnisse, was Ulrich (1984) folgendermaßen beschreibt:

> „Daraus, wie Lenkungsprobleme in natürlichen Systemen – einzelnen Lebewesen, Populationen, Ökosystemen – gelöst werden, lässt sich für die Lenkungsprobleme in sozialen Systemen vieles lernen. […] Über das Vehikel der Analogie ergibt sich so ein Anschluss an fruchtbare Quellen für neue Einsichten und Erkenntnisse, die es erlauben, die Schranken einer

---

552 Vgl. Wiener (1962), S. 278.
553 Vgl. Scott (2004), S. 1365–1366; ferner Wiener (1968), S. 32–33.
554 Vgl. Shannon (1948).
555 Vgl. Wiener (1968), S. 22–31; Heylighen, Josyln (2002), S. 155–156.
556 Vgl. Wilms (2003), S. 49.
557 Vgl. Wiener (1968), S. 35, 38, 41.

reduktionistischen Eindimensionalität und Unidisziplinarität zu überwinden."[558]

Ebenso wie die allgemeine Systemtheorie fußt demnach auch die Kybernetik auf der grundlegenden Annahme, dass bei entsprechender Abstraktion vom Untersuchungsgegenstand zwischen gänzlich unterschiedlichen Systemen strukturelle Gesetzmäßigkeiten (Isomorphien) zu erkennen sind und sich aus deren Analyse ebenfalls systemunabhängige Gestaltungs- und Steuerungsmodelle ableiten lassen:

> "In essence, cybernetics is concerned with those properties of systems that are independent of their concrete material or components. This allows it to describe physically very different systems, such as electronic circuits, brains, and organizations, with the same concepts, and to look for isomorphisms between them."[559]

Charakteristisch für die kybernetische Modellbildung ist dabei ihr Funktionsbezug, das heißt, Gegenstand der Modellierung sind die funktionalen Komponenten von Lenkungssystemen und deren Zusammenwirken, nicht deren tatsächliche Ausgestaltung in der Realität:

> „As is usual in cybernetics, these components are recognized as *functional*, and may or may not correspond to *structural* units"[560].

Werden in kybernetischen Modellen also beispielsweise die in biologischen oder sozialen Systemen anzutreffenden Lenkungsvorgänge in Form kybernetischer Regelungs- und Steuerungsstrecken abgebildet, wird damit nicht unterstellt, dass sich die Regelungsmechanismen technischer Systeme auch eins zu eins auf komplexe soziale Systeme übertragen ließen bzw. in der analytischen Reinform des Regelkreis-Modells dort wiederzufinden seien.

Vielmehr sind mit jeder Modellbildung unweigerlich Abstraktions- und Aggregationsvorgänge verbunden, durch die schließlich Modelle als „Substrate der ausschließlich interessierenden Variablen"[561] geschaffen werden können. Der Komplexionsgrad[562] eines Modells und dessen Wirklichkeitsnähe sollten sich dabei vor allem an dem zugrundeliegenden Zweck der Modellbildung orientieren, der bei kybernetischen

558 Ulrich (1984), S. 13.
559 Heylighen, Josyln (2002), S. 158.
560 Heylighen, Josyln (2002), S. 164.
561 Kern (1962), S. 168.
562 Vgl. Kern (1962), S. 177.

Betrachtungen in der Wiedergabe von Lenkungsmechanismen liegt. Entscheidend ist nur, die bei der Modellierung getroffenen Prämissen offenzulegen, um die im Anschluss an die Modellbildung abgeleiteten Erkenntnisse nicht falsch zu interpretieren[563].

Werden diese Prämissen nicht beachtet und einfache Lenkungs- oder Steuerungsvorgänge unmittelbar auf komplexe Systeme übertragen, stoßen die kybernetischen Erkenntnisse schnell an ihre Grenzen, wie sich an den Beispielen des Planungs- und Steuerungsoptimismus der Blütezeit der Kybernetik in den 1950er bis Mitte der 1970er Jahre ablesen lässt, die bis zur kybernetischen Planung von Gesellschaften und Wirtschaftssystemen reichte[564].

Zielgerichtetes und zweckorientiertes Verhalten

Eine zentrale Fragestellung der frühen kybernetischen Forschung war, „wie man unter variablen Umweltbedingungen Systeme, Systemzustände, auch Outputs von Systemen stabil halten könne"[565]. Diese Fragestellung wurde auf verschiedene praktische Probleme angewandt, so etwa auf das der Flugbahnregulierung von Abwehrraketen oder auf die Verbesserung der Bewegungskoordination bei Prothesenträgern[566], wobei durch diese Beispiele wiederum die starke Prägung der frühen Kybernetik durch den zweiten Weltkrieg deutlich wird.

Am Beispiel eines Flugabwehrsystems lässt sich allerdings auch das Kernproblem der Kybernetik besonders anschaulich erörtern: Die sich ständig ändernde Position des Zielobjekts einer Abwehrrakete erfordert ein System, das jede Abweichung vom Zielzustand erkennt und das eigene Verhalten daran ausrichtet. Dafür muss ein System die Fähigkeiten besitzen, seine Umwelt und sein Verhalten zu beobachten sowie die Ergebnisse dieser Beobachtung auf das eigene Verhalten rückzukoppeln. Durch den stetigen Soll-Ist-Abgleich und der Anpassung seines Verhaltens führt es damit gewissermaßen ein „zielgerichtetes Eigenleben" und verhält sich gegenüber Abweichungen von einem Zielzustand, die aus Störungen in seinem Inneren oder seiner Umwelt resultieren, adaptiv[567].

---

[563] Vgl. Kosiol (1961), S. 332.
[564] Vgl. Lange (2007), S. 179.
[565] Luhmann, Baecker (2002), S. 52.
[566] Vgl. Wiener (1968), S. 24–26 bzw. 48–49.
[567] Vgl. Heylighen, Josyln (2002), S. 156.

Die Erforschung und Erklärung dieser Phänomene gelten als eine der zentralen Erkenntnisse der Kybernetik[568]. Dabei können zwei unterschiedliche Arten von Systemverhalten unterschieden werden: Während ein zielgerichtetes System sein Verhalten ausschließlich an sich ändernden Umweltbedingungen ausrichtet, um einen vorgegebenen Zielzustand zu erreichen (goal-seeking behaviour), verhält sich ein zweckorientiertes System davon unabhängig (purposeful behaviour) und kann so auch bei sich ändernden oder unbekannten Umweltbedingungen auf einen übergeordneten Systemzweck, wie seine Überlebenssicherung hinwirken[569]. Zielgerichtete Systeme sind dabei vor allem Gegenstand der Betrachtung technischer Systeme (wie im Fall des oben skizzierten Flugabwehrsystems), Zweckorientierung hingegen hauptsächlich bei der Betrachtung von komplexen sozialen und biologischen Systemen bedeutend[570].

In beiden Fällen können Zielzustände ausgehend von verschiedenen Anfangszuständen erreicht werden, was als Äquifinalität bezeichnet wird[571].

Das Regelkreis-Modell

Die für die Kybernetik zentrale Vorstellung, dass Systeme zur Erhaltung eines gewünschten Zustands nicht permanent von außen gesteuert werden müssen, sondern Abweichungen selbst korrigieren, wird im deutschen Sprachraum auch als Regelung bezeichnet[572].

Somit löste die Kybernetik das tradierte Prinzip linearer, konditionaler Steuerung („wenn a, dann b"), bei der ausschließlich Steuerungsimpulse als informationelle Anweisung von einer hierarchisch übergeordneten (externen) Steuerungseinheit an das System herangetragen werden, durch das Modell des Regelkreises mit Feedbackschleifen ab:

> „An die Stelle der hierarchisch strukturierten Steuerungskette tritt der Regelkreis, der aus den Elementen Regler, Stellgröße, Regelstrecke und Regelgröße besteht."[573]

---

568 Vgl. Heylighen, Josyln (2002), S. 156, 162–163; Bai, Henesey (2012), S. 264–265.

569 Vgl. Bai, Henesey (2012), S. 264–265.

570 Vgl. hierzu die Unterscheidung von Kybernetik erster und zweiter Ordnung im folgenden Abschnitt.

571 Vgl. Heylighen, Josyln (2002), S. 162.

572 Vgl. Ulrich (1984), S. 101.

573 Lange (2007), S. 179.

Der hinter dem Regelkreis stehende Modellierungsansatz trägt schließlich – unabhängig vom jeweils betrachteten System – auch zur Überwindung traditioneller, monokausaler Denkmodelle bei, in dem durch ihn Verknüpfungen und Interdependenzen zwischen verschiedenen Variablen explizit berücksichtigt und sichtbar gemacht werden[574].

Auch wenn es sich dabei zunächst um ein Modell aus dem Bereich der maschinellen Kybernetik bzw. der Steuerungs- und Regelungstechnik handelt, ist es für die Diskussion und theoretische Fundierung des Nachhaltigkeits-Postulats, aber auch von Governance-Prozesse durchaus wertvoll. Aus diesem Grund werden in den folgenden Abschnitten das einfache Regelkreis-Modell und grundlegende kybernetische Regelungsprinzipien vorgestellt:

Das Prinzip und die mathematischen Grundlagen des Regelkreises wurden erstmals von Norbert Wiener im Jahr 1948[575] ausführlich beschrieben. Inzwischen hat sich dieses kybernetische Grundmodell in verschiedenen Disziplinen etabliert, woraus sich auch unterschiedliche Darstellungsweisen und Terminologien entwickelt haben[576]. Das in Abbildung 4 gezeigte Modell entspricht der Terminologie der Mess- und Regeltechnik und soll dazu dienen, die grundlegenden Funktionen, Prozesse und Variablen eines Regelkreises allgemein zu beschreiben:

[574] Vgl. Ulrich (1984), S. 53–54, S. 101.

[575] Vgl. Wiener (1962), S. 124–147.

[576] Vgl. hierzu zum Beispiel den aus dem Qualitätsmanagement hervorgegangenen PDCA-Zyklus „Plan, Do, Check, Act“.

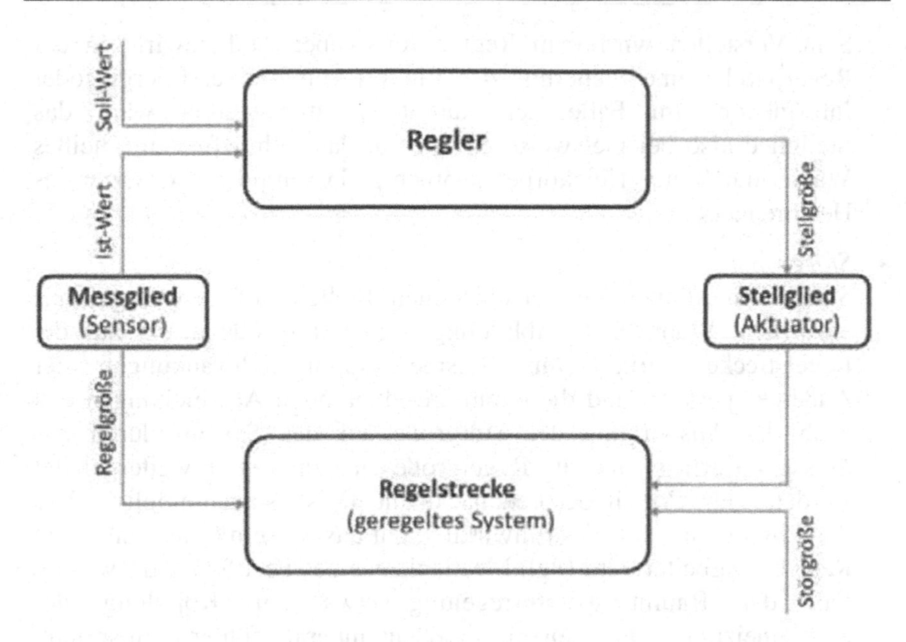

Abbildung 4: Modell des einfachen Regelkreises[577]

Die Funktionen des Regelkreises sowie grundlegende Lenkungsmechanismen lassen sich anschaulich am Beispiel der Regelung der Raumtemperatur erläutern[578]:

- *Regelstrecke:*
  Das System, das die zu regelnden Variablen (hier die Temperatur) beinhaltet, wird allgemein als Regelstrecke bezeichnet.
- *Regler:*
  Der Regler führt einen kontinuierlichen Abgleich des Soll-Werts einer Führungsgröße (erwünschte Raumtemperatur) mit dem durch das Messglied (Temperaturfühler) ermittelnden Ist-Wert als Ausgangswert des Systems (Regelgröße) durch und leitet daraus eine Stellgröße ab (wie zum Beispiel die Anweisung, ein Ventil am Heizkörper zu öffnen).
- *Stellglied:*

---

[577] Eigene Abbildung in Anlehnung an Heylighen, Josyln (2002), S. 162.
[578] Vgl. Heylighen, Josyln (2002), S. 162–164.

Sein Verstellen wird vom Regler vorgegeben und bewirkt in der Regelstrecke eine Steuerung des Flusses von Masse, Energie oder Information. Im Falle der Raumtemperaturregelung wäre das Stellglied also beispielsweise ein Ventil, das sich öffnet, um heißes Wasser durch eine Heizkörper strömen zu lassen oder der Starter des Heizbrenners.

- *Störgröße:*
  Störgrößen können an verschiedenen Stellen auf den Regelkreis einwirken. Während in Abbildung 4 die Störgröße direkt auf die Regelstrecke wirkt (zum Beispiel durch Schwankungen der Außentemperatur) und die daraus resultierenden Abweichungen erst nach der Auswirkung der Störgröße auf das System durch das Messglied erfasst und als Regelgröße an den Regler weitergeleitet werden (siehe Prinzip des Feedbacks unten), ist es auch möglich, dass die Störung noch vor der Einwirkung auf das System erfasst und vom Regler verarbeitet wird (vgl. Mechanismus des Feedforward), was im Fall der Raumtemperaturregelung etwa der Kopplung der Zentralheizung mit einem Außentemperaturfühler entspricht. Außerdem können sich Störgrößen auch im Inneren des Systems befinden (wie eingeschaltete Elektrogeräte, die Wärme abgeben), was für die analytische Betrachtung des Regelkreises aber zunächst unerheblich ist.

Steuerung, Regelung, Lenkung

Im deutschen Sprachraum werden – jenseits der technischen Fachsprache – die Begriffe Steuerung und Regelung häufig synonym verwendet, obwohl Steuerung keine Rückkopplungsmechanismen beinhaltet.

Für eine weiterführende Differenzierung sollen an dieser Stelle die Begriffsabgrenzungen der systemorientierten Managementlehre herangezogen werden, die sich seit dem Jahr 1965 sukzessive an der Universität St. Gallen entwickelt hat[579]. Sie stellen neben den beiden Begriffen der

[579] Vgl. Ulrich, Krieg (1974); Ulrich (1970); Ulrich (1984). Ausgangspunkt der damaligen Entwicklung war ein Forschungsprojekt in den Jahren 1962–1966, das sich kritisch mit der zunehmenden Spezialisierung der wirtschaftswissenschaftlichen Teildisziplinen sowie deren Entfremdung von den Problemen der unternehmerischen Praxis auseinandersetzte. Vgl. Ulrich (1984), S. 93–94.

Steuerung (informationelle Anweisung) und Regelung (informationelle Rückkopplung) den Begriff der Lenkung, der als Äquivalent für das im englischsprachigen Kontext verwendete „to control" dienen soll:

> „«Lenken» im Sinne von «to control» bedeutet, ein System so unter Kontrolle zu halten, dass es einen jeweils gewünschten Zustand annimmt. [...] Ferner fassen wir den Lenkungsbegriff auch insofern weit, als wir «jeweils gewünschte Zustände» nicht als gegeben annehmen, sondern die Bestimmung solcher Vorzugszustände mit umfassen; die Zielbestimmung ist also jeweils mit Gegenstand von Lenkungsprozessen. Namentlich durch diese letztgenannte Ausweitung hebt sich der Lenkungsbegriff ab von vielen, rein instrumentalen Vorstellungen über «Management» in der Managementlehre und «control» in der Kybernetik, die jeweils Ziele, erwünschte Funktionsweisen usw. als bereits gegeben voraussetzen."[580]

Wie aus dieser Definition ersichtlich wird, umfasst der Begriff der Lenkung auch die erforderlichen Abstimmungsprozesse zur Festlegung des jeweils anzustrebenden Zielzustands eines Systems. Das macht Lenkung zur konstruktivistisch geprägten Nachhaltigkeitsdebatte besonders anschlussfähig. Dementsprechend werden in den Kapiteln 4.1.2 und 4.1.3 Nachhaltigkeit als Lenkungsproblem und Governance als Lenkungskonzept betrachtet.

Weiterentwicklung der Kybernetik maschineller Lenkungssysteme – Kybernetik „2. Ordnung"

Die kybernetische Forschung verharrte nicht bei der Lösung von technischen Problemstellungen, sondern war vielmehr von jeher darauf bedacht, zu einem disziplinenübergreifenden Erkenntnisgewinn beizutragen und sich durch verallgemeinerungsfähige Ansätze auszuzeichnen[581].

Die von Wiener schon Anfang der 1940er Jahre kritisierte starke Spezialisierung in den Wissenschaften und die damit einhergehende zunehmende Isolierung der Disziplinen machte nach seiner Einschätzung eine Forschung „im Niemandsland zwischen den anerkannten Disziplinen"[582] zwingend erforderlich, um den Wissenstransfer und Austausch zwischen den einzelnen Disziplinen zu fördern bzw. überhaupt erst möglich zu machen. Scott charakterisiert die Kybernetik gar als meta-,

---

[580] Ulrich (1984), S. 100.
[581] Vgl. Luhmann, Baecker (2002), S. 53–54.
[582] Wiener (1968), S. 21.

inter- und transdisziplinär: metadisziplinär, weil ihre Erkenntnisse unabhängig von einzeldisziplinären Untersuchungsgegenständen seien und damit „über“ diesen stünden, interdisziplinär, weil ihre Ansätze und Begrifflichkeiten eine Art Lingua franca für den Austausch zwischen den Disziplinen zur Verfügung stellten und schließlich transdisziplinär, weil die Kybernetik eine eigenständige Betrachtungsperspektive auf unterschiedliche disziplinäre Phänomene eröffne und eigene Modellierungsansätze anwende.[583]

Diesem Charakter entsprechend, führten die in der Technik erzielten Erfolge der Kybernetik bald zum Versuch ihrer Anwendung auf psychologische, medizinische und biologische Fragestellungen sowie auf soziale Systeme wie Unternehmen und wurden auch früh in den Sozialwissenschaften aufgegriffen[584]. Dies zeigt, dass sich ausgehend von der Untersuchung spezifischer technischer Problemstellungen die kybernetische Forschung rasch wieder ihrem ursprünglichen Untersuchungsgegenstand, der Steuerung gesellschaftlicher und politischer Systeme zuwandte, wie er schon bei Platon und Ampère im Fokus stand.

Die Hinwendung der kybernetischen Forschung auf nicht-technische Systeme und Problemstellungen führte in den 1970er Jahren schließlich zu einer Weiterentwicklung des klassischen Forschungsansatzes, der auch als Kybernetik erster Ordnung oder „Cybernetics of observed systems“[585] bezeichnet wird. Zentrales Merkmal der daraus resultierenden „neuen Form“ der Kybernetik war der explizite Einbezug der Rolle des Beobachters als Teil des zu untersuchenden Systems[586], weshalb Heinz von Foerster für sie den Begriff der „Cybernetics of observing systems“ bzw. Kybernetik zweiter Ordnung prägte[587].

Ihre Entwicklung ist auf ein konstruktivistisches Grundverständnis zurückzuführen: Jegliches Abbild der Realität ist ein vereinfachendes Modell, das – je nach Schwerpunkt und Zielstellung der Modellbildung sowie der kognitiven Fähigkeiten des Modellierers – bestimmte Aspekte

[583] Vgl. Scott (2004), S. 1367–1368. Das hier geschilderte Verständnis von Transdisziplinarität ist jedoch nicht mit dem Verständnis transdisziplinärer Forschung, wie es in den letzten Jahren in der Nachhaltigkeitsforschung Einzug gehalten hat, gleichzusetzen (vgl. hierzu Bergmann et al. (2010)).

[584] Vgl. Heylighen, Josyln (2002)

[585] Vgl. Foerster (2003) (erstmals veröffentlicht im Jahr 1979).

[586] Vgl. Geyer (1995), S. 12.

[587] Vgl. Foerster (2003), S. 285–286.

der Realität bewusst oder unbewusst ausklammert. Durch diese Erkenntnis gewinnt die Rolle des Beobachters ein neues Gewicht. Er interagiert mit dem beobachteten System, womit beide nicht als voneinander losgelöst betrachtet werden können, was sich entsprechend auf die Ergebnisse der Beobachtung und Modellbildung auswirkt[588].

Dabei ist die Kybernetik zweiter Ordnung nicht vom Steuerungsoptimismus der klassischen Kybernetik geprägt, welche Steuerung vorrangig als rein technische Problemstellung betrachtet:

> „[S]econd-order cybernetics has become realistic about the possibilities of steering, and has concentrated more on understanding the evolution of biological and social complexity than on controlling it."[589]

So lassen sich lebende Systeme, seien es Organismen oder soziale Systeme, wesentlich schwerer steuern als technische, ihre Wechselwirkungen mit der Umwelt sind nur begrenzt vorhersagbar. Steuerung sozialer Systeme bedeutet daher nicht, technische Regelungsmodelle „eins zu eins" zu übertragen, um daraus eine Handlungsanleitung für die von außen erfolgende, technokratische Steuerung des Systemverhaltens zu erreichen. Dieses Vorgehen entspräche der Steuerung maschineller Systeme, in der sich die Lenkungseinheit außerhalb des zu lenkenden Systems befindet. Der Lenkungsmechanismus eines sozialen Systems ist nicht als vom System isoliert anzusehen, sondern im Sinne einer „organischen Lenkung" als Bestandteil des Systems aufzufassen[590].

Entsprechend wird die Trennung zwischen Lenkungseinheit und gelenkter Einheit aufgehoben bzw. nur zum Zweck der Analyse des Lenkungssystems vorgenommen.[591] Die Kybernetik zweiter Ordnung räumt schließlich der Selbstkontrolle und -lenkung eines Systems höchste Priorität ein, was, wie in den Arbeiten Luhmanns, bis hin zur Annahme der völligen Nicht-Steuerbarkeit sozialer Systeme führen kann[592].

Die Postulierung der Kybernetik zweiter Ordnung als neuen, eigenständigen Ansatz neben der, dadurch zum Forschungskonzept erster Ordnung „degradierten" klassischen Kybernetik, wird allerdings auch

---

588 Vgl. Heylighen, Josyln (2002), S. 156–157.
589 Geyer (1995), S. 12.
590 Vgl. Probst (1987), S. 40.
591 Vgl. Risse, S. 23–25.
592 Vgl. hierzu Krcal (2003), S. 24); vgl. zur Kritik an Luhmann: Messner (1995), S. 125.

kritisch gesehen. So heben Geyer (1995) sowie Heylighen und Joslyn (2002) hervor, dass die Entstehung der „Cybernetics of Cybernetics“ nicht allein auf den wissenschaftlichen Erkenntnisfortschritt in diesem Feld zurückzuführen sei. Sie diente ihren Vertretern – viele davon waren auch an der Entwicklung der Kybernetik erster Ordnung beteiligt – insbesondere auch dazu, sich gegenüber den von ihnen als zu mechanistisch und reduktionistisch empfundenen Ausdifferenzierungen kybernetischer Ansätze in den 1970er Jahren zu positionieren und damit „to create its own niche by overstressing the differences with first-order cybernetics“[593] [594].

Die Betonung von Autonomie, Selbstorganisation und der Rolle des Beobachters, welche die Kybernetik zweiter Ordnung als Charakteristika für sich beansprucht, können aber eher als kontinuierliche Fortentwicklung der Kybernetik als solches gesehen werden, weniger als eigenständiger, neuartiger Ansatz[595].

So werden die für die Kybernetik zweiter Ordnung zentralen konstruktivistischen Grundüberlegungen zum Beispiel auch schon von Wiener in seinen Ergänzungen des Klassikers „Cybernetics“ im Jahr 1961 deutlich gemacht[596] und damit etwa ein Jahrzehnt vor der Einführung der „Second-order Cybernetics“ durch von Foerster[597]:

> „In den Sozialwissenschaften ist es am schwierigsten, die Kopplung zwischen dem beobachteten Phänomen und dem Beobachter zu bagatellisieren. […] [W]ir können nicht einmal sicher sein, ob nicht ein beträchtlicher Teil dessen, was wir beobachten, ein von uns selbst geschaffenes künstliches Erzeugnis ist. Wir sind zu sehr im Einklang mit den Objekten unserer Untersuchungen, um gute Sonden zu sein.“[598]

Heylighen und Joslyn (2002) weisen zudem auf die Gefahr der Überbetonung der „Cybernetics of Cybernetics" hin, die – einmal gewissermaßen zum Selbstzweck erhoben – kaum einen weiteren Erkenntnisfortschritt mit sich bringt:

> „[T]he sometimes ideological fervor driving the second-order movement may have led a bridge too far. […][S]ome people feel that the second-

[593] Geyer (1995), S. 7.
[594] Vgl. Heylighen, Josyln (2002), S. 156–157; Geyer (1995), S. 7.
[595] Vgl. Heylighen, Josyln (2002), S. 157.
[596] Vgl. Wiener (1968) (deutsche Auflage).
[597] Vgl. Scott (2004), S. 1365.
[598] Wiener (1968), S. 201–202.

> order fascination with self-reference and observers observing observers observing themselves has fostered a potentially dangerous detachment form concrete phenomena."[599]

Die Erkenntnisse der Kybernetik erster wie zweiter Ordnung prägten im Laufe der letzten Jahrzehnte schließlich die Entwicklung zahlreicher Disziplinen in fast allen Wissenschaftsbereichen, so beispielsweise in der Informatik, der Elektro- und Informationstechnik, der Kognitionswissenschaft und der Steuerungs- und Regeltechnik[600]. Insbesondere in den 1950er und 1960er Jahren wurden kybernetische Ansätze dabei regelrecht begeistert aufgenommen:

> „For a brief while practitioners from any discipline with different research programmes came together to explore and share how the new ideas could and were being applied"[601].

Auch heute spielen kybernetische Prinzipien und Erkenntnisse nach wie vor eine bedeutende Rolle in Wissenschaft und Praxis. So gehen zum Beispiel die Entwicklungen im Bereich der künstlichen Intelligenz auf sie zurück und Begriffe wie Komplexität und Feedback sowie schließlich der Cyber-Space prägen unseren Alltag. Allerdings wird dabei kaum mehr auf die ursprüngliche Disziplin der Kybernetik Bezug genommen.

Hinzu kommt, dass viele der Erkenntnisse namentlich systemtheoretischer bzw. kybernetischer Forschung einerseits einer verhältnismäßig kleinen „Community" entstammen und andererseits inzwischen selbst den hohen Spezialisierungsgrad und die mangelnde Anschlussfähigkeit für einen disziplinenüberschreitenden Diskurs mit sich bringen, die von den Gründungsvätern der Systemtheorie und Kybernetik so stark kritisiert wurden.

Demzufolge ist es nicht verwunderlich, dass sich auch in den Sozialwissenschaften nur wenige explizite Bezüge zur Kybernetik finden, obwohl sich diese Disziplin mit Fragestellungen hochkomplexer, dynamischer Systeme auseinandersetzt, die nach der Anwendung kybernetischer Forschungsprinzipien verlangen[602]. Ein Hinderungsgrund hierfür liegt, wie Geyer (1995) erörtert, mit Sicherheit in der mangelnden methodischen Anwendbarkeit kybernetischer Theorien in der

599 Heylighen, Josyln (2002), S. 157.
600 Vgl. Heylighen, Josyln (2002), S. 156.
601 Scott (2004), S. 1369.
602 Vgl. zu dieser Diskussion Geyer (1995)

empirischen Sozialforschung. Auch wenn kybernetisch geprägte empirische Forschungsmethoden bisher kaum existieren, weist er darauf hin, dass die Berücksichtigung kybernetischer Ansätze in den Sozialwissenschaften durchaus bereichernd sein kann[603].

Dieser Überzeugung folgt auch die in den nächsten beiden Kapiteln 4.1.3 und 4.1.4 vorgestellte kybernetische Abstraktion von Nachhaltigkeit und Governance, die als metatheoretische Grundlage für die weitere Fundierung von Corporate Sustainability Governance dient.

4.1.2 Nachhaltigkeit als Lenkungsproblem sozialer Systeme

In diesem Kapitel soll das moderne Nachhaltigkeitspostulat in die Terminologie der Kybernetik übertragen werden. Damit wird es möglich, Nachhaltigkeit bzw. nachhaltige Entwicklung von unterschiedlichen Begriffsverwendungen und Interpretationen zu abstrahieren und die systemische Bedeutung dieser Begriffe losgelöst von spezifischen Verwendungskontexten deutlich zu machen.

Hierfür wird Nachhaltigkeit als Problemstellung des sozialen Gesamtsystems „Weltbevölkerung“ betrachtet und eine metasystemische Perspektive eingenommen.

4.1.2.1 Systemisches Denken als Grundlage des Nachhaltigkeitspostulats

Nachhaltigkeits-Debatte und systemisches Denken sind per se eng miteinander verbunden, so können systemorientierte Arbeiten als Ausgangspunkt des gegenwärtigen Nachhaltigkeitsleitbilds gesehen werden.

So fand die in Abschnitt 2.1.2 bereits vorgestellte, im Jahr 1972 veröffentlichte Studie „The Limits to Growth“[604] weltweit eine außerordentlich hohe Resonanz und wurde insbesondere in wissenschaftlichen Kreisen heftig diskutiert, wobei nicht nur die besorgniserregenden Prognosen im Mittelpunkt des Diskurses standen, sondern vor allem die eingesetzten systemtheoretischen Methoden. Händle und Jensen stellten entsprechend schon zwei Jahre nach der Veröffentlichung der Studie fest, dass zum damaligen Zeitpunkt „nicht so sehr das Thema,

---

603 Vgl. Geyer (1995), S. 9 ff.
604 Vgl. ausführlich in Kapitel 2.1.2.

nämlich die Perspektive des Wachstums im Hinblick auf Umweltverschmutzung, Rohstoffversorgung, Wachstumsrate usw., sondern vielmehr die Methode, nämlich das systemtheoretische Vorgehen, allgemeines Aufsehen erregte und im Mittelpunkt der Kritik stand.“[605]

Das Rechnen mit „Weltmodellen“ wurde in der Fachwelt als Provokation aufgefasst, weshalb die Parameter und Modellannahmen ebenso wie die quantitativen Ergebnisse entsprechend häufig überprüft und kritisiert wurden. „The Limits to Growth“ kann damit einerseits als „Startschuss“ für die moderne Nachhaltigkeitsdebatte betrachtet werden (vgl. Abschnitt 2.1.2). Andererseits konfrontierte die Studie aber auch erstmalig ein breites Publikum mit den Methoden der Systemtheorie, weshalb Händle und Jensen deren Funktion als Wegbereiter des Systemansatzes hervorhoben[606].

Inzwischen ist die Arbeit mit systemtheoretisch fundierten Simulationen in der Nachhaltigkeitsdiskussion eine anerkannte Methode. So fußen beispielsweise die zentralen Aussagen der internationalen Klimawandel-Diskussion auf derartigen Modellen[607]. Doch auch unabhängig von der konkreten Anwendung systemtheoretischer und kybernetischer Modellierungsansätze in nachhaltigkeitsbezogenen Studien sind Nachhaltigkeitsdebatte und Systemansatz eng mit einander verbunden:

> „Mit der Verwendung von Systemen als Bezugsbasis der Argumentation des Nachhaltigkeitspostulats besteht eine Parallele zu systemtheoretischen Perspektiven. Die Ganzheitlichkeit und Vernetztheit der Betrachtung, die Rückwirkungen einer Aktion auf System und Umwelt berücksichtigt, sind sowohl dem Nachhaltigkeitspostulat wie systemtheoretischen Aussagen eigen.“[608]

Für die Systemtheorie konstituierend, nimmt der Systembegriff auch in der Nachhaltigkeitsdebatte eine zentrale Rolle ein. Dabei ist es weniger der Begriff selbst, sondern die mit seiner Definition einhergehenden Charakteristika von Systemen und die Vorgehensweise systemtheoretischer Modellbildung, die für den Nachhaltigkeitsdiskurs von hoher Bedeutung sind.

Die Betrachtung von System-Umwelt-Bezügen dient in der Systemtheorie der Begründung der Systemidentität als solches. Bezogen auf die

---

605 Händle, Jensen (1974), S. 16.
606 Vgl. Händle, Jensen (1974), S. 16.
607 Vgl. Stocker et al. (Hrsg.) (2013), S. 33 ff.
608 Kreal (2003), S. 19.

Nachhaltigkeitsdiskussion nimmt vor allem das Zusammenspiel anthropogener und nicht-anthropogener Systeme eine zentrale Rolle ein. Soziale und ökologische Systeme werden im systemischen Ansatz nicht isoliert, sondern unter Berücksichtigung ihrer Wechselwirkungen zu ihren Umwelten betrachtet. Damit stehen bei der systemtheoretischen Modellierung die Analyse der Umweltanforderungen und -bedingungen, sowie die Funktionen, die ein System in seiner Umwelt erfüllt, an zentraler Stelle[609].

Als wichtigster Zusammenhang zwischen Nachhaltigkeitsleitbild und Systemansatz kann aber die Gemeinsamkeit eines ganzheitlichen Problem- und Konzeptverständnisses gesehen werden. So zeugen „[d]ie Forderung des Nachhaltigkeitsleitbilds nach intra- und intergenerationaler Gerechtigkeit sowie die Betonung der Wechselwirkungen und Abhängigkeiten zwischen sozialer, ökologischer und ökonomischer Sphäre […] von einer ganzheitlichen Problemwahrnehmung"[610].

Wie im vorangehenden Kapitel erörtert, beanspruchen die Modelle in Systemtheorie und Kybernetik, lineare Ursache-Wirkungsbeziehungen durch ein „Denken in Regelkreisen" abzulösen. Konzepte wie das der Emergenz und der Äquifinalität in komplexen Systemen tragen dabei zu einer holistischen Modellierung und Problemwahrnehmung bei, die auch für die Nachhaltigkeitsdebatte von grundlegender Bedeutung sind. Systemorientiertes Denken hinterfragt stets den gesamtsystemischen Zusammenhang und betrachtet ein System als eingebettet in über- und untergeordnete Systemebenen. Es enthält damit Subsysteme und ist wiederum Subsystem einer übergeordneten Ganzheit[611].

Aus wissenschaftstheoretischer Perspektive lässt sich schließlich erkennen, dass sowohl das Nachhaltigkeitspostulat, als auch die Systemtheorie den Charakter eines Metaansatzes besitzen, womit allerdings auch das Fehlen konkreter Handlungsanweisungen und eines geschlossenen Theoriegebäudes einhergehen.

> „In der wissenschaftlichen Auseinandersetzung mit dem Postulat zeigt sich der Metacharakter, wenn aus unterschiedlichen Perspektiven der Versuch einer Bestimmung von Nachhaltigkeit unternommen wird. Die

---

[609] Vgl. Krcal (2003), S. 4–6.
[610] Krcal (2003), S. 20.
[611] Vgl. Ulrich (1984), S. 113.

Definitionsvielfalt von Nachhaltigkeit drückt die Interdisziplinarität der Herangehensweise aus."[612]

4.1.2.2 Lebensfähigkeit als kybernetische Re-Interpretation des Nachhaltigkeitspostulats

Wie in Kapitel 2 erörtert wurde, existiert eine Vielzahl unterschiedlicher Definitionen der Begriffe Nachhaltigkeit und nachhaltige Entwicklung, was zu einer inhaltlichen Unbestimmtheit der Nachhaltigkeitsdiskussion führt. Dabei lässt sich nach Johnson et al. ein Spektrum von Begriffsverwendungen feststellen, das von einem „echten" Nachhaltigkeitsverständnis mit Bezug auf klar definierte Kriterien, über die Verwendung als inhaltsleeres, „schmückendes Beiwerk", bis hin zu einer instrumentellen, bewusst manipulativen Nutzung des Nachhaltigkeitsbegriffs reicht[613].

Mit Blick auf die Schwierigkeiten bei der Definition des Nachhaltigkeitsbegriffs kamen Constanza und Patten in ihrem Kommentar „Defining and predicting sustainability" schon im Jahr 1995 zu wesentlichen Schlussfolgerungen, die auch für die gegenwärtige Nachhaltigkeitsdiskussion unverändert relevant sind.

Sie stellten fest, dass sich die meisten (ernsthaften) Nachhaltigkeitsdefinitionen auf ähnliche Anforderungen zurückführen lassen[614]. Viele dieser Definitionselemente seien aber Vorbedingungen (predictors) und erwünschte Ziele (desirable social goals) der angestrebten nachhaltigen Entwicklung zugleich und blieben Gegenstand einer fortwährend notwendigen Konsensfindung[615].

Nachhaltigkeitsdefinitionen besitzen damit oft eher einen prognostischen, weniger definitorischen Charakter[616]. So lassen sich die Auswirkungen menschlicher Eingriffe in die Ökosphäre in ihrem komplexen Wirkungsgefüge einerseits nur sehr bedingt vorhersagen. Gleiches gilt andererseits auch für die Entwicklung der sozialen Systeme und den

---

612 Krcal (2003), S. 19.

613 Vgl. Johnston et al. (2007), S. 61–63.

614 Dabei führen sie die folgenden Punkte an: „(1) a sustainable *scale* of the economy relative to its ecological life-support system; (2) an equitable *distribution* of resources and opportunities between present and future generations; and (3) an efficient *allocation* of resources that adequately accounts for natural capital." (Costanza, Patten (1995), S. 194).

615 Vgl. Costanza, Patten (1995), S. 194–195.

616 Vgl. Costanza, Patten (1995), S. 194.

Ansprüchen zukünftiger Generationen, auch und vor allem vor dem Hintergrund von sich als Folge der gegenwärtigen Entwicklung in Zukunft ändernden ökologischen sowie sozio-ökonomischen Handlungsspielräumen und -erfordernissen. Das tatsächlich erreichte Maß an Nachhaltigkeit auf unserem Planeten kann somit – wenn überhaupt – auch immer erst ex post festgestellt werden[617].

Die sehr begrenzte Prognostizierbarkeit dessen, was zukünftige Generationen für ihre Bedürfnisbefriedigung benötigen, welche Bedürfnisse und Entwicklungsmöglichkeiten für sie maßgeblich sind sowie die mangelnde Antizipierbarkeit der zukünftigen Auswirkungen unseres gegenwärtigen Handelns erfordern schließlich, alle Aktivitäten am Vorsichtsgebot auszurichten, um vor allem irreversible Schädigungen der lebenserhaltenden Ökosysteme[618], aber auch der Sozial- und Wirtschaftssysteme zu vermeiden.

Zudem ist für die Bestimmung konkreter Nachhaltigkeitsziele und -voraussetzungen ein fortwährender gesellschaftlicher Diskussions- und Erkenntnisprozess notwendig, der auf lokaler, regionaler und (inter-) nationaler Ebene zu führen ist, unterstützt durch den jeweils aktuellen wissenschaftlichen Erkenntnisstand, wie beispielsweise über die Tragekapazitäten der Ökosysteme.

Dem Nachhaltigkeits-Postulat kommt damit ein konstruktivistischer Charakter zu. Es ist normativ begründet und auf Grenzwerten, Kennzahlen und Belastungsquoten bezogen, die ex ante kaum definitiv zu bestimmen sind und stark davon abhängen, welcher „Nachhaltigkeitsgrad“ jeweils als erwünscht und durchsetzbar gilt. Insbesondere soziale Nachhaltigkeit ist dabei selbstreferentiell und auf die Systemcharakteristika, die „das Soziale“ im jeweiligen Bestimmungskontext festlegen, zurückzuführen.[619]

Losgelöst von diesen konstruktivistischen Prozessen der Konsens- und Erkenntnisbildung kann als zentrales definitorisches Kernelement im Sinne einer übergreifenden „gemeinsame[n] Definitionskomponente“[620]

617 Vgl. Krcal (2003), S. 21; Costanza, Patten (1995), S. 194.
618 Vgl. Costanza, Patten (1995), S. 196.
619 Vgl. Krcal (2003), S. 21.
620 Krcal (2003), S. 18.

des Nachhaltigkeitsbegriffs schließlich der dauerhafte Erhalt eines Systems bzw. bestimmter System-Charakteristika gesehen werden[621]:

> „The basic idea of sustainability is quite straight-forward: *a sustainable system is one which survives or persists*"[622], und zwar „distinct from a wishful goal or an adjective-like attribute"[623].

Damit bleibt zwar noch offen, „welches System erhalten bleiben soll, für wie lange das System erhalten bleiben soll und wie Nachhaltigkeit tatsächlich überprüfbar ist"[624]. Eine bewusste Loslösung von diesen Fragen ist für die hier angestrebte kybernetische Abstraktion des Nachhaltigkeitspostulats aber äußerst hilfreich. So ist die oben beschriebene Kerndefinition von Nachhaltigkeit unmittelbar anschlussfähig zu den Aussagen der Systemforschung, die Lebensfähigkeit und das Fortbestehen eines Systems gelten als zentrale Kriterien in Kybernetik und Systemtheorie[625]. Müller-Christ (2007) hebt dementsprechend hervor, dass letztlich jegliche Systemrationalität auf der Grundannahme der Überlebenssicherung als oberstem Systemziel beruhe[626].

Übertragen in die Terminologie der Kybernetik kann Nachhaltigkeit auf diesem Weg mit dem Konzept der Viabilität bzw. Lebensfähigkeit verknüpft werden. Dieses zentrale Konzept beschreibt die „ability of a system to continually maintain its functions and its structure within a certain environment"[627]. Analog zu der oben vorgestellten Kerndefinition von Nachhaltigkeit bedeutet Lebensfähigkeit für ein System also die Fähigkeit, dauerhaft fortzubestehen, ohne damit ex ante festzulegen, welche Systemeigenschaften konkret zu erhalten sind bzw. welche Qualität des Fortbestehens damit verbunden ist. So kann ein lebensfähiges System in ganz unterschiedlichen Konfigurationen vorliegen –

---

[621] Vgl. Krcal (2003), S. 18; Meadows, Randers, Meadows (2006), S. 264; Müller-Christ (2007), S. 26. Dabei wird der Begriff Nachhaltigkeit in der Systemforschung auch direkt zur Bezeichnung eines dauerhaft aufrechterhaltbaren Systemzustands verwendet. Vgl. Meadows et al. (1992), S. 298.

[622] Costanza, Patten (1995), S. 193.

[623] Ben-Eli (2012), S. 257.

[624] Krcal (2003), S. 18; Vgl. auch Constanza und Patten: „**What systems** or subsystems or characteristics of systems persist? For **how long**? **When** do we assess whether the system or subsystem has persisted?" Costanza, Patten (1995), S. 196.

[625] Vgl. Nechansky (2011).

[626] Müller-Christ (2007), S. 26.

[627] Nechansky (2011), S. 1.

Lebensfähigkeit ist demnach auch nicht mit einem Überleben am „Rande der Existenz“ gleichzusetzen[628]:

> „Jedes System, insbesondere ein soziales System, kann sich in vielen, inhaltlich sehr verschiedenen Zustandskonfigurationen befinden, von denen diejenige Konfiguration, die man als ‚nacktes Überleben’ bezeichnet, lediglich eine Möglichkeit ist. Ein System kann sich ebensogut in einer Konfiguration anhaltenden Wohlstandes, auf einem niedrigen oder hohen kulturellen Niveau, usw. befinden. Die entscheidende Frage ist aber eben, ob es ich dabei um eine dauerhafte Konfiguration handelt, das heisst, ob bestimmte Konfigurationen auf bestimmte Zeit beibehalten werden können.“[629]

Das Konzept der Lebensfähigkeit wurde in der systemtheoretisch-kybernetischen Forschung primär durch die Arbeiten von Miller („Living Systems Theory“)[630], Beer („Viable Systems Model“)[631] und Aubin („Viability Theory“)[632] geprägt[633]. Während Aubin sich mit der mathematischen Modellierung von Lenkungsmechanismen auseinandersetzt, stellen Miller und Beer konkrete Struktur- und Funktionsmodelle lebensfähiger Systeme auf, die sie durch kybernetische Modellierung und Analogienbildung gewinnen[634]. Vor allem das von Beer entwickelte Modell lebensfähiger Systeme ist für die hier angestrebte kybernetische Redefinition des Nachhaltigkeitsleitbilds von Interesse, weshalb es in den folgenden Abschnitten kurz vorgestellt werden soll, bevor auf zwei seiner zentralen Prinzipien (Rekursionsprinzip und Autonomieprinzip) eingegangen wird.

Beer bildete die Strukturen verschiedener lebender System in mathematischen Modellen ab und untersuchte sie auf Gemeinsamkeiten. Die aus den Betrachtungen hervorgegangen Zwischenergebnisse wurden solange mit neuen Untersuchungsobjekten abgeglichen, bis alle auftretenden Phänomene analysiert werden konnten. Das Modell erhebt daher den Anspruch, die generalisierte Form der internen Struktur

---

628 Vgl. Malik (1996), S. 112–114 und Gomez (1981), S. 111.
629 Malik (1996), S. 112.
630 Vgl. Miller (1995 (EA 1978))
631 Vgl. Beer (1967); Beer (1981)
632 Vgl. Aubin (2009 (EA:1991))
633 Für eine zusammenfassende Darstellung siehe Schwaninger (2006) und Nechansky (2011).
634 Für eine ausführliche Gegenüberstellung der beiden Ansätze siehe Schwaninger (2006).

lebensfähiger Systeme wiederzugeben[635]. Es wird davon ausgegangen, dass ein System nur dann lebensfähig sein kann, wenn es die im Modell wiedergegebenen strukturellen Vorgaben erfüllt[636].

Dem Viable System Model liegen die drei kybernetischen Gestaltungsprinzipien der Rekursivität, Autonomie und Lebensfähigkeit zugrunde:

- Das Prinzip der Rekursivität besagt, dass alle Subsysteme eines lebensfähigen Systems dieselbe Struktur aufweisen wie das Gesamtsystem[637]. Damit ist jedes Subsystem in seiner Umwelt lebensfähig und kann wiederum weitere lebensfähige Subsysteme beinhalten[638].
- Gemäß dem Autonomieprinzip besitzen die Subsysteme generell völlige Verhaltensfreiheit, als Teil des Gesamtsystems ist ihre Freiheit aber dann einzuschränken, wenn das System als Ganzes durch das Verhalten der Subsysteme beeinträchtigt wird[639]. Wichtig ist jedoch, den Subsystemen ausreichende Freiheiten für das Varietätsmanagement in ihrem Umfeld zuzugestehen und sie damit lebensfähig zu halten[640].
- Die Lebensfähigkeit des Systems „ist als Funktion der Struktur des Systems anzusehen, welche die Kapazität des Lernens, die Anpassung an die relevante Umwelt und die Entwicklung umfasst“[641]. Wie bereits erörtert wurde, bedeutet Lebensfähigkeit nicht bloße Existenzsicherung, sondern die Beibehaltung eines „bestimmten Standards, der sich in der gegebenen Umwelt als optimal erwiesen hat“[642].

Anhand der obigen Betrachtungen kann schließlich auch die häufig als unzureichend kritisierte Definition nachhaltiger Entwicklung durch die WCED aus kybernetischer Perspektive re-interpretiert werden: Aus Sicht des Viability-Konzepts ist die weithin anerkannte Forderung nach einer

635 Vgl. Wilms (2003), S. 106–107.
636 Vgl. Malik (1996), S. 80.
637 Vgl. Gomez (1981), S. 107.
638 Vgl. Beer (1985), S. 4–5.
639 Vgl. Malik (1996), S. 103.
640 Vgl. Wilms (2003), S. 109.
641 Wilms (2003), S. 107.
642 Gomez (1981), S. 108.

bestmöglichen Bedürfnisbefriedigung gegenwärtiger Generationen, ohne zukünftigen Generationen die Substanz zur Befriedigung ihrer Bedürfnisse zu entziehen, als einzig mögliche Konfiguration des sozialen Gesamtsystems „Weltbevölkerung“ zu sehen, die dauerhaft aufrecht zu erhalten und damit lebensfähig ist. Dies gilt insbesondere vor dem Hintergrund, dass die WCED der Befriedigung existenzieller Bedürfnisse Vorrang einräumt, was als Grundlage der dauerhaften Stabilität des sozialen Gesamtsystems Menschheit und seiner Subsysteme gesehen werden kann[643].

Die Vagheit der WCED-Definition lässt sich aus kybernetischer Perspektive schließlich damit begründen, dass eine Ex-ante-Festlegung von Nachhaltigkeit und damit des Anspruchs der Bedürfnisse der Menschen dieser Welt gegenwärtig und mit Hinblick auf zukünftige Generation eben nicht möglich ist. Diese Unbestimmtheit spiegelt auch den konstruktivistischen Charakter von Nachhaltigkeit wider, wonach die Charakteristika und Anforderungen einer nachhaltigen Entwicklung fortwährend neu zu definieren sind und vor allem im Hinblick auf die Komponente sozialer Nachhaltigkeit einen selbstreferentiellen Bezug[644] aufweist.

Mit der Rückführung des Nachhaltigkeitsbegriffs auf seine kybernetische-systemische Kernaussage und die Verknüpfung mit dem Viabilitätsprinzip lassen sich aber noch weitere Erkenntnisse ableiten. So können die Aussagen des Rekursions- und Autonomieprinzips für die Übertragung des gesamtgesellschaftlichen Nachhaltigkeitspostulats auf die Ebene der einzelnen Subsysteme herangezogen werden. Wie im vorangehenden Kapitel beschrieben, liegt ein wesentliches Merkmal systemischer und kybernetischer Modellbildung im Wechsel zwischen über- und untergeordneten Abstraktionsebenen, jedes System als solches besteht also aus Subsystemen und ist wiederum als Subsystem einer übergeordneten Ganzheit zu sehen[645].

Betrachtet man das Nachhaltigkeitspostulat aus kybernetischer Perspektive, wird deutlich, dass das gesamtgesellschaftliche Leitbild nachhaltiger Entwicklung zunächst die oberste Abstraktionsebene, also die Lebensfähigkeit des sozialen Supersystems der Weltbevölkerung adressiert. Gemäß des Prinzips der Rekursivität ist bei einem Wechsel

---

643 Vgl. hierzu Kapitel 2.1.2.
644 Vgl. Krcal (2003), S. 20–21.
645 Vgl. Ulrich (1984), S. 113.

der Abstraktionsebenen das Kriterium der Nachhaltigkeit bzw. Lebensfähigkeit schließlich auch auf die Subsysteme zu übertragen. Dabei macht das Autonomieprinzip deutlich, dass die jeweiligen Freiheitsgrade eines Subsystems nur in dem Maße ausgeprägt sein können, als dass die Lebensfähigkeit des Gesamtsystems nicht gefährdet wird[646]. Constanza und Patten sprechen in diesem Kontext auch von einer „nested hierarchy of systems“[647]. Die Betrachtung der Einbettung und Wechselwirkungen zwischen verschiedenen Systemen und Subsystemen, darunter vor allem die lebenserhaltenden Ökosysteme, werden damit für das Nachhaltigkeitspostulat von zentralem Interesse[648] (vgl. Kapitel 2.1).

Eine nachhaltige Entwicklung des sozialen Gesamtsystems dieser Erde wird somit nur dann möglich, wenn alle Subsysteme – darunter auch das Wirtschaftssystem und seine Unternehmen – zum Erhalt der ökologischen, sozialen und ökonomischen Kapitalstöcke beitragen.

Die zentralen Fragen nach der dauerhaft realisierbaren Ressourcenintensität der Bedürfnisbefriedigung eines jeden Einzelnen oder nach der unternehmerischen Selbstbestimmung im Umgang mit den Kapitalstöcken werden aus systemischer Perspektive daher zur Frage nach dem möglichen Autonomiegrad der Subsysteme, ohne die Lebensfähigkeit des sozialen Gesamtsystems zu gefährden.

Im vorangehenden Abschnitt wurde das Nachhaltigkeitspostulat auf seine kybernetisch begründbaren, zentralen Aussagen zurückgeführt. Nachhaltige Entwicklung wurde als Problemstellung sozialer Systeme interpretiert und mit dem systemtheoretischen Prinzip der Lebensfähigkeit verknüpft. Ein soziales System ist als lebensfähig anzusehen, wenn es in einer dauerhaft aufrechtzuerhaltenden Konfiguration vorliegt. Wie gezeigt wurde, kann der von der Brundtland-Kommission geforderte Entwicklungspfad gegenwärtiger und zukünftiger Bedürfnisbefriedigung dementsprechend als einzige dauerhaft aufrechtzuerhaltende und damit lebensfähige Konfiguration sozialer Systeme angesehen werden.

Das Selbstorganisationspotenzial sozialer Systeme ist aber nicht ausreichend, um selbstständig angestrebte Systemkonfigurationen zu

[646] Vgl. Malik (1996), S. 114.
[647] Costanza, Patten (1995), S. 196.
[648] Vgl. Costanza, Patten (1995), S. 196; Johnston et al. (2007), S. 62–63.

erreichen. Aus kybernetischer Sicht sind hierfür Lenkungsvorgänge erforderlich, welche die Differenzen zum Zielkurs nicht zu groß werden lassen[649]. Das Verständnis nachhaltiger Entwicklung als regulative Idee[650] findet damit eine systemtheoretische Konkretisierung in Form eines Lenkungsproblems sozialer Systeme. Die erstrebte Konfiguration der Nachhaltigkeit ist nur dann zu erreichen, wenn die Abweichungen vom dauerhaften Erhalt der sozialen, ökologischen und ökonomischen Kapitalstöcke verringert werden. Dabei kann, wie im vorangehenden Kapitel dargelegt, die Lenkung sozialer Systeme nicht mit der technisch-maschineller Systeme im Sinne der Kybernetik erster Ordnung gleichgesetzt werden.

Bezogen auf das Nachhaltigkeitspostulat führt dies zur zentralen Frage, welche Lenkungsprozesse und -strukturen dafür geeignet sein könnten, das komplexe soziale System Menschheit auf nachhaltigere Entwicklungspfade zu bringen. Nachhaltige Entwicklung kann damit als Lenkungsproblem bezeichnet werden, wobei hier wiederum an die Terminologie der systemorientierten Betriebswirtschaftslehre angeknüpft werden soll. So stehen schließlich die Lenkungsfähigkeiten des Systems im Vordergrund, die von Ulrich zur besseren Veranschaulichung mit dem Begriff der „Lenkigkeit" bezeichnet wurden: „Systeme sind dann «lenkig», wenn sie fähig sind, bestimmte Vorzugszustände einzunehmen und andere zu vermeiden."[651]

Diese Überlegungen sind direkt anschlussfähig zum Konzept der Governance, das im folgenden Kapitel ebenfalls aus einem kybernetischen Betrachtungswinkel diskutiert werden soll.

4.1.3 Governance als kybernetisches Lenkungskonzept

Ebenso wie der Kunstbegriff Kybernetik[652], lässt sich Governance auf das griechische Wort „kybernētikḗ" zurückzuführen. So entstammt Governance dem lateinischen gubernare, das wiederum als eine Übersetzung der griechischen Bezeichnung für die Kunst des Regierens (kybernētikḗ) gilt[653]. Schon durch seine sprachliche Herkunft verweist

649 Vgl. Luhmann, Baecker (2002), S. 54.
650 Vgl. hierzu Steimle (2008), S. 44–47.
651 Ulrich (1984), S. 101.
652 Vgl. Kapitel 3.1
653 Vgl. Stark (2007), S. 43; Schneider, Bauer (2009), S. 36.

der Governance-Begriff demnach auf einen kybernetischen Hintergrund. Doch auch über ihre gemeinsamen etymologischen Wurzeln hinaus sind Governance und Kybernetik konzeptionell eng miteinander verflochten. Auch wenn der Beitrag von Systemtheorie und Kybernetik für die gegenwärtige Governance-Forschung häufig eher als historisch eingestuft wird und die beiden Disziplinen im Lichte der aktuellen Debatte als „gesunkenes Kulturgut“[654] gesehen werden, besitzen sie nach wie vor einen hohen impliziten Einfluss auf den modernen Governance-Diskurs[655]. Dieser Einfluss gründet einerseits auf der Infragestellung traditioneller politikwissenschaftlicher Begriffe wie Staat, Gesellschaft oder Macht und der Einführung neuer Begrifflichkeiten wie Struktur, Funktion und Prozess. Diese haben andererseits wiederum zu einem funktionalen Verständnis von und einer dynamisch-prozessualen Sichtweise auf Politik beigetragen und demzufolge schließlich auch die Überwindung der analytischen Trennung von Staat und Gesellschaft in der Politologie vorangebracht[656].

Mit den hier skizzierten Aspekten werden einige der wesentlichen konstitutiven Merkmale von Governance angesprochen[657]. Damit wird deutlich, dass das politische Governance-Konzept ohne den impliziten Rekurs auf kybernetisch-systemtheoretische Grundlagen in seiner gegenwärtigen Ausprägung wohl nicht entstanden wäre.

Doch auch die kybernetische Forschung war in ihrer Entstehungsgeschichte eng mit der Entwicklung und Analyse politischer Steuerungs- und Lenkungsmodellen verbunden. Dementsprechend weist Vogl auf die „politische Geschichte der Kybernetik“ hin:

> „Auch wenn *die* Kybernetik erst durch die epistemologischen Voraussetzungen der Informationstheorie ermöglicht wurde, so reichen doch ihre diversen Segmente in Geschichten mit unterschiedlicher Dauer zurück. Dazu gehören Techniken und Medien der Datenerhebung, die sich seit dem Barock in einem Austausch von Regierungswissen und Verwaltungspraxis ausgebildet haben; dazu gehören die Regulationsideen der Aufklärung, die auf eine indirekte Steuerung komplexer Ereigniszusammenhänge ausgreifen; und dazu gehören vor allem die

---

654 Lange (2007), S. 176.
655 Vgl. Lange (2007), S. 176, sowie 184-186.
656 Vgl. Lange (2007), S. 176.
657 Vgl. Kapitel 3.

> Konzeptionen zirkulärer Kausalprozesse, in denen sich spätestens um 1800 eine frühe Theoretisierung von Regelkreisen erkennen lässt.“ [658]
>
> Oder kurzum: „Bevor also die Kybernetik zur Kybernetik wurde, war sie eine Sache der Politik.“[659]

Das Ziel dieses Kapitels ist es entsprechend, zu zeigen, dass Kybernetik und Systemtheorie einen grundlegenden metatheoretischen Bezugspunkt der Governance-Forschung und dem daraus resultierenden Konzept der Governance bilden[660].

Analog zu der im vorangehenden Kapitel vorgestellten kybernetischen Re-Interpretation des Nachhaltigkeitspostulats soll die Rückführung von Governance auf grundlegende systemtheoretische und kybernetische Prinzipien dazu beitragen, die stark unterschiedlichen Bezugskontexte der gegenwärtigen Governance-Diskussion[661] aus einer gemeinsamen metatheoretischen Perspektive analysieren und betrachten zu können.

Für die Rückführung von Governance auf kybernetische Grundlagen werden in den folgenden Abschnitten vor allem die Arbeiten von Volker Schneider herangezogen: Er zeigt in Zusammenarbeit mit verschiedenen Autoren in zahlreichen Beiträgen[662] die konzeptionelle Verknüpfung zwischen Governance und Kybernetik auf und prägt damit einen Zugang zum Governance-Konzept, der sich für den in diesem Buch zu entwickelnden Ansatz der Corporate Sustainability Governance als besonders fruchtbar erweist. Er bezieht den Governance-Ansatz auf systemtheoretische und kybernetische Grundlagen und interpretiert ihn als institutionelle Steuerung bzw. akteurzentrierte institutionelle Kybernetik[663].

In den folgenden Abschnitten wird zunächst gezeigt, dass diese Interpretation sowohl mit dem politikwissenschaftlichen Verständnis von Governance anschlussfähig ist, als auch die Debatte durch eine analytische und begriffliche Schärfung bereichert. Außerdem wird der Zusammenhang zwischen einem kybernetisch geprägten Verständnis

---

658 Vogl (2004), S. 79.
659 Vogl (2004), S. 67.
660 Vgl. hierzu auch Kooiman (2003), S. 199 ff.
661 Vgl. hierzu Kapitel 3.
662 Vgl. Schneider (2004a); Schneider (2004b); Schneider, Bauer (2009); Schneider, Kenis (1996)
663 Vgl. stellvertretend Schneider (2004a), S. 175.

von Governance als Lenkungskonzept komplexer sozialer Systeme und der im vorangehenden Kapitel vorgenommenen Herleitung von Nachhaltigkeit als Lenkungsproblem des sozialen Systems Erdbevölkerung herstellt.

4.1.3.1 Begriffliche und analytische Schärfung von Governance durch eine kybernetische Re-Interpretation

In der Literatur wird Governance in verschiedener Weise mit den kybernetischen Begriffen der Steuerung und Regelung in Verbindung gebracht. So hebt Mayntz den „Paradigmenwechsel von Steuerung zu Governance“[664] hervor, während dieses Begriffspaar von anderen Autoren gleichgesetzt wird[665]. Außerdem wird Governance auch mit Regelung[666] und Koordination[667] bezeichnet, was zu seiner terminologischen Unschärfe beiträgt. Diese bestätigt sich auch mit Blick auf die folgenden beiden Definitionen von „Governance“. So beschreibt Mayntz beispielsweise Governance wie folgt:

> „Im politikwissenschaftlichen Theorienzusammenhang […] wird der Begriff Governance zur Bezeichnung einer *nicht rein hierarchischen, kooperativen Form* des Regierens benutzt, bei der *private korporative Akteure* an der Formulierung und Implementierung von Politik *mitwirken.*“[668]

Und auch die von Lange als „kleinster gemeinsamer Nenner“[669] der schillernden Governance-Debatte betrachtete Definition von Arthur Benz bleibt hier ähnlich unscharf:

> „Governance bedeutet Steuerung und Koordination (oder auch Regieren) mit dem Ziel des Managements von Interdependenzen zwischen (in der Regel) kollektiven Akteuren.“[670]

Um es pointiert zu formulieren: Bei Governance wird demnach gesteuert, regiert, koordiniert und geregelt, Hauptsache nicht rein hierar-

---

[664] Mayntz (2008), S. 46.
[665] Vgl. Benz (2004), S. 25.
[666] Vgl. hierzu zum Beispiel Mayntz (2009a), S. 11, ferner auch Grande, May (2009), S. 7.
[667] Vgl. Benz (2004), S. 25; Schuppert (2008), S. 23 ff.
[668] Mayntz (2008), S. 45.
[669] Lange (2007), S. 184.
[670] Benz (2004), S. 25.

chisch und unter Einbezug privater und korporativer Akteure. Sicher ist nur, dass sich Governance vom traditionellen Verständnis hierarchischer Steuerung dadurch unterscheidet, weil auch Formen nicht-hierarchischer Lenkung eingeschlossen sind. Die Erweiterung des Begriffes umfasst dabei ein Kontinuum von Governance als Substitut ursprünglicher Regierungsformen (Governance without Government) bis hin zu einem Nebeneinander hierarchisch-autoritärer und partizipativ-demokratischer, informeller Lenkungsformen[671].

Was allerdings fehlt, ist eine Vorstellung darüber, in welcher Form und durch welche Prozesse Governance stattfindet und welchem Zweck sie letztlich dient. So sieht Mayntz mit dem Problemlösungsbias von Governance zwar durchaus die Notwendigkeit, dass Governance-Prozesse intentional zur Lösung kollektiver Problemstellungen beitragen sollten[672]. Welche konkreten Zielstellungen damit verbunden sind, bleibt aber zunächst offen.

Hier ist die Aussagekraft einer kybernetischen Re-Interpretation des Governance-Begriffs deutlich höher, was eine Analyse der folgenden von Schneider formulierten Begriffsabgrenzungen in den nächsten Abschnitten verdeutlich soll:

> „Governance refers to the *whole feedback mechanism* by which the *difference between a desired state and the status quo* is *detected* in order to enable a society to *keep itself in a viable range*. Governance theories thus try *to explain how institutional devices and specific control resources enable individual and collective actors to observe and define undesired* states while in *turn mobilizing, combining and coordinating various resources that are necessary to problem-solving*".[673]

> „From the perspective of institutional cybernetics, a governance mechanism may be defined as a combination of institutional arrangements that provide *'sensoring'* and *'actuating'* devices by which a social system is held within an area of *'desired states'* (e.g. a stable region or an equilibrium) and by which undesirable situations are avoided. If a 'problem' is defined as the difference between a preferred state and undesired status quo, the *function of governance, in the last instance, is 'problem-solving'*. In other words, governance is the *operational system of rules or modality according to which societal states of affairs or events*

671 Vgl. Kapitel 3.
672 Vgl. Mayntz (2006), S. 17.
673 Schneider (2004b), S. 31.

are controlled. This is related to the ability either to *determine preferred states* of affairs (positive control), or to *exclude undesired states* (negative control)." [674]

Aus den beiden zitierten Begriffsabgrenzungen von Schneider lassen sich die folgenden zentralen Aussagen ableiten:

- Die mit Governance verbundene Art und Weise der Lenkung wird durch den Bezug auf verschiedene Feedback-Mechanismen[675] modelliert, die sich letztlich auf das kybernetische „Ur-Modell" des Regelkreises zurückführen lassen. Diese können schließlich dazu beitragen, den Abweichungen eines sozialen Systems von einem angestrebten Zustand durch Feedforward und Feedback zu beheben oder zu verringern. Wie schon in Kapitel 2.1 dargelegt, steht dabei jedoch außer Frage, dass das eher maschinistische Regelkreis-Modell der Kybernetik erster Ordnung nicht unmittelbar auf soziale Systeme übertragen werden kann. Mit Hilfe des Rekurses von Governance auf das Regelkreis-Modell können aber die grundlegenden funktionalen Komponenten, die in Governance-Systemen angelegt sind, betrachtet und analysiert werden.
- Die verschiedenartigen Feedback-Mechanismen und der Bezug zu „individual and collective actors"[676] verdeutlichen die Offenheit für einen Pluralismus an Lenkungsakteuren und -formen, wie sie für das Governance-Konzept charakteristisch ist. Dies umfasst zunächst alle Facetten staatlicher oder nicht-staatlicher bzw. hierarchischer und partizipativ-demokratischer Lenkungsformen. Governance wird damit als pluralistisches Lenkungskonzept beschrieben.
- Das abstrahierte Ziel der Lenkung und damit der Zweck von Governance wird durch den Bezug auf das Viability-Konzept deutlich

[674] Schneider (2004b), S. 30–31.

[675] An dieser Stelle kritisch zu sehen ist, dass Schneider nicht explizit auf den Feedforward-Mechanismus hinweist. So ist im Nachhaltigkeitskontext eine Beschränkung auf Feedback, also ein rein reaktives Handeln in vielen Fällen unzureichend, was am 2°C-Ziel in der internationalen Debatte zum Klimawandel deutlich wird: Würde man hier warten, bis sich das „System Erde" entsprechend aufgeheizt hat und erst dann Klimaschutz- und Klimawandelanpassungsmaßnahmen ergreifen, wäre dies deutlich zu spät. Zieht man als Zielgröße aber die CO_2-Konzentration in der Atmosphäre heran, ist auch ein Feedback-Mechanismus zur Regelung ausreichend.

[676] Schneider (2004b), S. 31.

(„to enable a society to *keep itself in a viable range*"[677]). Damit erhalten die Problemlösungsbeiträge einzelner Governance-Prozesse das übergeordnete – und im systemtheoretischen Diskurs auch nicht hinterfragte – Ziel, zur Lebensfähigkeit des Gesamtsystems beizutragen. Die kybernetische Perspektive auf Governance stellt damit den direkten Anschluss zum Verständnis von Nachhaltigkeit als Lenkungsproblem des sozialen Systems Erdbevölkerung her.

- Neben der fortwährenden Definition und des Abgleichs der Systemzustände, die das Gesamtsystem auf lebensfähigen Entwicklungspfaden halten, gehört zu den Funktionen eines Governance-Systems ebenfalls, die Verfügbarmachung, Koordination und Kombination der zur kollektiven Problemlösung erforderlichen Ressourcen. Die verschiedenen Governance-Akteure bringen damit ihre jeweiligen Problemlösekapazitäten ein, um das System in einem lebensfähigen Zustand zu halten.

Ferner macht Schneider in seinen Begriffsabgrenzungen auch die Zielstellungen einer kybernetisch orientierten Betrachtung von Governance deutlich. So können analytisch-deskriptive, normativ-präskriptive und strategische Governance-Ansätze unterschieden werden[678]. Mit der Aussage „Governance theories thus try *to explain how*"[679] verweist Schneider schließlich klar auf den aus seiner Perspektive analytisch-deskriptiven Charakter der Governance-Forschung.

Das Ziel der von ihm vorgestellten kybernetischen Governance-Perspektive ist es demnach, „Steuerungswirkungen über das Zusammenspiel von individuellem und kollektivem Handeln mit formellen und informellen Institutionen zu erklären"[680]. Dabei hebt er hervor, dass „Steuerungs- und Regelungsprozesse immer an das letztlich ‚eigensinnige' Akteurhandeln rückgebunden"[681] bleiben. Eben durch diesen gleichzeitigen Einbezug akteursbezogener und institutionalistischer Einflussgrößen auf das Regelsystem könnten die für das Überleben des Systems erforderlichen „Zielkorridore" nicht vom System

677 Schneider (2004b), S. 31.
678 Vgl. hierzu weiterführend Kapitel 4.2.
679 Schneider (2004b), S. 31.
680 Schneider (2004a), S. 177.
681 Schneider (2004a), S. 177.

vorgegeben werden, sondern blieben Gegenstand verschiedener Interaktions- und Aushandlungsprozesse, durch die der anzustrebende Systemzustand in Form ständiger Rückkopplungsschleifen zu ermitteln sei. Eine zentrale Planungsinstanz, die das gemeinsame und richtige „Systemziel" vorgeben kann, wie in den frühen politischen Steuerungsmodellen der Kybernetik propagiert, sei demnach nicht mehr Gegenstand von Governance als akteurzentrierte institutionelle Kybernetik. [682]

An dieser Stelle wird wiederum die hohe Anschlussfähigkeit des kybernetisch geprägten Governance-Konzepts mit der Nachhaltigkeitsdiskussion deutlich: Was Schneider im Rahmen der Governance-Analyse als „‚Zielkorridore' für gesellschaftliche Gleichgewichte"[683] beschreibt, die „nicht automatisch vom ‚System' vorgegeben"[684] werden können, kann unmittelbar auf den Nachhaltigkeitsdiskurs übertragen werden: Wie in Kapitel 3.2 erörtert, ist es nicht möglich, Nachhaltigkeit ex ante zu definieren. Vielmehr sind zur Vermeidung nicht-nachhaltiger Entwicklungen im Rahmen einer fortwährenden Erkenntis- und Konsensfindung entsprechende Leitplanken[685] festzulegen.

Der für das Governance-Konzept im Vergleich zu klassischen Steuerungsansätzen, wie der hierarchischen Steuerung, charakteristische Einbezug verschiedener Lenkungsformen und -akteure[686] wird von Schneider als Prozess verstanden, „in dem Systemintegration und Ordnungsproduktion mittels vielfältiger institutioneller Mechanismen erreicht wird"[687]. Diese unterschiedlichen Mechanismen erforderten schließlich eine akteurzentrierte, mikroanalytische Fundierung der Steuerung und Regelung gesellschaftlicher (oder allgemeiner sozialer) Systeme[688]. Damit knüpft Schneider unmittelbar an die Arbeiten von Mayntz und Scharpf an, die mit ihrem „akteurzentrierten Institutionalismus" seit Ende der 1980er Jahre einen politischen Steuerungsbegriff prägten, der akteursbezogene Handlungstheorien und institutionelle Erklärungsansätze in den Mittelpunkt der sozialwissen-

682 Vgl. Schneider (2004a), S. 177.
683 Schneider (2004a), S. 177.
684 Schneider (2004a), S. 177.
685 Zur Diskussion um „ökologische Leitplanken" für Nachhaltige Entwicklung vgl. Rogall (2012), S. 143, 177 ff.
686 Siehe Kapitel 3.
687 Schneider (2004a), S. 175.
688 Vgl. Schneider (2004a), S. 174 ff.

schaftlichen Governance-Forschung rückt[689]. Auf die Fundierung von Governance durch akteursbezogene und institutionalistische Theorieansätze wird in Kapitel 4.3 ausführlich eingegangen, wenn Corporate Sustainability Governance organisationstheoretisch eingeordnet wird.

4.1.3.2 Zusammenfassung: Nachhaltigkeit, Lebensfähigkeit und Governance auf verschiedenen Systemebenen

In den vorangehenden Abschnitten wurde gezeigt, dass sich Nachhaltigkeit und Governance durch eine kybernetische Re-Definition als Lenkungsproblem bzw. Lenkungskonzept in einen metatheoretischen Beziehungszusammenhang bringen lassen.

Aus dem Blickwinkel der systemtheoretisch-kybernetischen Modellierung, die auf verschiedenen Rekursionsebenen angesiedelt ist, wurde deutlich, dass das gesamtgesellschaftliche Leitbild nachhaltiger Entwicklung zunächst die oberste Abstraktionsebene, also die Lebensfähigkeit des sozialen Supersystems der Weltbevölkerung adressiert. Bei einem Wechsel der Abstraktionsebene ist das Kriterium der Nachhaltigkeit bzw. Lebensfähigkeit schließlich entsprechend auf die Subsysteme zu übertragen, womit auch der Zusammenhang zwischen „Governance für Nachhaltigkeit“ auf gesamtsystemischer Ebene und auf der Ebene des Unternehmens im Sinne von Corporate Sustainability Governance deutlich wird.

Ob und welche Formen von Governance die für eine nachhaltige Entwicklung notwendigen Lenkungsvorgänge bereitstellen können ist, wie oben beschrieben, nicht ex ante vorherseh-, sondern nur ex post feststellbar. Mit dem Konstrukt der Corporate Sustainability Governance wird diesbezüglich schließlich ein Element des gesamten nachhaltigkeitsbezogenen Lenkungssystems näher analysiert.

---

[689] Vgl. Mayntz, Scharpf (1995) und Scharpf (2006); vgl. auch Lange (2007), S. 181. Zum akteurzentrierten Institutionalismus siehe ausführlicher Kapitel 4.3.5.

In Abbildung 5 sind die Überlegungen der vorangehenden Abschnitte zusammenfassend dargestellt:

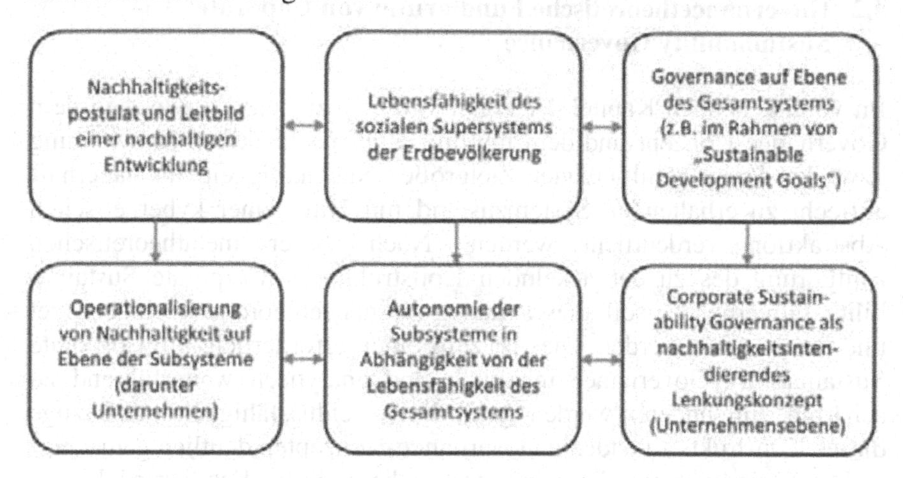

Abbildung 5: „Nachhaltigkeit", „Lebensfähigkeit" und „Governance" auf verschiedenen Systemebenen

4.2 Governancetheoretische Fundierung von Coporate Sustainability Governance

Im vorangehenden Kapitel 4.1 konnten die Beziehungen zwischen dem Governance-Konzept und dem Leitbild einer nachhaltigen Entwicklung bzw. der daraus resultierenden Zielgröße „Nachhaltigkeit“ als dauerhaft aufrecht zu erhaltenden Systemzustand mit Hilfe einer kybernetischen Abstraktion verdeutlicht werden. Nach dieser metatheoretischen Einführung des zu entwickelnden Konstrukts der Corporate Sustainability Governance, soll dieses nun governancetheoretisch eingeordnet und untermauert werden. Dies ist zum einen erforderlich, um Corporate Sustainability Governance inhaltlich und analytisch weiterführend zu schärfen, zum anderen werden damit die Anschlussfähigkeit und Bezüge dieses Konstrukts zu anderen Governance-Konzepten deutlich gemacht.

Die Grundlage für diese governancetheoretische Fundierung liefern die in Kapitel 3 vorgestellten Governance-Konzepte und Diskursfelder. Dabei wird gezeigt, welche Bezugspunkte zwischen Corporate Sustainability Governance und bestehenden Governance-Ansätzen existieren und an welchen Stellen wiederum vorhandene Perspektiven und theoretische Grundlagen erweitert bzw. miteinander kombiniert werden sollten, um zu einem umfassenden Verständnis und Modellierungsansatz zu kommen.

Hierfür werden in diesem Kapitel die folgenden Aspekte aufgegriffen und die mit ihnen verbundenen Fragestellungen beantwortet:

- *Betrachtete Governance-Systeme:*
  „Welche Akteure, Strukturen, Prozesse und Inhalte umfasst Corporate Sustainability Governance?“
- *Intendierter Governance-Output:*
  „Was sind die Ziele von Corporate Sustainability Governance?”
- *Methodische Zielstellung der Betrachtung:*
  „Normativ-präskriptive oder analytisch-deskriptive Variante?“
- *Institutionenverständnis:*
  „Welche Differenzierungen des Institutionenbegriffs sind für die Modellierung von Corporate Sustainability Governance

erforderlich?“

- *Bezugspunkte im Governance-Diskurs:*
  „Welche Governance-Diskursfelder sind mit Corporate Sustainability Governance verbunden?“

Aus der Beantwortung dieser Fragestellungen können schließlich ein Analyseraster sowie Modellierungsanforderungen für die Betrachtung von Phänomenen der Corporate Sustainability Governance abgeleitet werden. So wird durch sie festgelegt, welche Elemente die Systeme der Corporate Sustainability Governance konstituieren und in welchem Verhältnis diese zueinander stehen (zum Beispiel Akteur und Institution), welche Untersuchungsobjekte in die Analyse einbezogen werden (zum Beispiel die Art der handlungsprägenden Einflussfaktoren, aber auch der betrachteten „Governance-Outputs“) und welchen methodischen Charakter die Auseinandersetzung mit diesen haben soll (zum Beispiel normativ oder analytisch).

Die Auseinandersetzung mit den Bezugspunkten zu bestehenden Governance-Diskursen trägt schließlich dazu bei, einerseits relevante Bausteine und Zusammenhänge für die Modellierung von Corporate Sustainability Governance in der existierenden Governance-Landschaft zu identifizieren und andererseits das Konstrukt entsprechend abzugrenzen.

4.2.1 Betrachtete Governance-Systeme: Welche Akteure, Strukturen, Prozesse und Inhalte umfasst Corporate Sustainability Governance?

Zürn stellt fest, dass der Governance-Begriff gleichermaßen zur Bezeichnung von konkreten Regelungsinhalten, von aus Akteurskonstellationen erwachsenden Governance-Strukturen (zum Beispiel Multi-Stakeholderinitiativen wie im Falle der UN Nachhaltigkeitspolitik) sowie von konkreten Aushandlungsprozessen herangezogen wird, was zu entsprechenden Konfusionen führen kann[690].

Auch im Hinblick auf den Untersuchungsgegenstand der Corporate Sustainability Governance ist es erforderlich, die mit diesem Konstrukt adressierten Governance-Systeme weiterführend zu konkretisieren.

[690] Vgl. Zürn (2008a), S. 555–556.

Analog zu der von Zürn vorgeschlagenen Differenzierung des Governance-Begriffs in Bezugnahme auf den Trias des Politikbegriffs – Polity, Politics und Policy[691] – wird daher in diesem Abschnitt abgegrenzt, welche Strukturen, Prozesse und Inhalte Corporate Sustainability Governance umfasst. Da die Strukturen von Corporate Sustainability Governance unter anderem aus den involvierten Akteurskonstellationen hervorgehen, wird dieser Trias allerdings um eine Beschreibung der diese Strukturen konstituierenden Akteure erweitert.

4.2.1.1 Akteure der Corporate Sustainability Governance

Zu den Akteuren von Corporate Sustainability Governance zählen Unternehmen in ihrer Einbettung in globalisierte Wertschöpfungsaktivitäten, ihre assoziierten Zulieferer, Wettbewerber, Konsumenten, Gewerkschaften und weitere Stakeholdergruppen. Ein hierfür geeignetes Akteurskonzept, welches erlaubt, die unterschiedliche Governance-Wirksamkeit dieser verschiedenen Akteursgruppen zu betrachten, wird im Zuge der organisationstheoretischen Fundierung von Corporate Sustainability Governance in Kapitel 4.3 vorgeschlagen.

An dieser Stelle sei noch erwähnt, dass sich das Abstraktionsniveau der Akteursbetrachtung vorrangig auf die Ebene korporativer Akteure (Organisationen) bzw. kollektiver Akteure (Akteursgemeinschaften) bezieht. Entsprechend der von Mayntz und Scharpf vorgeschlagenen Vorgehensweise einer schrittweisen analytischen „Annäherung" an den Akteur bis zur Ebene des Individuums[692], kann die Betrachtung für den Fall, dass dies für die Analyse der entsprechenden Governance-Prozesse erforderlich ist, angepasst werden. Beispiele hierfür könnten etwa die Abhängigkeit von Verhandlungsergebnissen zwischen Unternehmen und NGOs von den Persönlichkeitseigenschaften der beteiligten Akteure oder auch die Fragestellung der Übernahme nachhaltigkeitsbezogener Steuerungsimpulse in die Unternehmenskultur und das Mitarbeiterverhalten sein.

---

691 Vgl. Zürn (2008a), S. 555–557.
692 Vgl. Mayntz, Scharpf (1995), S. 66.

4.2.1.2 Strukturen von Corporate Sustainability Governance

Die Strukturen von Corporate Sustainability Governance erwachsen einerseits aus dem institutionellen Gefüge, in das unternehmerisches Handeln eingebettet ist und andererseits aus konkreten Akteurskonstellationen[693]. Aus den Interaktionen dieser Akteure resultieren schließlich unterschiedliche Strukturformen von Corporate Sustainability Governance. Diese können sowohl formeller und eher dauerhafter Natur sein, wie etwa die Dialogprozesse Runder Tische[694] oder der UN Global Compact. Sie können sich allerdings auch spontan und emergent entwickeln, wie im Fall kurzfristiger Koalitionen zwischen NGOs und Kunden oder weiteren Stakeholders, die mit einem Unternehmen in Verhandlung oder Konfrontation treten, um ihre Anliegen fallspezifisch zu artikulieren und durchzusetzen. Dies ist zum Beispiel dann der Fall, wenn NGOs die Kunden eines Unternehmens zum Boykott von dessen Produkten oder zum Protest gegen bestimmte Unternehmensaktivitäten aufrufen, wie etwa bei den Boykotts von Shell-Tankstellen im Zuge der Diskussion um die Versenkung der Ölplattform „Brent Spar“ im Jahr 1995 Jahren oder die (im übrigen durch EU-Mittel öffentlich finanzierten) Kampagnen zum Thema „Faire Elektronik“, bei der die Kunden von Elektronikgeräteherstellern zu Protesten gegen die Sozial- und Umweltstandards bei der Produktion in Entwicklungs- und Schwellenländern aufgerufen wurden[695].

Im Gegensatz zum politikwissenschaftlichen Verständnis von Governance als Koordinationsform, die jeweils auf ein Kollektiv von Akteuren zielt, kann Corporate Sustainability Governance dabei auch auf nur wenige oder einzelne Unternehmen gerichtet sein. Dieser Umstand ist in der Modellierung des Konstrukts anhand der in Kapitel 4.3 zu wählenden theoretischen Erklärungs- und Analyseansätze entsprechend zu berücksichtigen und weist erneut auf die Notwendigkeit einer akteursspezifischen Perspektive hin. Doch selbst wenn zunächst einzelne

---

[693] Vgl. Zürn, der Governance-Strukturen unter anderem als Resultat von Akteurskonstellationen verortet (Zürn (2008a), S. 557–558.)

[694] Vgl. hierzu etwa den Runden Tisch Verhaltenskodizes, der von der Deutsche Gesellschaft für Internationale Zusammenarbeit (GIZ) koordiniert wird. URL: http://www.coc-runder-tisch.de/ (zuletzt geprüft am 02.12.2014).

[695] Vgl. hierzu zum Beispiel die von mehreren NGOs durchgeführten Projekte “MakeITfair” und “ProcureITfair”. ULR (zuletzt geprüft am 10.01.2015): http://www.somo.nl/networks/makeitfair.

Unternehmen als Adressaten im Mittelpunkt von Corporate Sustainability Governance stehen, bedeutet dies nicht, dass die resultierenden Governance-Prozesse nicht auch für andere Unternehmen oder ganze Wirtschaftsbereiche relevant werden, wie sich an zahlreichen Beispielen von Unternehmensskandalen mit ausstrahlender Wirkung auf die gesamte Branche zeigt. Diese Entwicklung lässt sich zum Beispiel in der Textil- und Elektronikindustrie nachvollziehen sowie in der sehr früh vom Auftreten großer Chemieunfälle betroffenen chemischen Industrie[696].

Neben der analytischen Rückführung der Corporate Sustainability Governance-Strukturen auf konkrete Akteurskonstellationen sind allerdings auch insitutionelle Rahmenbedingungen in die Modellierung einzubeziehen. Sie resultieren unter anderem aus dem gesellschaftlichen Normen- und Wertegefüge und können auch ohne unmittelbare Artikulation durch einzelne Akteure von Seiten der Unternehmen als Grundlage ihrer „License to operate“ akzeptiert sein und damit entsprechend Governance-Wirksamkeit entfalten. Diese institutionellen Rahmenbedingugnen werden in Kapitel 4.2.4 ausführlich abgegrenzt.

4.2.1.3 Prozesse der Corporate Sustainability Governance

Die Prozesse von Corporate Sustainability Governance sind vielgestaltig. Sie kommen beispielsweise durch den normativen Druck, den Nichtregierungsorganisationen auf Unternehmen ausüben zustande, durch die (befürchtete) Änderung des Kaufverhaltens von zunehmend nachhaltigkeitsbewussten Kunden, die Einflussnahme durch internationale Institutionen wie Gewerkschaften oder Multi-Stakeholder-Initiativen (wie zum Beispiel der UN Global Compact) im Zuge der Implementierung von Sozial- und Umweltstandards in Entwicklungs- und Schwellenländern und nicht zuletzt auch durch das steigende Interesse von Shareholders bzw. Fremdkapitalgebern an ethischem Investment[697], was zu entsprechenden Anforderungen an das Risikomanagement und die Nachhaltigkeitsbilanz von Unternehmen führt.

Doch auch Unternehmen selbst verfügen über ein erhebliches nachhaltigkeitsbezogenes Gestaltungspotenzial. Dies wird im Kontext der Debatte um Global Governance vor allem am Beispiel multinational

[696] Vgl. Rogall (2012), S. 38–39.
[697] Vgl. Flotow, Kachel (2011).

agierender Unternehmen deutlich, die als „Lead Firms“ in globalen Wertschöpfungsketten agieren. Sie nehmen in ihrer Interaktion mit Zulieferern und Unterauftragnehmern beispielsweise durch die Mechanismen einer Chain Governance mittelbar oder unmittelbar Einfluss auf die Gestaltung von Arbeitsbedingungen und Produktionsverfahren und – speziell in Entwicklungs- und Schwellenländern – ebenso auf die dort entstehenden Technologien und getätigten Investitionen.

Zu den Prozessen der Corporate Sustainability Governance können aber auch die Dialog- und Transferprozesse gezählt werden, die im wissenschaftlichen sowie in der Unternehmenspraxis geführten Diskurs um Unternehmensverantwortung bzw. nachhaltige Entwicklung im Allgemeinen entstehen. So werden dort Problemstellungen und Handlungsnotwendigkeiten im Bereich unternehmerischer Nachhaltigkeit propagiert sowie die Entwicklung und Verbreitung allgemein akzeptierter und damit Legitimität schaffender Managementkonzepte und Instrumente vorangebracht (wie zum Beispiel Nachhaltigkeitsberichterstattung), aus denen wiederum Steuerungs- und Handlungsimpulse entstehen können, die sich als governance-wirksam erweisen.

4.2.1.4 Inhalte von Corporate Sustainability Governance

Die Inhalte, also die konkreten durch Corporate Sustainability Governance aufgegriffenen „Policies“[698], sind in zahlreichen international akzeptierten Regelwerken dezidiert festgelegt. So wurden viele der Kerninhalte, zum Beispiel im Bereich der Einhaltung von Menschenrechten und Kernarbeitsnormen, aber auch in Bezug auf den Umweltschutz schon vor Jahrzehnten erarbeitet[699]. Diese Inhalte wurden in jüngerer Vergangenheit durch verschiedene Initiativen in veränderter, oft konsolidierter Form aufgegriffen, so zum Beispiel durch die Prinzipien des UN Global Compact[700], oder zielspezifisch angepasst, wie für das Anwendungsfeld der Unternehmensberichterstattung in Form der Indikatorensets der Global Reporting Initiative. Außerdem sind in der Zwischenzeit zahlreiche weitere, auf spezifische Themen fokussierende Governance-Inhalte entstanden, wie die OECD Due Diligence Guide-

---

[698] Vgl. Zürn (2008a), S. 555–557.
[699] Vgl. hierzu die ILO-Kernarbeitsnormen und die UN Menschrechtskonventionen.
[700] Vgl. ULR (zuletzt geprüft am 10.01.2015): https://www.unglobalcompact.org.

lines for Conflict Minerals[701] oder die Einhaltung von Menschenrechten im so genannten Ruggie-Framework[702], die auf die genannten Kerninhalte Bezug nehmen und um themenspezifische Fragestellungen ergänzen.

Das bisher umfassendste, international anerkannte Regelwerk, in dem relevante Inhalte von Corporate Sustainability Governance festgeschrieben wurden, ist der im Jahr 2010 von der International Organization for Standardization (ISO) vorgelegte Leitfaden zur gesellschaftlichen Verantwortung, ISO 26000[703]. Er beruht auf einem breit angelegten, mehrere Jahre andauernden Multistakeholderprozess und bezieht bestehende Richtlinien und Standards ein[704], womit ihm eine besonders hohe Definitionskraft sowie Legitimität zukommt. Aus diesen Gründen sollen die sieben Kernthemen der ISO 26000 mit ihren Handlungsfeldern (siehe Tabelle 9) als übergeordneter Referenzpunkt für die Inhalte von Corporate Sustainability Governance in diesem Buch herangezogen werden.

Neben den geschilderten, formalen Festschreibungen der Inhalte von Corporate Sustainability Governance entstehen im Governance-System auch spezifische, emergente Diskussionsgegenstände, die in Form von Issues[705] auftreten und einzelne Unternehmen oder ganze Wirtschaftszweige betreffen können.

---

701 Vgl. OECD (2013)

702 Vgl. Geschäftsstelle Deutsches Global Compact Netzwerk (2014).

703 Vgl. Deutsches Institut für Normung (2011).

704 Vgl. Deutsches Institut für Normung (2011), S. 5.

705 Der Issue-Begriff kann nach Röttger und Preusse (2007) wie folgt abgegrenzt werden: „Als Issues werden zusammenfassend Themen verstanden, die die organisationalen Handlungsspielräume tatsächlich oder potenziell betreffen (Relevanz), mit unterschiedlichen Ansprüchen auf Seiten der Stakeholder und der Organisation belegt sind (Erwartungslücke) und unterschiedlich interpretiert werden können, Konfliktpotenzial aufweisen (Konflikt) und von öffentlichem Interesse (Öffentlichkeit) sind.“ (Röttger, Preusse (2007), S. 165).

<table>
<tr><th colspan="2">Handlungsfelder (kursiv) in den sieben Kernthemen der ISO 26 000</th></tr>
<tr><td colspan="2">Kernthema 1: Organisationsführung
Prozesse und Strukturen der Entscheidungsfindung</td></tr>
<tr><td colspan="2">Kernthema 2: Menschenrechte</td></tr>
<tr><td>1 Gebührende Sorgfalt
2 Menschenrechte in kritischen Situationen
3 Mittäterschaft vermeiden
4 Missstände beseitigen</td><td>5 Diskriminierung und schutzbedürftige Gruppen
6 Bürgerliche und politische Rechte
7 Wirtschaftliche, soziale und kulturelle Rechte
8 Grundl. Prinzipien und Rechte bei der Arbeit</td></tr>
<tr><td colspan="2">Kernthema 3: Arbeitspraktiken</td></tr>
<tr><td>1 Beschäftigung und Beschäftigungsverhältnisse
2 Arbeitsbedingungen und Sozialschutz
3 Sozialer Dialog</td><td>4 Gesundheit und Sicherheit am Arbeitsplatz
5 Menschliche Entwicklung und Schulung am Arbeitsplatz</td></tr>
<tr><td colspan="2">Kernthema 4: Umwelt</td></tr>
<tr><td>1 Vermeidung der Umweltbelastung
2 Nachhaltiger Nutzen von Ressourcen</td><td>3 Abschwächung des Klimawandels
4 Umweltschutz, Artenvielfalt und Wiederherstellung natürlicher Lebensräume</td></tr>
<tr><td colspan="2">Kernthema 5: Faire Betriebs- und Geschäftspraktiken</td></tr>
<tr><td>1 Korruptionsbekämpfung
2 Verantwortungsbewusste politische Mitwirkung
3 Fairer Wettbewerb</td><td>4 Gesellschaftliche Verantwortung in der Wertschöpfungskette fördern
5 Eigentumsrechte achten</td></tr>
<tr><td colspan="2">Kernthema 6: Konsumentenanliegen</td></tr>
<tr><td>1 Faire Werbe-, Vertriebs- und Vertragspraktiken
2 Schutz von Gesundheit und Sicherheit der Konsumenten
3 Nachhaltiger Konsum</td><td>4 Kundendienst, Beschwerdemanagement
5 Schutz und Vertraulichkeit von Kundendaten
6 Sicherung der Grundversorgung
7 Verbraucherbildung und Sensibilisierung</td></tr>
<tr><td colspan="2">Kernthema 7: Einbindung und Entwicklung der Gemeinschaft</td></tr>
<tr><td>1 Einbindung der Gemeinschaft
2 Bildung und Kultur
3 Schaffung von Arbeitsplätzen und berufliche Qualifizierung</td><td>4 Technologien entwickeln und Zugang dazu ermöglichen
5 Schaffung von Wohlstand und Einkommen
6 Gesundheit
7 Investition zugunsten des Gemeinwohls</td></tr>
</table>

Tabelle 9: Kernthemen und Handlungsfelder der ISO 26000[706]

---

[706] Tabelle zusammengestellt aus Deutsches Institut für Normung (2011), S. 10–11.

Hierzu zählen diverse Skandale, wie zum Beispiel um „Sweat-Shops“ in der Textilindustrie in den 1990er Jahren oder die Brände bzw. der Einsturz einer Textilfabrik in den Jahren 2013 und 2014[707], woraus sich in Deutschland von Seiten der Politik eine Diskussion um ein Bündnis gegen die Ausbeutung von Textilarbeitern in Entwicklungs- und Schwellenländern entwickelte[708]. Weitere prominente Beispiele, welche die Inhalte von Corporate Sustainability Governance prägen, sind die Arbeitsbedingungen bei der Herstellung von Elektronikartikeln („Foxconn und Apple“ in den Jahren 2010, 2012 und 2013)[709], Ereignisse, wie die geplante Versenkung der Ölplattform „Brent Spar“ in der Nordsee im Jahr 1995[710], das Unglück auf der „Deepwater Horizon“ (2010) und die gegenwärtig stark diskutierte Thematik der „Conflict Minerals“ (2013-2014), die sich auch in gesetzlichen Regelungen (Dodd-Frank-Act, USA)[711] bzw. Verordnungsentwürfen (EU)[712] niedergeschlagen hat.

Mit Bezug auf die geschilderten Konkretisierung der Inhalte, Akteure, Strukturen und Prozesse von Corporate Sustainability Governance kann schließlich festgehalten werden, dass Corporate Sustainability Governance alle Prozesse intentionaler Ordnungsbildung in Wirtschaftssystemen (von sektoraler Ebene bis hin zum Einzelunternehmen) umfasst, welche die Zielstellung nachhaltigerer Wertschöpfungspraktiken von Unternehmen zum Inhalt haben.

Die diesbezüglichen Governance-Strukturen ergeben sich einerseits aus Akteurskonstellationen zwischen multinationalen Unternehmen bzw. deren Vertreterorganisationen und ihren globalen Handelspartnern, Organisationen zivilgesellschaftlicher Governance (NGOs, Interessenverbände etc.) und weiteren einflussreichen Stakeholders sowie staatlichen Organen in sowie jenseits ihrer traditionellen Rolle hierarchischer Steuerung. Andererseits sind die Strukturen von Corporate Sustainability Governance auf die Einbettung dieser Akteurskonstellation in das

---

707 Vgl. Scherrer et al. (2013).

708 Vgl. hierzu das in Kapitel 1 geschilderte „Bündnis für nachhaltige Textilien“, dessen Ziele von Seiten verschiedener Branchenverbände und Unternehmen kritisch gesehen werden.

709 Vgl. Scherrer et al. (2013).

710 Vgl. Zyglidopoulos (2002).

711 Vgl. U.S. Government Publishing Office (2010).

712 Vgl. Europäische Kommission (2014).

bestehende formale und informale Institutionengefüge zurückzuführen[713].

4.2.2 Intendierter Governance-Output: Was ist das Ziel von Corporate Sustainability Governance?

Insbesondere der politikwissenschaftliche Governance-Diskurs ist mit einem gewissen „Problemlösungsbias“[714] verbunden, das heißt mit dem Anspruch, dass Governance-Prozesse *intentional zur Lösung kollektiver Problemstellungen* und damit zum Gemeinwohl eines bestimmten Kollektivs beitragen.

Mit diesem Verständnis scheint auch der intendierte Output von Corporate Sustainability Governance zunächst gut abgegrenzt zu sein: Unabhängig davon, ob sie zur Verteidigung von Minderheitenrechten im Betrieb, der Verbesserung von Arbeitsbedingungen und Sozialstandards in industriellen Schwellenländern oder zum Umweltschutz und zur Verbrauchersicherheit durch das Verbot toxischer Substanzen beitragen – stets adressieren die Prozesse von Corporate Sustainability Governance das Wohl eines mehr oder weniger großen Kollektivs, bis hin zu den Entwicklungsmöglichkeiten zukünftiger Generationen.

Den Output von Governance auf deren Gemeinwohlintention zurückzuführen ist aber auch mit Einschränkungen verbunden, wie Schuppert betont:

> Der „Befund, dass das Gemeinwohl in der sozialen Wirklichkeit äußerst fragmentiert ist und das jeweilige Wohl unterschiedlichster Kollektive sein kann, als auch der weitere Befund, dass Gemeinwohlvorstellungen verschiedener Kollektive miteinander konkurrieren oder gar aufeinander prallen können, lässt es rätlich erscheinen, das Gemeinwohlerfordernis nicht zum Tatbestandsmerkmal des Governancebegriffs zu erheben.“[715]

Es ist also nicht per se von einem widerspruchsfreien Gemeinwohlbeitrag durch Governance auszugehen. Vielmehr ist zu unterscheiden, welche Interessen durch Governance-Prozesse im Einzelnen bedient werden und welches „Gemeinwohl“ mit welcher dahinter stehenden Intention reklamiert wird.

---

713 Vgl. Kapitel 4.2.4.
714 Mayntz (2006), S. 17.
715 Schuppert (2008), S. 29.

So entstehen Governance-Prozesse nicht immer aus einer Problemlösungsabsicht heraus. Wie die politische Wirklichkeit zeigt, stehen vielmehr oftmals auch Motive des Machterwerbs oder -erhalts im Zentrum[716]. Und auch ob bzw. in welcher Art und Weise bestimmte Problemfelder überhaupt aufgegriffen und thematisiert werden, ist von den jeweiligen Eigeninteressen der beteiligten Akteure (wie Medien und NGOs) abhängig[717].

Dennoch kann Corporate Sustainability Governance aber eine gewisse Intentionalität im Sinne eines beabsichtigen Beitrags zu nachhaltigeren Wertschöpfungspfaden unterstellt werden[718]. Diese ist aber nicht mit Output-Effektivität, also einem tatsächlichen Problemlösungsbeitrag, gleichzusetzen. Aus diesem Grund wird Corporate Sustainability Governance an dieser Stelle als „nachhaltigkeitsintendierend“[719] und nicht als „nachhaltigkeitsfördernd“ oder gar „nachhaltig“ charakterisiert.

So wird es in den meisten Fällen unklar bleiben, ob die Prozesse von Corporate Sustainability Governance tatsächlich zu einer nachhaltigeren Entwicklung beitragen, auch wenn dies ihre ursprüngliche Intention ist – oder noch vorsichtiger formuliert – dies ihre vorgegebene Intention sein sollte. Dieser Umstand ist einerseits auf den konstruktivistischen Charakter des Nachhaltigkeitsleitbilds und die damit verbundene Ex-ante-Unschärfe von Nachhaltigkeitsforderungen zurückzuführen. Andererseits ist es wegen der hohen Systemkomplexität auch ex post meist sehr schwer, tatsächliche Nachhaltigkeitseffekte zu messen.[720]

Natürlich können aber – trotz der allgemeinen Unbestimmtheit des Nachhaltigkeitsbegriffs – in vielen Fällen nicht-nachhaltige Entwicklungspfade als solche identifiziert werden (vgl. Abschnitt 2.1.2). Hierzu gehören zum Beispiel jene Wertschöpfungsprozesse, die zu (irreversiblen) Schädigungen der menschlichen Gesundheit (zum Beispiel gesundheitsgefährdende Arbeitsbedingungen), von sozialen Ent-

---

716 Vgl. Mayntz (2006), S. 17.

717 Vgl. Kapitel 4.3.

718 So formuliert Schuppert (2008), S. 28 z.B. im Hinblick auf NGOs: „Daneben gibt es […] eine Reihe von z. T. selbst ernannten Anwälten und Wächtern des Gemeinwohls wie etwa Greenpeace oder Transparency International. Solchen NGOs die Qualität von gemeinwohlorientierten Governanceakteuren absprechen zu wollen, wird schwerlich Gefolgschaft finden.“

719 Vgl. zum Begriff „nachhaltigkeitsintendierend“ auch Zink, Fischer, Hobelsberger (Hrsg.) (2012).

720 Vgl. hierzu Kapitel 4.1.

wicklungsformen (zum Beispiel durch Korruption oder die Ausbeutung gesellschaftlicher Ressourcen) sowie von ökologischen Systemen führen. Wie im vorangehenden Kapitel 4.2.1 gezeigt wurde, sind viele dieser Aspekte auch Inhalte und Diskussionsgegenstand von Corporate Sustainability Governance.

Zusammenfassend kann also festgehalten werden, dass Corporate Sustainability Governance zwar als nachhaltigkeitsintendierende Governance bezeichnet werden kann. Die Intentionalität ihrer jeweiligen Governance-Prozessese ist aber von den Interessen und den (kognitiven) Fähigkeiten der beteiligten Akteure abhängig, was zu Einschränkungen der Effektivität von Corporate Sustainability Governance sowie, im Fall von stellvertretender Interessenartikulation, zu problematischen Konstellationen im Hinblick auf deren Input-Legitimität führen kann[721]. Diese Aspekte sind wiederum bei der Auswahl theoretischer Erklärungsansätze für Corporate Sustainability Governance zu berücksichtigen[722].

4.2.3 Methodische Zielstellung der Betrachtung: Normativ-präskriptive und analytisch-deskriptive Variante

Wie bei der Vorstellung der unterschiedlichen Entwicklungspfade und Diskursfelder von Governance in Kapitel 3 deutlich wurde, unterscheiden sich die verschiedenen Governance-Konzepte nicht nur hinsichtlich ihres theoretischen Referenzrahmens und den davon abhängenden, jeweils betrachteten Governance-Systemen, sondern auch durch die Zielstellung, die mit der Betrachtung als solche verbunden ist.

So wurden einerseits analytisch-deskriptiv geprägte Governance-Konzepte vorgestellt, wie sie vor allem aus den theoretischen Entwicklungslinien der Wirtschafts- bzw. Politikwissenschaften entstanden sind. Andererseits wurde gezeigt, dass der Governance-Begriff auch eine normativ-präskriptive Verwendung findet und dann mit konkreten Gestaltungsempfehlungen und -forderungen verknüpft oder gar als politisches „Allheilmittel“ propagiert wird.

Um den stark ausdifferenzierten Governance-Begriff weiterführend zu systematisieren, ist daher der Blick auf die jeweils mit seiner Verwendung verbundenen Zielstellungen hilfreich. Diese zeigt Brunnengräber sehr anschaulich am Diskurs um Global Governance, innerhalb dessen er

---

[721] Vgl. Kapitel 5.1.

[722] Vgl. Kapitel 4.3.

die drei verschiedene Varianten einer normativen, politisch-strategischen und analytisch-theoretischen Betrachtung unterscheidet[723], was in Tabelle 10 entsprechend zusammenfassend dargestellt ist.

Anhand dieser Tabelle wird ebenfalls ersichtlich, dass mit dem Untersuchungsgegenstand von Corporate Sustainability Governance ein unmittelbarer Bezug zum normativen Leitbild nachhaltiger Entwicklung und damit inhaltlich verwandten politischen Programmen gegeben ist.

Diese Nähe zu normativ-präskriptiven und politisch-strategischen Inhalten verhindert jedoch nicht, sich den resultierenden Governance-Formen analytisch zu nähern[724]. Dementsprechend soll bei der Betrachtung von Corporate Sustainability Governance die analytisch-deskripive Untersuchung von Governance-Strukturen und -Prozessen im Vordergrund stehen, auch wenn diese (teilweise) auf normativ-präskriptive bzw. politisch-strategische inhaltliche Zielstellungen zurückzuführen sind.

Corporate Sustainability Governance ist demnach nicht als normativ-präskriptives oder per se positiv besetztes Konstrukt zu sehen, sondern als analytisches Konzept zur Analyse, Beschreibung und Erklärung der Interaktionen verschiedener Akteure mit dem Ziel einer nachhaltigkeitsintendierenden Einflussnahme auf Unternehmenshandeln. Wie in Kapitel 3.4 diskutiert, dient Governance dabei als übergeordneter analytischer Referenzrahmen und Brückenkonzept, das bewusst offen für einen Theorienpluralismus ist und es erlaubt, den Erkenntnisbeitrag sowie die Erklärungskraft unterschiedlicher Disziplinen und theoretischer Ansätze zu verknüpfen.

---

[723] Vgl. Brunnengräber (2009), S. 23 ff.

[724] Vgl. Schuppert (2008), S. 27; vgl. hierzu auch die grundsätzliche Unterscheidung von Werturteilen im Objekt- und Aussagenbereich nach Albert (Albert (1967), S. 92 ff).

	Zielstellung	Beispiele	Beurteilung, Einschätzung
normativ-präskriptiv	Geteilte Werte, Prinzipien oder universelle Leitbilder dienen als handlungs-koordinierende, gemein-same Bezugspunkte in einer stark ausdifferenzierten Weltgemeinschaft;	Brandt-Bericht: „Das Überleben sichern" (1980); Abschlussbericht der WCED „Our Common Future" (1987); Abschlussbericht der Com-mission on Global Gover-nance „Our Global Neighbourhood" (1995);	Globalisierungsprozesse werden dann als hilfreich angesehen, wenn sie der globalen Verbreitung und Anerkennung von Menschen-rechten, Standards für effiziente öffentl. Verwaltungen oder demokratischer Verhältnisse sowie von sozialen und ökolog. Mindeststandards dienen;
politisch-strategisch	Verfolgen strategischer Ziele unter Verweis auf Governance bzw. Global Governance; zielt unter anderem darauf ab, Staatlichkeit im Prozess der Globalisierung neu zu gestalten und zu legiti-mieren; dabei häufig Rückgriff auf „Patentrezepte" (politische Schablonen) wie im Fall der Gründung neuer Organisationen einer „Weltordnungs-politik";	„Good Governance"-Ansatz der Weltbank; „Global Governance" in den politischen Konzepten der EU (Weißbuch „Europäisches Regieren"); OECD Guidelines für „Corporate Governance";	Teilweise zu unkritische Haltung gegenüber der propa-gierten „Patentrezepte"; Governance per se positiv konnotiert; Entstehung von Institutionen wird nicht hinterfragt; keine Hinterfragung der tatsächlichen Effektivität/ Legitimität von Governance-Prozessen;
analytisch-deskriptiv	Deskriptive Beschreibung bzw. tiefergehende Ana-lyse neuer Formen von Staatlichkeit sowie Formen von privat-öffentlicher Steuerung bei begrenzter Staatlichkeit; Untersuchung von institutionellen Arrange-ments für wirtschaftlich effiziente Transaktionen; darunter aber auch „Labelling" für die Forschungsarbeit;	Governance ist mittler-weile zentrales sozial-wissenschaftliches Konzept; Einrichtung von Sonderforschungs-bereichen in Deutschland; Gründung von unterschiedlichen Forsch-ungseinrichtungen (wie Hertie School for Governance, Münchner Centrum für Governance-Forschung);	Governance avancierte zum wissenschaftlichen Modebegriff; begriffliche Unschärfe und stark unterschiedliches, diszi-plinäres Verständnis von Governance; Chance für disziplinenüber-brückenden Austausch zur ganzheitlichen Untersuchung von Governance-Phänomenen;

Tabelle 10: Normative-präskriptive, politische-strategische und analytisch-deskriptive Varianten von Governance[725]

[725] Zusammengestellt aus Brunnengräber (2009), S. 23 ff.

4.2.4 Institutionenverständnis: Welche Differenzierungen des Institutionenbegriffs sind für die Modellierung von Corporate Sustainability Governance erforderlich?

In den vorangehenden Ausführungen wurde immer wieder deutlich, dass die Betrachtung von Governance-Phänomenen über verschiedene Disziplinen hinweg durch eine institutionalistische Perspektive gekennzeichnet ist. Gemeinsames Charakteristikum unterschiedlicher Governance-Konzepte ist damit der Fokus auf die handlungsprägenden Wirkungen institutioneller Arrangements, die den eigentlichen Governance-Prozessen zugrunde liegen.

In diesem Kapitel soll die Frage beantwortet werden, welche institutionellen Elemente in die Modellierung von Corporate Sustainability Governance einzubeziehen sind. Hierfür ist es zunächst notwendig, den Institutionenbegriff als solches durch eine weiterführende Differenzierung analytisch zu schärfen.

Im Anschluss daran werden die institutionellen Bausteine, die für die Betrachtung von Corporate Sustainability Governance-Phänomenen relevant sind, zusammengestellt.

4.2.4.1 Verhältnis von Institution und Akteur

Der Institutionenbegriff wurde in Kapitel 3.1.1 grundlegend eingeführt. Dabei wurde deutlich, dass dieser in der institutionalistischen Forschung einerseits zur Bezeichnung von Organisationen im eigentlichen Sinne und andererseits zur Bezeichnung dauerhafter Regeln und Arrangements, die gestaltend auf das Verhalten von Akteuren wirken, Anwendung findet[726].

Institutionen umfassen demnach in einem allgemeinen Verständnis Entscheidungssysteme (Markt, Hierarchie, Verhandlung, Wahl) und Verhaltensregeln (Rechts- und Sozialnormen wie Normen, Traditionen und Gesetze) ebenso wie organisationale Akteure, beispielsweise staatliche Einrichtungen oder Unternehmen[727].

Werden allerdings Akteure und Regeln gleichermaßen mit dem Institutionenbegriff bezeichnet, erschwert dies eine weiterführende analytische Betrachtung. In den weiteren Ausführungen soll daher explizit

726 Vgl. Meyer (2005), S. 8; Erlei, Leschke, Sauerland (2007), S. 22.
727 Vgl. Feldmann (1995), S. 9–10.

zwischen „Spielregeln und Spielern“[728] unterschieden werden, weshalb das hier gewählte Institutionenverständnis Organisationen explizit nicht beinhaltet.[729]

Diese Differenzierung ist notwendig, um das Verhältnis zwischen Akteuren und Institutionen überhaupt betrachten zu können – ein Unterfangen, das bei einer begrifflichen Gleichsetzung beider unmöglich wird.

Bei einer genaueren Betrachtung des Verhältnisses von Akteur und Institution zueinander zeigt sich schließlich, dass die in Kapitel 3 vorgestellten Governance-Konzepte diesbezüglich von ganz unterschiedlichen Annahmen geprägt sind. So geht das Governance-Konzept des ökonomischen Neoinstiutionalismus davon aus, dass Akteure Institutionen bewusst gestalten, um miteinander zu interagieren. Institutionen werden damit als endogene Variablen modelliert, verbunden mit einer ökonomischen Perspektive.

Das breiter angelegte Governance-Konzept der Politischen Ökonomie lässt hingegen auch Institutionen als exogene Einflussvariablen zu, welche die Wahrnehmung und das Verhalten der Akteure steuern. Gleiches gilt für das politikwissenschaftliche Governance-Konzept, in dem allerdings soziologisch begründete Institutionen einen weniger bedeutenden Platz einnehmen.

Für die Modellierung von Corporate Sustainability Governance sind schließlich beide beschriebenen Varianten des Wechselspiels von Akteur und Institution von Relevanz. So gestalten die beteiligten Governance-Akteure einerseits bewusst entsprechende Institutionen, um ihre nachhaltigkeitsbezogenen Interaktionen zu regulieren.

Hierzu zählt zum Beispiel die Festschreibung von Codes of Conduct bzw. Sozial- und Umweltstandards, die Verabschiedung gesetzlicher Regulierungen oder auch der Einsatz entsprechender Management- und Auditierungssysteme in Unternehmen.

Auf der anderen Seite prägen Institutionen schließlich selbst die wahrgenommene Wirklichkeit und damit die Präferenzen der Akteure, wodurch Institutionen zu exogenen Variablen werden. So sind die Diskurse um unternehmerische Verantwortungsübernahme und das Leitbild nachhaltiger Entwicklung sowie die Vorstellungen über „richtiges“ Unternehmenshandeln oder ethischen Konsum stark normativ ge-

[728] Vgl. North (1992), S. 5.
[729] Vgl. North (1992), S. 3–6.

prägt und damit auch auf implizit vorhandene, grundlegende Wert- und Normvorstellungen zurückzuführen. Dies reicht bis hin zu der Vermutung, dass die gesamte Diskussion um (unternehmerische) Nachhaltigkeit selbst inzwischen als nicht mehr hinterfragtes, identitätsstiftendes Institutionengeflecht zu verstehen ist, welches das Verhalten der involvierten Akteure beeinflusst, ohne dass diesen diese Verhaltenswirksamkeit immer bewusst wird[730].

Damit wird für die Modellierung von Corporate Sustainability Governance eine zweidimensionale Wechselwirkung zwischen Akteuren und Institutionen relevant, Institutionen können sowohl als abhängige, als auch als unabhängige Variablen betrachtet werden.

4.2.4.2 Verhältnis von Institution und Koordinationsmechanismus

Ebenso, wie unter dem Institutionenbegriff Regeln und Akteure gleichermaßen subsumiert werden, wird mit ihm häufig auch ein dritter Aspekt überschrieben: der zur Regeldurchsetzung, oder allgemeiner formuliert zur Handlungskoordination, erforderliche Mechanismus.

So definieren beispielsweise Richter und Furubotn sowie Erlei et al. Institutionen als „ein System formgebundener (formaler) und formungebundener (informeller) Regeln einschließlich der Vorkehrungen zu deren Durchsetzung“[731] bzw. als „Vertrag oder ein Vertragssystem, eine Regel oder ein Regelsystem, jeweils inklusive ihrer Durchsetzungsmechanismen“[732].

Auch hier sind für eine tiefergehende analytische Betrachtung weiterführende Differenzierungen des Institutionenbegriffs notwendig. Analog zu der im vorangehenden Abschnitt beschriebenen Unterscheidung zwischen „Spielregeln“ und „Spielern“ ist für die Fundierung von Corporate Sustainability Governance daher auch zwischen „Spielregeln“ und Mechanismen zur Regeldurchsetzung zu unterscheiden.

Dabei ist die Bezeichnung „Regeldurchsetzung“ zwar durchaus prägnant und veranschaulicht die notwendige begriffliche Differenzierung zum Regelbegriff als solchen. Sie ist aber naturgemäß auch nur

---

730 Vgl. Hiß (2006) bzw. allgemeiner die in Kapitel 4.3 vorgestellten Erklärungsansätze des Neuen Soziologischen Institutionalismus.

731 Richter, Furubotn (1996), S. 7.

732 Erlei, Leschke, Sauerland (2007), S. 22.

für Regeln und damit einen Teil des gesamten Institutionenspektrums zutreffend. Allgemeiner formuliert wirken Institutionen handlungskoordinierend, weshalb nicht ausschließlich von Mechanismen zur Regeldurchsetzung, sondern genereller von Mechanismen der Handlungskoordination die Rede sein sollte. Dementsprechend wird an dieser Stelle für die Bezeichnung von Mechanismen, die dafür sorgen, dass Institutionen handlungswirksam werden, der Begriff des Koordinationsmechanismus eingeführt.

4.2.4.3 Zusammenwirken von Akteuren, Institutionen und Koordinationsmechanismen

Das Zusammenspiel von Akteuren, Institutionen und Koordinationsmechanismen kann schließlich vielgestaltig sein. In der institutionalistischen Forschung werden dabei verschiedene idealtypische Formen des Zusammenwirkens unterschieden, etwa der Markt, die (Firmen-)Hierarchie, das Netzwerk oder der Verband[733]. Für diese Formen sind wiederum unterschiedliche, nicht immer konsistente Bezeichnungen in der Literatur zu finden, wobei sie teilweise wiederum mit dem Überbegriff der Institution überschrieben werden[734], was entsprechend zur begrifflichen Unschärfe beiträgt.

Um im angestrebten Analyseraster für Corporate Sustainability Governance eine Zusammenstellung relevanter institutioneller Bausteine zu erhalten, ist auch an dieser Stelle eine analytische Differenzierung notwendig: Ein entsprechender Blick auf institutionelle Arrangements wie Markt, Hierarchie oder Netzwerk zeigt, dass diese ähnlich eines Film-Settings spezifische Szenarien beschreiben, die durch das „Bühnenbild“ institutioneller Rahmenbedingungen, die beteiligten

---

[733] Vgl. Lütz (2006); Schimank (2007a).

[734] In ihrem Beitrag bezeichnet Lütz (2006) etwa den Markt (in ähnlicher Weise Firmenhierarche, Netzwerk, Verband und Staat) gleichsam als „Institution der wirtschaftlichen Koordination“ (S. 14), „Koordinationsmechanismus“, „Baustein institutioneller Steuerung“ (S. 20–25) und „Governance-Typ“ (S. 25–26). Ähnlich bei Schimank (2007a), der für Staat, Markt, Hierarchie und Gemeinschaft die Begriffe „Governance-Mechanismus“, „Ordnungsmuster“ und „elementare Mechanismen sozialer Ordnungsbildung“ verwendet (S. 32–34), sich dabei allerdings bewusst ist, dass diese Bezeichnungen analytisch unzureichend sind: Sie sind „noch nicht elementar genug, sondern stellen jeweils schon spezifische Kombinationen elementarer Mechanismen dar“ (S. 34). Hierzu ähnlich auch Wald, Jansen (2007), S. 94.

Akteure und die im „Drehbuch“ festgelegten Koordinationsmechanismen für das Zusammenspiel dieser charakterisiert sind. Damit sollen die Formen des Zusammenspiels von Akteuren, Institutionen und Koordinationsmechanismen für die weiteren Ausführungen als Governance-Settings bezeichnet werden.

Ein derartiges Governance-Setting kann am Beispiel des Marktes wie folgt illustriert werden: Beteiligte Akteure sind Anbieter und Nachfrager, die vor dem Hintergrund transaktionssichernder institutioneller Rahmenbedingungen, wie Rechts- und Verhandlungsicherheit und dem Schutz von Eigentumsrechten miteinander interagieren – Koordinationsmechanismus ist der durch Angebot und Nachfrage zustande kommende Preis.

Bei der Aufarbeitung des in diesem Buch herangezogenen Institutionenbegriffs wurden zusammenfassend die folgenden analytischen Differenzierungen unternommen: Institutionen sind formelle oder informelle „Spielregeln“, welche die Interaktion von Akteuren sowie deren Handlungen koordinieren. Dabei wird sowohl zwischen Institution und Organisation im Sinne eines korporativen Akteurs unterschieden, als auch zwischen der Institution als solche und dem für ihre Handlungswirksamkeit erforderlichen Koordinationsmechanismus. Außerdem ist zu unterscheiden, ob Institutionen als endogene oder exogene Variablen modelliert werden, woraus sich wiederum das Verhältnis von Akteur und Institution in einem zweidimensionalen Zusammenspiel begründen lässt.

Aus dem Zusammenwirken von Akteuren, Institutionen und Koordinationsmechanismen entstehen schließlich verschiedene Governance-Settings, deren idealtypische Formen als Markt, Hierarchie, Netzwerk, Verband, Gemeinschaft etc. bezeichnet werden. Verschiedene disziplinäre Governance-Konzepte beziehen dabei unterschiedliche Governance-Settings in ihre Analyse ein. Ein ganzheitlicher Modellierungsansatz, wie er für das Konstrukt der Corporate Sustainability Governance angestrebt wird, muss schließlich auf alle für die Erfassung der zu betrachtenden realen Phänomene relevanten Governance-Settings zurückgreifen.

4.2.4.4 Zusammenstellung relevanter Institutionen und Governance-Settings

Aufbauend auf den vorangehenden Differenzierungen des Institutionenbegriffs werden in diesem Kapitel die für die Modellierung von Corporate Sustainability Governance erforderlichen Governance-Settings identifiziert und zusammengestellt. Vor diesem Schritt wird zunächst ein Blick auf die institutionellen Governance-Settings geworfen, die den in Kapitel 3 vorgestellten ökonomischen und politologischen Governance-Konzepten zugrunde liegen.

Wie schon angedeutet, unterscheiden sich diese hinsichtlich der jeweils in ihrer Modellierung einbezogenen, als governance-relevant erachteten Institutionen und Governance-Settings erheblich voneinander[735]. Dabei kann, aufbauend auf den Ausführungen in Kapitel 3, das Institutionenverständnis der verschiedenen Ansätze zusammenfassend wie folgt skizziert werden:

- Die Steuerungs-Modelle der Neoklassik beschränken sich in ihrer Betrachtung ausschließlich auf das Setting des Marktes, ohne dessen Institutionen bzw. die institutionellen Voraussetzungen des Marktmechanismus als solchen überhaupt zu thematisieren[736]. Damit bleibt die Neoklassik „institutionenblind“, auch wenn der Markt in seiner Funktion auf Institutionen zurückgeführt werden kann[737].

- Die Entstehung der Neuen Institutionenökonomik war vor allem durch die „Wiederentdeckung“ der Institutionen und der Entwicklung eines an die Neoklassik anschlussfähigen Methodeninventars zur Modellierung dieser gekennzeichnet. Dabei adressieren institutionenökonomische Ansätze vorrangig die beiden Governance-Settings „Markt“ und „Hierarchie“ sowie hieraus entstehende Hybridformen und setzen sich mit Fragestellungen der optimalen Ausgestaltung institutioneller Arrangements aus transaktionskosten- und vertragstheoretischer Perspektive auseinander. Auch die Übertragung institutionenökonomischer Ansätze auf die Modellierung politischer Systeme (Verfassungsökonomik, Neue Politische Ökonomik) hat hier allerdings nicht dazu geführt, dass die

[735] Vgl. hierzu auch Kooiman (2003), S. 153 ff.
[736] Vgl. Kapitel 3.1.1.
[737] Vgl. Kooiman (2003), S. 160–162.

Neue Institutionenökonomik den Staat jenseits seiner Funktion der Erbringung grundlegender Rahmenbedingungen für effiziente ökonomische Transaktionen, wie der Sicherstellung von Rechtsstaatlichkeit, als relevanten, gestaltenden Governance-Akteur in ihre Modellierung einbezieht. Vielmehr bleiben alle nicht-ökonomisch bzw. nicht-transaktionskostentheoretisch motivierten Entstehungshintergründe institutioneller Steuerung und damit staatliche Governance-Settings außerhalb des modelltheoretischen Kerns.

- Die Politische Ökonomie[738] zeichnet sich im Vergleich zu den geschilderten Ansätzen durch ein breiteres und pragmatischeres Institutionenverständnis aus und bezieht letztlich alle Settings in ihre Analyse ein, die in ihrer Lesart als „Bausteine institutioneller Steuerung der Wirtschaft"[739] dienen. Die von Lütz (2009) durchgeführte Analyse der hier betrachteten institutionellen Grundtypen stellt schließlich neben die bekannten Settings „Markt" und „Hierarchie" auch „Netzwerk", „Verband" und „Staat"[740]. Besonders hervorzuheben ist zudem die Offenheit der Politischen Ökonomie für ökonomische, soziologische und auch politikwissenschaftliche Erklärungsansätze der Steuerung von Wirtschaftssystemen.
- Für das politikwissenschaftliche Governance-Konzept[741] ist der Einbezug nicht-staatlicher Steuerungsformen konstituierend. Hier spielt das Zusammenwirken zivilgesellschaftlicher, privatwirtschaftlicher und öffentlicher bzw. staatlicher Akteure eine zentrale Rolle. Damit kann festgehalten werden, dass in den Politikwissenschaften neben Netzwerk, Verband und Staat auch zivilgesellschaftliche Akteure und damit das als Zivilgesellschaft zu bezeichnende Governance-Setting in das relevante Institutionengefüge aufgenommen wird. Der marktliche Preismechanismus als solches, ebenso wie die Firmenhierarchie können zwar durchaus Adressaten politischer Governance sein, spielen aber im politikwissenschaftlichen Governance-Konzept keine konstituierende Rolle und bleiben damit als Settings ausgeklammert.

---

[738] Vgl. hierzu das in Kapitel 3.1.2 dargelegte Begriffsverständnis.
[739] Lütz (2006), S. 26.
[740] Vgl. Tabelle 5, Kapitel 3.1.2.
[741] Siehe Kapitel 3.2.

Abbildung 6 veranschaulicht die skizzierten Unterschiede zwischen den jeweils disziplinär geprägten Institutionenverständnissen bzw. der damit in die Analyse einbezogenen Governance-Settings.

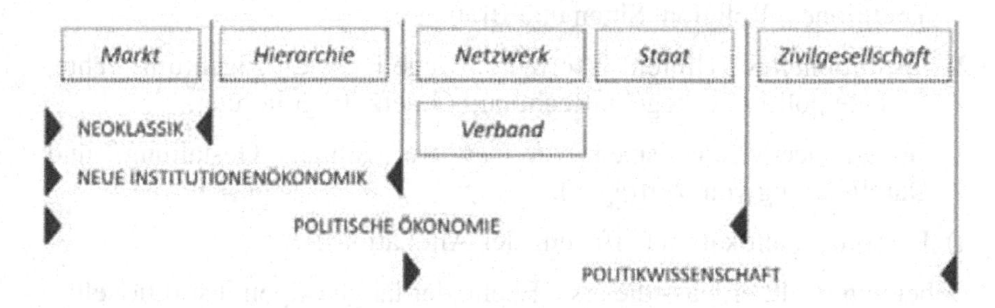

Abbildung 6: Betrachtete Governance-Settings in verschiedenen Governance-Konzepten[742]

In Kapitel 3 wurde erörtert, dass das Governance-Konzept als wissenschaftlicher Brückenbegriff eine Bezugsbasis für die Verknüpfung komplementärer theoretischer Zugänge zu unterschiedlichen Steuerungsphänomen bietet. Diese Eigenschaft wird im Folgenden genutzt, um auf der Basis der geschilderten verschiedenen, disziplinär geprägten Institutionenverständnisse die Governance-Settings zu identifizieren, die für Corporate Sustainability Governance relevant sind.

Dabei werden im Sinne eines „Institutionenpluralismus" die für die Modellierung von Prozessen der Corporate Sustainability Governance relevanten Settings zusammengestellt:

> „The variety of institutional theories is rather an asset than an hindrance to the understanding of governing institutions in a diverse, complex and dynamic world to be governed."[743]

Beim Blick auf die institutionenökonomische Analyse mit ihrem spezifischen Verständnis von Governance als nicht-marktförmige Koordination effizienter wirtschaftlicher Transaktionen wird rasch deutlich, dass das Institutionenverständnis der Neuen Institutionenökonomik für die theoretische Fundierung von Corporate Sustainability Governance nicht ausreicht.

---

742 Eigene Darstellung.
743 Kooiman (2003), S. 156.

So unterscheidet Williamson (1998) die folgenden vier Untersuchungsebenen der institutionenökonomischen Analyse[744]:

1) Langfristige institutionelle Einbettung (informelle Regeln, Traditionen, Religion, Sitten und Bräuche);
2) Institutionelles Umfeld (formale Regeln wie Eigentumsrechte, formale politische Regeln, Recht und Gesetz, Regulierung;
3) Governance-Mechanismen (im engere Sinne; Gestaltung und Durchsetzung von Verträgen);
4) Ressourcenallokation (Effizienz der Allokation);

Dabei unterstellt er, dass die erste Ebene der langfristigen institutionellen Einbettung für eine institutionenökonomische Analyse von untergeordneter Relevanz sei und verweist deren Erforschung an die Soziologie oder die Wirtschaftsgeschichte[745]. Vor dem Hintergrund der sich seit einigen Jahrzehnten entwickelnden CSR-Debatte ist diese Einschätzung aber durchaus kritisch zu hinterfragen. Die zunehmende Diskussion darüber, in welchem Maße Unternehmen für die „Nebenwirkungen“ ihres ökonomischen Handelns Verantwortung übernehmen sollen, ist gerade auf der Untersuchungsebene der langfristig institutionellen Einbettung von Unternehmen angesiedelt und nimmt in der Zwischenzeit maßgeblichen Einfluss auf ökonomische Aktivitäten.

Dabei führen die zur Aufrechterhaltung der gesellschaftlichen Legitimität von Unternehmensseite initiierten Maßnahmen (Einrichtung von Reporting-Systemen, Dialogformate mit Stakeholders etc.) zunächst zu einer „Verteuerung“ ökonomischer Transaktionen und könnten damit in der institutionenökonomischen Analyse – mit Ausnahme kurzfristig rentabler Investitionen in die Ressourceneffizienz – als nicht effizient bewertet werden. Allerdings zeigt sich auch, dass ohne diese Maßnahmen die Effizienz weiter leiden kann und zusätzliche Transaktionskosten entstehen können, sei es durch die Notwendigkeit, zerstörtes Vertrauen von Kundenseite wieder aufzubauen, oder durch erhöhte Fremdkapitalkosten, wenn sich Investoren, zum Beispiel aus dem Bereich des Ethical Investments im Falle einer Herabstufung in Nachhaltigkeitsratings zurückziehen.

---

744 Vgl. Williamson (1998), S. 26.
745 Vgl. Williamson (1998), S. 27.

Damit wird deutlich, dass sich die Wirkungen von Corporate Sustainability Governance zwar durchaus aus der transaktionskostenbezogenen Perspektive der Neuen Institutionenökonomik erklären lassen. Allerdings bringt die Institutionenökonomik wegen ihres engen Institutionenverständnisses kein ausreichendes Repertoire zur umfassenden Erklärung der Entstehungsmechanismen von Corporate Sustainability Governance mit sich. So lassen sich die Vorstellungen darüber, wie sich ein „ehrbarer Kaufmann" zu verhalten hat, aus institutionenökonomischer Perspektive mit dem vertragstheoretischen Ziel der Unsicherheitsreduktion im Rahmen des Geschäftsverhältnisses begründen[746]. Die recht ähnliche Fragestellung, welche Verantwortung vor allem multinationalen Unternehmen in einer globalisierten Welt zugemessen wird, ist allerdings schon nicht mehr Teil des „Datenkranzes" der institutionenökonomischen Analyse, sondern bezieht sich auf die oben beschriebene erste Analyseebene der langfristigen institutionellen Einbettung, die Williamson bei anderen Disziplinen verortete.

Um Corporate Sustainability Governance entsprechend zu fundieren, ist also ein breiteres, um eine soziologische Perspektive erweitertes Institutionenverständnis notwendig, das neben den hier angesprochen Settings des Markts und der Hierarchie weitere einschließt. Zu einer solchen Erweiterung ist Governance auch explizit anschlussfähig, so „öffnet sich das Governancekonzept gegenüber kulturalistisch-normativen Institutionenvorstellungen und beruht mithin nicht auf einem rein regulatorisch-kalkulatorischen Institutionalismus."[747]

Damit wird ein Institutionenverständnis erreicht, welches Institutionen nicht nur in der „Erzwingung" wirtschaftlich effizienten Verhaltens im Sinne von Restriktionen und Handlungsanreizen modelliert, sondern auch in Form von „Präferenzen, Wertvorstellungen, internalisierte[n] Normen, intrinsische[r] Motivation, Vorstellungen über Pflichten und Rechte, einschließlich des Verhältnisses von Rechten und Pflichten, Vorstellungen über Gerechtigkeitsnormen, Fairness und vieles andere, was ökonomisches Verhalten prägt"[748].

Das Verhältnis von Akteur und Institution wird dabei als zweidimensionales Wechselspiel gesehen, das heißt, Corporate Sustainability

---

[746] Vgl. zu diesem Beispiel Erlei, Leschke, Sauerland (2007), S. 548–549.
[747] Zürn (2009), S. 70.
[748] Held, Nutzinger (2003), S. 126.

Governance umfasst sowohl den Fall der bewussten Regelsetzung und damit Institutionenbildung durch Akteure, als auch die unbewusste Handlungssteuerung durch nicht hinterfragte „Taken-for-granted"[749]-Annahmen und Wertvorstellungen. Damit können Institutionen im Zuge der Modellierung von Corporate Sustainability Governance sowohl als endogene, als auch als exogene Variable verstanden werden.

Für das in diesem Kapitel zu entwickelnde Analyseraster kann schließlich festgehalten werden, dass zur Modellierung von Corporate Sustainability Governance die in engerem Sinne „ökonomisch relevanten Institutionen" der Neuen Institutionenökonomik nicht ausreichen, sondern auch Institutionen, wie normative Setzungen und Wertestrukturen, aufzunehmen sind. Außerdem sind Institutionen nicht nur in einem Verständnis als einerseits effizienzsteigernde oder andererseits das Rationalverhalten des homo oeconomicus „störende" externe Parameter zu betrachten[750], sondern integrativ, als für die Art und Weise ökonomischen Handelns konstitutierende Einflussgrößen.

Mit Blick auf die oben abgegrenzten Governance-Settings und deren Zuordnung zu disziplinären Governance-Konzepten (Abbildung 6) wird deutlich, dass sich das Institutionenverständnis, welches Corporate Sustainability Governance zugrunde liegt, aus allen dort aufgeführten disziplinären Governance-Settings – vom Markt über Firmen-Hierarchie und Staat bis hin zur Zivilgesellschaft – speist. Damit wird wiederum der disziplinenübergreifende Charakter des Konstrukts deutlich. Die für Corporate Sustainability Governance maßgeblichen Governance-Settings und disziplinären Bezüge sind schließlich in Abbildung 7 zu sehen.

[749] Vgl. Meyer (1977), S. 341.
[750] Vgl. Held, Nutzinger (2003), S. 144–145.

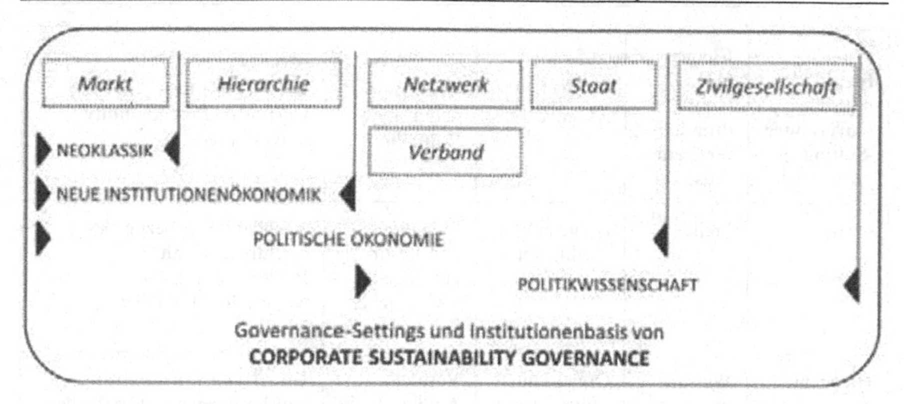

Abbildung 7: Governance-Settings und Institutionenbasis von Corporate Sustainability Governance

In Tabelle 11 (Teile 1 und 2) werden die für die Modellierung von Corporate Sustainability Governance relevanten Governance-Settings detaillierter vorgestellt und mit Beispielen aus deren Bezugskontext hinterlegt.

Die dort aufgeführten idealtypischen Settings können ihre Wirkung sowohl im intra- als auch im interorganisationalen Kontext entfalten. So sind beispielsweise Hierarchie, Netzwerk und Verband Settings, die innerhalb von Organisationen anzutreffen sind, wie in Unternehmen, Branchenverbänden oder zivilgesellschaftlichen Organisationen. Sie können sich aber auch auf die Ausgestaltung von Governance-Prozessen zwischen korporativen Akteuren auswirken, so kann zum Beispiel der Stil der Verhandlungsführung zwischen NGOs und Unternehmen durchaus von deren jeweiligen intraorganisationalen Governance-Settings geprägt sein. Neben dieser geschilderten „Strahlkraft" intraorganisationaler Governance entstehen durch organisationsübergreifende, interorganisationale Governance-Prozesse selbst wiederum eigene Settings. So treten beispielsweise im Verhältnis zwischen Unternehmen und ihren Zulieferern häufig hierarchische Elemente auf, während die Zusammenarbeit zwischen zivilgesellschaftlichen Organisationen mit Unternehmen und Branchenverbänden Netzwerkcharakter besitzen kann.

Ideal-typische Governance-Setting	**Elementarer Koordinationsmechanismus**	**Akteure**	**Institutioneller Rahmen**	**Beispiel mit Bezug zu Corporate Sustainability Governance**
Markt	Preise	Anbieter und Nachfrager	Eigentums- und Verfügungsrechte, Rechtssicherheit	Nachhaltigkeitsbezogenes Nachfrageverhalten; Boykott „unethisch“ hergestellter Produkte
Hierarchie (organisational)[751]	Weisungen	Organisationsmitglieder (wie zum Beispiel Mitarbeiter und deren Vorgesetzte)	Verträge, Anreizmechanismen, Sanktionen	Umsetzung von nachhaltigkeitsbezogenen Unternehmenszielen; Durchsetzung von Sozial- und Umweltstandards in Lieferketten (vorrangig Stufe der first-tiers, mit denen direkte Vertragsverhältnisse bestehen)
Netzwerk	Vertrauen[752]	Gleichrangige, autonome Mitglieder in eher horizontalen Beziehungen	Verträge, aber auch von der konkreten Transaktion losgelöste, vertrauensbildende Institutionen	Multi-Stakeholder-Initiativen zur Standard-Setzung bzw. Bearbeitung von spezifischen Problemlösungen (wie zum Beispiel bilaterale Kooperationen zwischen NGOs und Unternehmen zur Verbesserung bzw. Aktivierung kollektiver Problemlösungsfähigkeit)
Verband	Weisungen	Mitglieder	Satzung, Mitgliedschaft	Industrie-/Branchenverbände

Tabelle 11 (Teil 1): Idealtypische Governance-Settings als analytische Bausteine von Corporate Sustainability Governance[753]

---

[751] Der Hierarchiebegriff wird in Anlehnung an die institutionenökonomische Unterscheidung zwischen „market“ und „hierarchy“ in der institutionalistischen Literatur meist im Sinne von „Firmenhierarchie“ verwendet.

[752] Netzwerken werden vor allem aus soziologischer Perspektive als eigenständige Governance-Formen gewertet. In der Institutionenökonomie werden Netzwerke eher als hybride Governance-Form zwischen Markt und Hierarchie gesehen. Vgl. Wald, Jansen (2007), S. 97.

[753] Eigene Tabelle.

Ideal-typische Governance-Setting	Elementarer Koordinationsmechanismus	Akteure	Institutioneller Rahmen	Beispiel mit Bezug zu Corporate Sustainability Governance
Gemeinschaft	Identität, Gemeinsamkeiten	Autonome Mitglieder in eher schwach ausgeprägten, horizontalen Beziehungen	Geteilte Werte und Normen, gleiche „Weltbilder" und Interessenlagen	Berufsgemeinschaften wie CSR-/ Nachhaltigkeits- oder Umweltbeauftragte in Unternehmen oder auch einschlägige wissenschaftliche Communities, die nachhaltigkeitsbezogene Managementansätze „propagieren"; Mitglieder zivilgesellschaftlicher Organisationen oder Bewegungen
Zivilgesellschaft	Legitimation	Zivilgesellschaftliche Bewegungen und Organisationen	Formelle und informelle Regeln; Standardsetzung	(Befürchtete) Reputationsverluste wegen unethischer Geschäftspraktiken; Entzug der „License to operate"
Staat	Vollstreckung	Organe der Staatsgewalt, Bürger	Verfassung, Rechtsnormen	Umwelt- und Sozialgesetzgebung auf nationaler sowie internationaler Ebene; darunter auch „soft law", dessen Durchsetzung sich aber zum Teil anderer Mechanismen bedient

Tabelle 11 (Teil 2): Idealtypische Governance-Settings als analytische Bausteine von Corporate Sustainability Governance[754]

An diesen Beispielen wird deutlich, dass die beschriebenen idealtypischen Governance-Settings in der Realität eher in Misch-, denn in Reinform auftreten und zudem sowohl innerhalb, als auch zwischen Organisationen bzw. korporativen Akteuren wirken können, was bei einer empirischen Untersuchung zu beachten ist[755].

Um den Blick der empirischen Analyse aber überhaupt für unterschiedliche Formen institutioneller Settings zu öffnen, ist es sinnvoll, diese Governance-Settings in idealtypischer Form in das Analyseraster für Corporate Sustainability Governance aufzunehmen, um sich bei der

[754] Eigene Tabelle.
[755] Vgl. hierzu Wald, Jansen (2007), S. 99 ff.

Modellierung der Governance-Prozesse dieser analytischen Bausteine bedienen zu können.

Mit der Zusammenstellung von Governance-Settings und den vorangehenden Differenzierungen des Institutionenbegriffs wurde dem institutionalistischen Charakter von Governance Rechnung getragen. Wie an verschiedenen Stellen in diesem Buchschon erwähnt, gilt es allerdings zu beachten, dass Institutionen nicht die alleinigen handlungsprägenden Elemente im Zuge der Modellierung von Corporate Sustainability Governance sind.

Dementsprechend dürfen die Akteursebene und damit machtpolitische Aspekte und strategisches, opportunistisches Verhalten nicht von vorneherein in der Modellierung ausgeklammert bleiben[756]. Aus diesem Grund wird der hier geschilderten institutionalistischen Lesart bei der Entwicklung des organisationstheoretischen Erklärungsmodells für Corporate Sustainability Governance in Kapitel 4.3 eine akteursbezogene Betrachtung an die Seite gestellt, welche es erlaubt, strategisches Handeln und machtpolitische Einflussnahme als relevante Governance-Mechanismen ergänzend zu thematisieren.

4.2.5 Bezugspunkte von Corporate Sustainability Governance im Governance-Diskurs: Welche Diskursfelder werden adressiert?

Bedingt durch seine Vielschichtigkeit ist das Konstrukt der Corporate Sustainability Governance mit unterschiedlichen Ansätzen und Perspektiven der gegenwärtigen Governance-Debatte verknüpft. Wie in Kapitel 3 angedeutet, sind die von ihm adressierten „Varieties of Governance“[757] sowohl wirtschafts-, als auch politikwissenschaftlichen Ansätzen zuzuordnen und finden neben dieser theoretischen Verankerung auch in den öffentlichen, politischen Debatten um Good Governance und Global Governance Widerhall.

---

[756] Hierzu Mayntz (2009a), S. 13: „Die Governancetheorie ist auch nicht machtblind; fast definitionsgemäß setzt sie die Existenz divergierender Interessen voraus – warum sollte sonst verhandelt werden? – und auch die Existenz unterschiedlicher Machtpotentiale wird von ihr nicht ignoriert.“ Mit Hinblick auf die der Governance-Forschung attestierten „Akteursblindheit“ stellt sich allerdings die Frage, wie Macht dort entsprechend modelliert bzw. analysiert werden soll. Vgl. dazu Seifer (2009), S. 14, 44; Lütz (2006), S. 14; Quack (2006), S. 366–367; Kolleck (2011), S. 17.

[757] Vgl. Schuppert (2008), S. 24.

In diesem Abschnitt werden die Bezugspunkte von Corporate Sustainability Governance zu der in Kapitel 3 skizzierten wissenschaftlichen und politischen Landschaft des Governance-Diskurses herausgearbeitet. Damit wird verdeutlicht, welche Ansätze dem Konstrukt zugrunde liegen, zu welchen Diskursen es einen unmittelbaren Beitrag leistet und in welcher Form Corporate Sustainability Governance wiederum von bestehenden Ansätzen beeinflusst wird.

Dabei wurde in Kapitel 3 gezeigt, dass die einzelnen Governance-Konzepte – teilweise wegen gemeinsamer theoretischer Wurzeln, teilweise wegen sich überschneidender Interventionsfelder – nicht immer trennscharf voneinander abgegrenzt werden können. Auch die Identifikation von Bezugspunkten von Corporate Sustainability Governance in den folgenden Abschnitten ist vor diesem Hintergrund zu sehen, sie erhebt also nicht den Anspruch einer eineindeutigen Zuordnung.

In Abbildung 8 sind die in den folgenden Abschnitten identifizierten und weiterführend beschriebenen Bezugspunkte für Corporate Sustainability Governance im Überblick zusammengestellt.

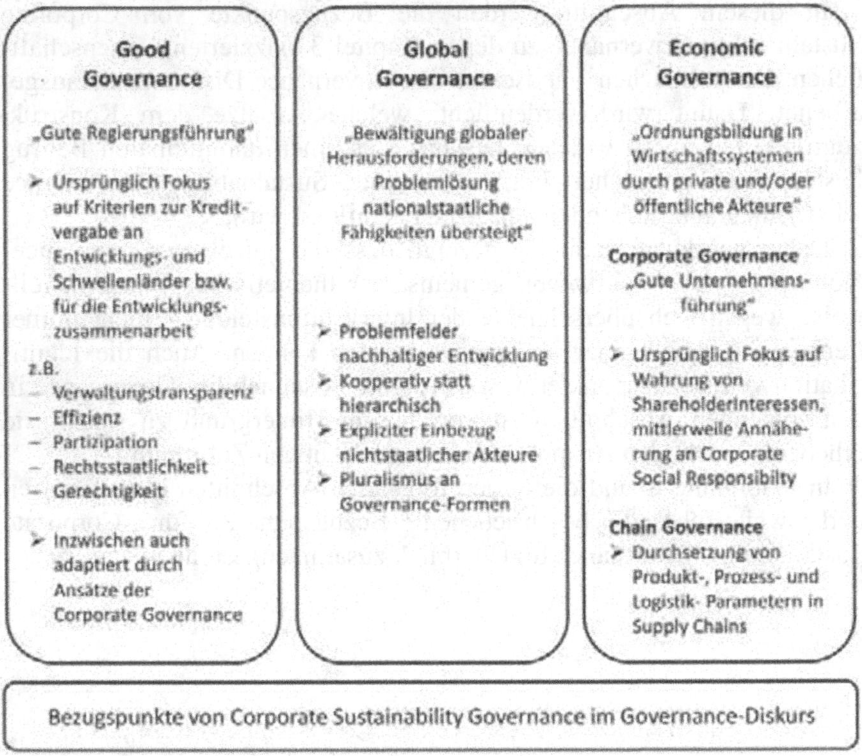

Good Governance

„Gute Regierungsführung“

- Ursprünglich Fokus auf Kriterien zur Kreditvergabe an Entwicklungs- und Schwellenländer bzw. für die Entwicklungszusammenarbeit

z.B.
- Verwaltungstransparenz
- Effizienz
- Partizipation
- Rechtsstaatlichkeit
- Gerechtigkeit

- Inzwischen auch adaptiert durch Ansätze der Corporate Governance

Global Governance

„Bewältigung globaler Herausforderungen, deren Problemlösung nationalstaatliche Fähigkeiten übersteigt“

- Problemfelder nachhaltiger Entwicklung
- Kooperativ statt hierarchisch
- Expliziter Einbezug nichtstaatlicher Akteure
- Pluralismus an Governance-Formen

Economic Governance

„Ordnungsbildung in Wirtschaftssystemen durch private und/oder öffentliche Akteure“

Corporate Governance
„Gute Unternehmensführung“

- Ursprünglich Fokus auf Wahrung von Shareholderinteressen, mittlerweile Annäherung an Corporate Social Responsibilty

Chain Governance
- Durchsetzung von Produkt-, Prozess- und Logistik- Parametern in Supply Chains

Bezugspunkte von Corporate Sustainability Governance im Governance-Diskurs

Abbildung 8: Bezugspunkte von Corporate Sustainability Governance im Governance-Diskurs[758]

4.2.5.1 Verknüpfung mit politikwissenschaftlichen und politischen Governance-Konzepten

Der Untersuchungsgegenstand von Corporate Sustainability Governance knüpft unmittelbar am Erkenntnisinteresse der politikwissenschaftlichen Governance-Forschung an. Hier wurden in Kapitel 3.2 zwei primäre Forschungsstränge vorgestellt, welche den politikwissenschaftlichen Diskurs anleiten:

- Zum einen die Betrachtung neuer kooperativer Regierungs- bzw. Steuerungsformen unter Einbezug nicht-staatlicher Akteure und der

[758] Vgl. Fischer (2012c), S. 57.

Abkehr von hierarchischen, top-down implementierten Steuerungsprozessen.

- Zum anderen ist dies die Analyse und Beschreibung der zunehmenden Einbettung von Governance-Prozessen in ein globales politisches Mehrebenensystem und der daraus resultierenden Formen von Global Governance.

Beide Stränge sind auch für die Betrachtung von Corporate Sustainability Governance von unmittelbarer Relevanz. Gerade weil Wertschöpfungsprozesse zunehmend globalisiert werden und häufig mit grenzüberschreitenden Auswirkungen verbunden sind, können sie nur begrenzt durch traditionelle Formen nationalstaatlichen Regierens gesteuert werden. Damit gewinnen die Prozesse der Corporate Sustainability Governance unter Einbezug privatwirtschaftlicher und zivilgesellschaftlicher Akteure zunehmend Bedeutung. Dabei geht es nicht um die Frage, nationalstaatliche Steuerung zu ersetzen oder auszuklammern, vielmehr kann Corporate Sustainability Governance „jenseits des Nationalstaats“ als Ergänzung dieser gesehen werden und schließt, wie in Kapitel 4.2.1 dargelegt, staatliche Institutionen mit ein, wie zum Beispiel in der globalen Standardsetzung oder bei der Einrichtung globaler Umweltregime. Durch ihre Intention, zur Lösung grenzüberschreitender Probleme einer nicht-nachhaltigen Wertschöpfung beizutragen, entsprechen die Strukturen und Prozesse von Corporate Sustainability Governance schließlich dem Anspruch von Global Governance und können als Teil dieser eingeordnet werden.

Die Fragen, welche Rolle die institutionellen Arrangements in den „Gastgeberländern“ globaler Wertschöpfung spielen, also welchen Einfluss vor Ort existierende Politik- und Rechtssysteme auf die (nicht-) nachhaltige Gestaltung globaler Wertschöpfungsaktivitäten nehmen und welche Rolle Unternehmen insbesondere in Räumen begrenzter Staatlichkeit zukommt, führt schließlich zu einer Verknüpfung mit dem politischen Konzept der Good Governance.

Dieser Zusammenhang wird beim Blick auf Länder mit eingeschränkter Rechtsstaatlichkeit besonders deutlich, da diese häufig nur in unzureichendem Maße zur Durchsetzung von (meist gesetzlich verankerten) Sozial- und Umweltstandards fähig sind. Weitere Beispiele in diesem Kontext ist die Einrichtung von Sonderwirtschaftszonen oder die Unterdrückung der Entstehung freier Gewerkschaften.

4.2.5.2 Verknüpfung mit wirtschaftswissenschaftlichen Governance-Konzepten

Economic Governance kann allgemein als intentionale Ordnungsbildung wirtschaftlicher Aktivitäten verstanden werden, die sowohl von privaten als auch von öffentlichen Akteuren ausgeht[759].

Diese recht neutrale Abgrenzung ist auch für die Einordnung von Corporate Sustainability Governance zunächst vorteilhaft, da sie alle für diesen Kontext relevanten Akteure integriert. So wird die begriffliche Klammer des Konzepts Economic Governance auch der zunehmenden Bedeutung nicht-staatlicher Governance gerecht[760], ohne staatliche Regulierungs- bzw. Kooperationsformen auszublenden.

Allerdings ist das geschilderte Verständnis von Economic Governance für eine detailliertere Abgrenzung von Corporate Sustainability Governance noch zu unspezifisch, weshalb hierfür auch die vorgestellten Ansätze der Corporate sowie der Chain Governance für die weitere Charakterisierung herangezogen werden sollen.

Wie in Kapitel 3.3 beschrieben, erfährt das ursprünglich vor allem auf die Wahrung von Shareholderinteressen bezogene, institutionenökonomische Verständnis von Corporate Governance eine zunehmende Erweiterung. Durch seine Hinwendung zu weiteren Stakeholdergruppen nähert es sich dem Konzept der Corporate Social Responsibility an[761] und macht es auch anschlussfähig zur übergeordneten Global Governance-Debatte. So weisen Brunnengräber et al. (2004) darauf hin, dass Corporate Governance „auch als Teil eines umfassenderen Global Governance-Prozesses aufgefasst werden [kann]: Unternehmen tragen als Global Player Verantwortung für soziale Belange und die Umwelt und müssen sich diesbezüglich legitimieren“[762]. In seinem breiteren, stakeholderorientierten Verständnis liefert Corporate Governance schließlich einen wichtigen Ankerpunkt für die Verortung von Corporate Sustainability Governance[763].

---

[759] Siehe Kapitel 3.3.2.

[760] Vgl. Messner (2003), S. 90.

[761] Vgl. Sacconi (2004), S. 6 ff.

[762] Brunnengräber et al. (2004), S. 15.

[763] Dabei ist darauf hinzuweisen, dass Corporate Sustainability Governance in diesem Buch vorrangig die „Außenperspektive“ von Corporate Governance, also die steuernde Einflussnahme im Rahmen der Interaktion des Unternehmens mit externen korporativen Akteuren umfasst. Die Innenorientierung des Corporate Governance

Das in Kapitel 3.3.2 vorgestellte Konzept der Chain Governance bildet sowohl eine Weiterentwicklung, als auch einen Sonderfall von Corporate Governance: Zum einen erweitert dieser Ansatz den Blickwinkel von Corporate Governance auf die Koordination ganzer Wertschöpfungsketten, die sich aus rechtlich eigenständigen, oft auch global verteilten Unternehmen zusammensetzen können. Andererseits fokussiert Chain Governance wiederum auf die Interaktion zwischen spezifischen Stakeholders, nämlich auf die Kunden-Lieferanten-Beziehungen innerhalb von Wertschöpfungsketten, was nur einen Ausschnitt des geschilderten, sich erweiternden Spektrums von Corporate-Governance umfasst.

Die damit verbundene Erweiterung sowie Fokussierung machen den Chain Governance-Ansatz für eine Betrachtung von Corporate Sustainability Governance bedeutend. So endet diese eben nicht beim einzelnen (multinationalen) Unternehmen, das sich mit Anforderungen bezüglich einer nachhaltigeren Gestaltung seiner Wertschöpfungsprozesse konfrontiert sieht, sondern reicht bis tief in die Struktur der beteiligten Wertschöpfungsketten hinein, in welchen wiederum den Auftrag gebenden „Lead Firms" eine besondere Rolle als Governance-Akteur zukommt[764]. Dementsprechend können Sozial- und Umweltstandards als handlungsleitende Prozessparameter in Wertschöpfungsketten verstanden werden, die durch geeignete Instrumente einer Chain Governance zu implementieren sind. Ihre konsistente Verankerung über möglichst alle Wertschöpfungsstufen hinweg zählt schließlich zu den zentralen Herausforderungen in der Debatte um Corporate Social Responsibility und nachhaltige Unternehmensführung[765].

Ansatzes fokussiert in diesem Kontext auf die interne Umsetzung von Nachhaltigkeitspolitiken im Unternehmen und bleibt bei der hier vorgenommenen Konzeption von Corporate Sustainability Governance zunächst weitestgehend ausgeklammert (siehe zur weiterführenden Diskussion Kapitel 5.5.2).

[764] Vgl. Zink, Fischer, Hobelsberger (Hrsg.) (2012), S. 127 ff.

[765] Vgl. Kapitel 1.1.

4.2.6 Zusammenfassung: Ein Analyseraster zur Erfassung von Phänomenen der Corporate Sustainability Governance

Analyseraster für Corporate Sustainability Governance	
Akteure, Strukturen, Prozesse und Inhalte	**Akteure:** Fokale Unternehmen in ihrer Interaktion mit verschiedenen Stakeholdergruppen (zum Akteurskonzept siehe Kapitel 4.3.3); Betrachtungsebene vorrangig bei korporativen/ kollektiven Akteuren **Strukturen:** Erwachsen aus nachhaltigkeitsbezogenem institutionellen Gefüge, in das unternehmerisches Handeln eingebettet ist sowie aus konkreten Akteurskonstellationen (dauerhaft und formell wie spontan und informell); **Prozesse:** Vielgestaltig, zum Beispiel durch normativen Druck, Interaktion mit internationalen Institutionen der Standardsetzung sowie Dialog- und Transferprozesse und durch Einflussnahme von „Denkschulen“; **Inhalte:** Einerseits formal festgeschrieben, wie z.B. im Leitfaden ISO 26000 und weiteren (internationalen) Nachhaltigkeitsdokumenten; zudem fallweise spezifische, emergente Diskussionsgegenstände (Issues);
Intendierter-Output	**Nachhaltigkeitsintendierend**, in seiner Effektivität aber aufgrund der Einzelinteressen der Akteure sowie mangelnder Information über „tatsächlich“ nachhaltigkeitsförderndes Verhalten beschränkt; Gemeinwohlinteresse kann zwar unterstellt werden, wird aber nicht automatisch gefördert bzw. kann durch Eigeninteressen überlagert sein;
Methodische Zielstellung	**Analytisch-deskriptive Zielstellung**; Ziel der Analyse, Beschreibung und Erklärung der Interaktionen verschiedener Akteure mit dem Ziel einer nachhaltigkeitsintendierenden Einflussnahme auf Unternehmenshandeln sowie der institutionellen Einbettung des fokalen Unternehmens;
Institutionenverständnis / institutionelle Governance-Settings	Für die Modellierung sind **verschiedene idealtypische Governance-Settings** in ihren jeweiligen Wechselwirkungen relevant: Markt, Hierarchie, Netzwerk, Verband, Gemeinschaft, Zivilgesellschaft, Staat; das Verhältnis von Akteur und Institution ist als zweidimensionales Wechselspiel (Institutionen endogen und exogen) zu sehen;
Bezugspunkte im Governance-Diskurs	**Enge Verbindungen zu verschiedenen politikwissenschaftlichen und ökonomischen Governance-Konzepten**, darunter vor allem Global, Economic, Chain und Corporate Governance**;**

Tabelle 12: Zusammenfassende Darstellung des Analyserasters für Corporate Sustainability Governance

In diesem Kapitel wurden verschiedene Fragestellungen diskutiert, um das Konstrukt der Corporate Sustainability Governance governancetheoretisch zu fundieren. Damit konnte ein Analyseraster abgegrenzt werden, dass die differenzierte Erfassung von Phänomenen einer nachhaltigkeitsintendierenden Steuerung anleiten und damit als „konzeptionelle Linse“[766] dienen kann. Die Ergebnisse dieser Diskussion sind zusammenfassend in oben stehender Tabelle 12 dargestellt.

4.3 Organisationstheoretische Fundierung von Corporate Sustainability Governance: Entwicklung eines Erklärungsmodells

In den beiden vorangehenden Kapiteln wurde das Konstrukt der Corporate Sustainability Governance zunächst metatheoretisch und daran anschließend governancetheoretisch fundiert.

So konnten in Kapitel 4.1 die beiden „Buzzwords“ Governance und Nachhaltigkeit mit Hilfe einer systemisch-kybernetischen Betrachtung in einen grundlegenden Beziehungszusammenhang gebracht werden. Governance wurde schließlich als Lenkungskonzept und Nachhaltigkeit als Lenkungsproblem charakterisiert. Die hierfür notwendige kybernetische Abstraktion der beiden Begrifflichkeiten ermöglichte eine Loslösung von kontext- und disziplinenspezifischen Begriffsdefinitionen und damit eine „Rückführung“ auf grundlegende Kerninhalte und -zusammenhänge. Außerdem konnte gezeigt werden, welche Betrachtungs- und Funktionsebenen aus steuerungstheoretischer Sicht durch Corporate Sustainability Governance angesprochen werden bzw. wie diese mit über- und untergeordneten Systemebenen wechselwirken.

In Kapitel 4.2 konnte Corporate Sustainability Governance in einem nächsten Schritt aus governancetheoretischer Perspektive eingeordnet und untermauert werden. Dabei wurden vorrangig Fragen beantwortet, die das für die Betrachtung des Konstrukts relevante Analyseraster schärfen: Was sind die Systemelemente von Corporate Sustainability Governance, in welcher Beziehung stehen sie zueinander und welche Aspekte der Realität sollen in die Modellierung aufgenommen werden?

Bei der anschließenden Verortung von Corporate Sustainability Governance im Governance-Diskurs konnte gezeigt werden, dass sich

---

[766] Seifer (2009), S. 14.

die dort abzeichnenden, meist disziplinär geprägten Diskursfelder oft erheblich hinsichtlich ihrer Perspektive auf die durch sie zu betrachtenden Governance-Phänomene unterscheiden. Dabei konnten Bezüge zwischen Corporate Sustainability Governance und bestehenden Ansätzen herausgearbeitet, aber auch Abgrenzungen und Unterschiede deutlich gemacht werden.

In diesem Kapitel werden nun die Prozesse von Corporate Sustainability Governance und das Zusammenwirken der beteiligten Akteure sowie Institutionen mit geeigneten organisationstheoretischen Erklärungsansätzen hinterlegt. Hierbei wird unterstellt, dass sich die Phänomene der Corporate Sustainability Governance auf bestimmte Mechanismen zurückführen lassen, deren Offenlegung dazu beiträgt, diese Governance-Form besser zu verstehen, sie also klarer analysieren, beschreiben und erklären zu können und letztlich auch Beurteilungskriterien und Einflussfaktoren ihrer Effektivität abzuleiten.

In einem ersten Schritt werden hierfür die sich aus dem Analyseraster von Corporate Sustainability Governance ergebenden Anforderungen zusammengefasst und mit dem akteurzentrierten Institutionalismus eine Forschungsheuristik präsentiert, die einen für die Auswahl und Zusammenstellung der Erklärungsansätze geeigneten Referenzrahmen bietet.

Im Anschluss daran werden die für die weitere Fundierung ausgewählten organisationstheoretischen Ansätze vorgestellt und schließlich in einem exemplarischen Erklärungsmodell zusammengeführt. Dieses Modell und die mit ihm verbundenen hypothetischen Aussagen über die Mechanismen von Corporate Sustainability Governance werden in diesem Buch nicht durch eigene empirische Untersuchungen geprüft. Dennoch können sie anhand von empirischen Beispielen plausibilisiert und illustriert werden. Hierfür wird schließlich ein „idealtypischer“ Governance-Prozess diskutiert, mit dessen Hilfe die im Modell formulierten Mechanismen verdeutlicht werden. Dabei werden auch erste Effektivitätskriterien für Corporate Sustainability Governance sichtbar, die im sich anschließenden Kapitel 5 weiterführend diskutiert werden.

4.3.1 Anforderungen und Referenzrahmen für die organisationstheoretische Modellierung

4.3.1.1 Anforderungen an die Modellierung

Aus dem vorangehenden Kapitel lassen sich die folgenden Anforderungen an die organisationstheoretische Fundierung von Corporate Sustainability Governance und damit an die Auswahl und Kombination der zu wählenden Erklärungsansätze ableiten:

- In Kapitel 4.2 wurde gezeigt, dass für eine umfassende Perspektive auf die Phänomene der Corporate Sustainability Governance sowohl die Einflussnahme und das Zusammenwirken einzelner Akteure, als auch die institutionellen Rahmenbedingungen dieser Governance-Prozesse von Relevanz sind.
- Unter Akteuren sind dabei zuweilen korporative oder kollektive Akteure zu verstehen, die nur bei analytischem Bedarf auf die Ebene des Individuums zurückgeführt werden. Um der „Machtblindheit" institutioneller, vor allem politologischer Governance-Ansätze entgegenzuwirken, ist es erforderlich, strategisches, machtpolitisches Handeln der Akteure in die Modellierung aufzunehmen.
- Das für Corporate Sustainability Governance relevante Institutionenverständnis ist breit und umfasst eine zweidimensionale Beziehung zwischen Akteur und Institution[767]. Das heißt, Institutionen können einerseits (modelliert als exogene Variablen) das Akteurshandeln beeinflussen bzw. dieses in einem soziologischen Verständnis sogar konstituieren. Andererseits sind die Akteure der Corporate Sustainability Governance aber auch in der Lage, bewusst Institutionen zu gestalten (endogene Variable), um damit Interdependenzen zu bewältigen bzw. nachhaltigkeitsbezogene Angelegenheiten zu regeln. Die für Corporate Sustainability Governance relevanten Governance-Settings umfassen dabei das gesamte Spektrum ökonomischer und politologischer bzw. soziologischer Ansätze.
- Im Sinne eines erwünschten Theorienpluralismus und Eklektizismus sind zueinander komplementäre Ansätze zu wählen, die widerspruchsfrei miteinander kombiniert werden können und sich in ihrer Erklärungskraft gegenseitig ergänzen.

[767] Vgl. hierzu auch Schulze (1997).

4.3.1.2 Akteurzentrierter Institutionalismus als Referenzrahmen

Der sozialwissenschaftliche Ansatz des akteurzentrierten Institutionalismus wurde von Renate Mayntz und Fritz Scharpf in ihrer gemeinsamen Zeit als Direktoren des Kölner Max-Planck-Instituts für Gesellschaftsforschung entwickelt[768]. Das Ziel des Ansatzes ist es, einen analytischen Rahmen im Sinne einer „Forschungsheuristik"[769] für die Untersuchung komplexer sozialer Makrophänomene zur Verfügung zu stellen. Methodischer Kern ist dabei die kausale Rekonstruktion von sozialen Mechanismen, verstanden als wiederkehrende Prozesse, durch die bestimmte Ausgangsbedingungen mit einem bestimmten Ergebnis verknüpft werden[770].

Dieser Ansatz soll als Referenzrahmen für die in diesem Kapitel angestrebte organisationstheoretische Fundierung von Corporate Sustainability Governance herangezogen werden. So unterstreicht er die erforderliche Verknüpfung von Akteursperspektive und institutionalistischem Blickwinkel, wie er auch anhand des in Kapitel 4.2.6 formulierten governancetheoretischen Analyserasters bzw. der oben genannten Modellierungsanforderungen deutlich wird.

Mayntz und Scharpf schlagen für die empirische Untersuchung ein schrittweises „Schärferstellen" mit abnehmendem Abstraktionsniveau vor, ausgehend von der „Maxime, daß man nicht akteurbezogen erklären muß, was institutionell erklärt werden kann"[771]. Dementsprechend werden Akteure in erster Linie als korporative Einheiten (Organisationen) betrachtet, eine analytische Aufschlüsselung bis zur Ebene des Individuums ist in den meisten Fällen nicht erforderlich. So „wird bei der kausalen Rekonstruktion von Makrophänomenen eine erklärende Rückführung bis auf die Ebene des individuellen Handelns […] immer dann nicht für notwendig gehalten, wenn das Explanandum sich nicht unmittelbar aus unkoordiniertem individuellem Handeln ergibt, sondern wenn soziale Aggregationen, denen man Handlungsfähigkeit zuschreiben kann, bei seiner Verursachung eine wichtige Rolle gespielt haben."[772] Diese „forschungspragmatische" Vorgehensweise könnte

[768] Vgl. Schimank (2007b), S. 170.
[769] Vgl. Mayntz, Scharpf (1995)
[770] Vgl. Mayntz (2009b), S. 89.
[771] Mayntz, Scharpf (1995), S. 66.
[772] Mayntz (2002), S. 31.

auch bei sich anschließenden empirischen Untersuchungen zu Corporate Sustainability Governance Anwendung finden[773].

Mayntz und Scharpf legen ihrem Ansatz zudem ein Institutionenverständnis zugrunde, welches die „nicht hinterfragten Praktiken des Alltagslebens“[774] und damit eine kulturalistische Überdehnung des Institutionenbegriffs[775] ausschließt. Diese Einschränkung soll im Hinblick auf die Modellierung von Corporate Sustainability Governance an dieser Stelle zunächst nicht vollumfänglich übernommen werden. Wie die weitere organisationstheoretische Betrachtung von Corporate Sustainability Governance zeigt, können durchaus auch nicht hinterfragte „CSR-Mythen“[776] bezüglich der Nachhaltigkeitsorientierung von Unternehmen governance-wirksam werden.

4.3.1.3 Identifikation geeigneter Theorien und Erklärungsansätze

Bei der Auswahl geeigneter Theorien und Erklärungsansätze sollen einerseits die oben skizzierten Anforderungen einbezogen werden. Andererseits werden relevante Vorarbeiten anderer Autoren berücksichtigt, die sich mit der Analyse und Erklärung von unternehmerischer Nachhaltigkeitsorientierung auseinandersetzen. So sind in diesem Themenfeld in den vergangenen Jahren verschiedene Arbeiten entstanden, deren Erkenntnisse bei der Zusammenstellung der Modellierungsansätze entsprechend Berücksichtigung finden sollen. Dabei sind Arbeiten zu finden, welche sich dem Diskurs um Corporate Social Resonsibility und nachhaltiger Unternehmensführung aus einer akteursbezogenen Perspektive nähern[777], andere wiederum wählen einen institutionalistischen Zugang[778] oder kombinieren beide Perspektiven[779].

Die Auswahl der Ansätze für die in diesem Kapitel angestrebte organisationstheoretische Fundierung von Corporate Sustainability

[773] Vgl. hierzu Kapitel 5.2.1 bzw. zur Frage der schrittweisen Verminderung des Abstraktionsniveaus Kapitel 5.2.2.
[774] Mayntz, Scharpf (1995), S. 45.
[775] Vgl. Schimank (2007b), S. 171.
[776] Vgl. hierzu Hiß (2004).
[777] Vgl. Steimle (2008); Buysse, Verbeke (2003).
[778] Vgl. Hiß (2006); Matten, Moon (2008); Acosta, Acquier, Delbard (2014).
[779] Vgl. Seifer (2009); Greening, Gray (1994) sowie (ohne expliziten Bezug zum Nachhaltigkeitsdiskurs) Oliver (1991).

Governance wurde dabei vor allem durch die Arbeiten von Hiß (2006) und Steimle (2008) inspiriert.

Hiß eröffnet in ihrer Arbeit eine soziologische Perspektive auf die Diskussion um Corporate Social Responsibility und zieht dafür Erklärungsansätze des Neuen Soziologischen Institutionalismus heran. Mit deren Hilfe zeigt sie, wie unternehmerische Verantwortungsübernahme jenseits von Markt und Moral durch Wechselbeziehungen zwischen Unternehmen und gesellschaftlichem Umfeld, resultierend aus Institutionalisierungsprozessen von „*Mythen zu CSR*"[780], entstehen kann[781].

Steimle wählt eine akteursbezogene, macht- und ressourcentheoretische Perspektive, um sich den Bedingungsfaktoren unternehmerischer Nachhaltigkeitsorientierung zu nähern. Unter Rückgriff auf das Ressourcenabhängigkeits-Theorem (Resource Dependence Approach) entwickelt er einen theoretischen Bezugsrahmen, mit dessen Hilfe er unterschiedliche Stakeholderstrategien zur Durchsetzung von nachhaltigkeitsorientierten Ansprüchen und das jeweilige Antwortverhalten des Unternehmens modelliert[782].

Beide Arbeiten setzen sich damit aus unterschiedlichen Blickwinkeln und verbunden mit einer analytisch-deskriptiven Herangehensweise mit der Frage auseinander, warum Unternehmen CSR- und Nachhaltigkeitspraktiken übernehmen oder auch nicht.

Unter Bezugnahme auf die geschilderten Modellierungsanforderungen und Vorarbeiten anderer Autoren werden schließlich die folgenden Zugänge gewählt:

- Stakeholder-Theorie und Ressourcenabhängigkeits-Theorem, deren Erklärungsschemata die Macht- und Einflussbeziehungen und das daraus resultierende strategische Verhalten verschiedener Akteure bzw. Akteursgruppen im Rahmen von Corporate Sustainability Governance fokussieren sowie
- Ansätze des Neuen Soziologischen Institutionalismus, die sich mit Institutionalisierungsprozessen und der Verbreitung von Strukturähnlichkeiten (Isomorphien) zwischen Organisationen und ihrem Umfeld auseinandersetzen.

---

780 Hiß (2006), S. 17.
781 Vgl. Hiß (2006), Hiß (2009).
782 Vgl. Steimle (2008)

Mit der Auswahl dieser Zugänge soll dem mit der institutionalistisch geprägten Governance-Forschung einhergehenden Defizit an Erklärungskraft für akteursbezogenes, machtbasiertes Verhalten begegnet werden, ohne die Bedeutung von Institutionen als handlungsprägende Arrangements auszublenden.

Die gewählten Ansätze werden im Folgenden zunächst kurz vorgestellt und im Anschluss daran zu einem theoretischen Bezugsrahmen für die Analyse und Erklärung von Corporate Sustainability Governance miteinander verknüpft. Anhand des so erhaltenen Erklärungsmodells können schließlich erste relevante Effektivitätskriterien für die Wirkungsbeurteilung von Prozessen der Corporate Sustainability Governance identifiziert werden.

4.3.2 (Neo-)Institutionalistische Erklärungsansätze

Wie in den vorangehenden Kapiteln beschrieben, sind Governance-Theorie und Institutionalismus seit jeher eng verbunden. Bei der governancetheoretischen Fundierung von Corporate Sustainability Governance in Kapitel 4.2 wurde dabei deutlich, dass es nicht ausreicht, den Betrachtungsschwerpunkt auf klassische institutionenökonomische Ansätze zu legen, die sich vornehmlich mit Fragen der effizienzorientierten Gestaltung institutioneller Arrangements auseinandersetzen.

Für die Modellierung von Corporate Sustainability Governance scheinen vielmehr die Erklärungsansätze des Neuen Soziologischen Institutionalismus geeignet, da sie eine makrosoziologische Perspektive auf die Interaktion zwischen Organisationen und ihrem gesellschaftlichen Umfeld unter dem Aspekt von Legitimationserfordernissen eröffnen. Dieser Blickwinkel trifft die hier zu betrachtenden Governance-Formen in besonderem Maße.

4.3.2.1 Neuer Soziologischer Institutionalismus

Die für die weitere Betrachtung herangezogenen organisationssoziologischen Ansätze des Neuen Soziologischen Institutionalismus haben ihre Wurzeln in der amerikanischen Organisationsforschung und stellen der dort vorherrschenden Effizienzperspektive ein Forschungsprogramm gegenüber, das sich mit externen Legitimitätsanforderungen und deren Auswirkung auf Organisationen auseinandersetzt[783]:

Neben Meyer und Rowan (1977)[784] haben DiMaggio und Powell (1983)[785] mit ihren jeweiligen Aufsätzen „Institutionalized Organizations: Formal Structure as Myth and Ceremony“ bzw. „The Iron Cage Revisited: Institutional Isomorphism and Collective Rationality in Organizational Fields“ maßgeblich zur Entstehung des Neuen Soziologischen Institutionalismus mit makrosoziologischer Ausrichtung beigetragen.

Sie teilen dabei mit den hier nicht weiter betrachteten mikrosoziologischen Ansätzen[786] die gemeinsame Grundüberzeugung, dass „[e]xplizite Normen und hierauf bezogene Sozialisationsprozesse oder Anreize und Sanktionen [...] nicht die einzigen und nicht unbedingt die zentralen Regulative moderner Gesellschaften“[787] sind.

Die Vertreter des Neuen Soziologischen Institutionalismus heben damit die handlungsprägende Wirkung impliziter Normen und nicht hinterfragter („taken-for-granted“[788]), sozial verbindlicher Regeln und Deutungsmuster hervor. So wird davon ausgegangen, dass sich in Organisationen nicht nur die Strukturen und Praktiken durchsetzen, welche zu effizienteren Lösungen führen. Vielmehr beobachten sie, dass Organisationen institutionelle Strukturen auch dann übernehmen, wenn sie sich dadurch in ihrem Umfeld legitimieren und damit für „social appropriateness“[789] sorgen, wobei die tatsächliche Effizienz und Wirkung dieser Maßnahmen unhinterfragt bleibt.

Eine damit zusammenhängende und für die Entwicklung des Neuen Soziologischen Institutionalismus zentrale These geht auf Meyer und Rowan zurück. Sie gehen davon aus, dass die formalen Strukturen einer Organisation auf die von der sie umgebenden Gesellschaft sozial konstruierten Wirklichkeiten zurückzuführen sind. Die Formalstruktur einer Organisation sei damit „enforced by public opinion, by the views of important constituents, by knowledge legitimated through the educa-

---

783 Vgl. Hasse, Krücken (Hrsg.) (2005), S. 20.
784 Vgl. Meyer (1977).
785 Vgl. DiMaggio, Powell (1983).
786 Vgl. zum Beispiel Zucker (1977).
787 Hasse, Krücken (Hrsg.) (2005), S. 102.
788 Meyer (1977), S. 341.
789 Hall, Taylor Rosemary C. R. (1996), S. 949.

tional system, by social prestige, by the laws, and by the definitions of negligence and prudence used by courts"[790].

Da Organisationen diesen nicht hinterfragten, sozial konstruierten Wirklichkeiten (Mythen) formal entsprechen, entsteht eine Strukturähnlichkeit (Isomorphie) zwischen ihnen und ihrem Umfeld bzw. zwischen verschiedenen Organisationen im selben Umfeld[791].

Diese Anpassung kann auch im Kontext von Corporate Sustainability Governance beobachtet werden. Hiß weist beispielsweise darauf hin, dass sich gegenwärtig verstärkt „Mythen zu CSR" etablieren[792], was sie am Beispiel der seit den 1990er Jahren stark zunehmenden Entstehung von Verhaltenskodizes (Codes of Conduct) zeigt[793]. So bleibt die Effektivität von Verhaltenskodizes häufig unhinterfragt, das heißt, sie werden vorrangig als legitimierendes Instrument eingesetzt[794], wobei ihre tatsächliche Wirkung hinsichtlich der Verbesserung von Arbeitsbedingungen in Entwicklungs- und Schwellenländern zunächst von zweitrangigem Interesse bleibt. Entsprechend dieser These stünde bei der Implementierung von Codes of Conduct die Legitimation der Verlagerung von Produktionsprozessen in Länder mit de facto niedrigeren Sozial- und Umweltstandards an erster Stelle. Die tatsächliche Verbesserung der Lebens- und Umweltbedigungen vor Ort und damit die Output-Effektivität dieser Maßnahmen geben hier nicht den eigentlichen Ausschlag[795].

In den Arbeiten von Meyer und Rowan sowie von DiMaggio und Powell sind zwei zentrale Konstrukte des Neuen Soziologischen Institutionalismus zu finden, die ein besonder hohes Erklärungspotenzial für die Modellierung von Corporate Sustainability Governance mit sich bringen und daher im Folgenden genauer betrachtet werden.

Dies ist zum einen die durch Meyer und Rowan aufgestellte These der Entkopplung von Formalstruktur und Aktivitätsstruktur, durch die nach außen hin aufgebaute „Legitimitätsfassaden"[796] von den tatsächlichen Aktivitäten einer Organisation losgelöst bleiben[797]. Zum anderen ist dies

---

790 Meyer (1977), S. 343.
791 Vgl. DiMaggio, Powell (1983), S. 149.
792 Vgl. Hiß (2004).
793 Vgl. Hiß (2006), S. 143 ff.
794 Vgl. Welford, Frost (2006), S. 170.
795 Vgl. Fischer (2012d), S. 133–134.
796 Vgl. Coni-Zimmer (2012), S. 320.
797 Vgl. Meyer (1977), S. 341.

die durch DiMaggio und Powell eingeführte Unterscheidung verschiedener Entstehungsmechanismen von Strukturgleichheiten zwischen Organisationen (institutionelle Isomorphien)[798].

Entkopplung von Formal- und Aktivitätsstruktur

Meyer und Rowan (1977) argumentieren, dass Legitimitäts- und Effizienzanforderungen für Organisationen nicht immer deckungsgleich und damit auch nicht zwangsläufig komplementär zueinander sind. Sie führen vielmehr zu widersprüchlichen Anforderungen an eine Organisation, worauf diese – so die Annahme der Autoren – formal-rationale Strukturen zur Legitimitätssicherung etablieren[799]. Dies kann zum Beispiel durch die Einrichtung spezieller Organisationseinheiten, die Aufstellung formaler Richtlinien und Regeln oder die Einstellung von themenspezifischen Beauftragten geschehen. Diese Formalstrukturen geben dabei schließlich Antwort auf die in Form von Mythen an die Organisation herangetragenen Legitimitätsanforderungen und führen zur strukturellen Angleichung (Isomorphie) zwischen Organisation und gesellschaftlichem Umfeld.

Um das Dilemma inkonsistenter Anforderungen aus dem gesellschaftlichen Umfeld effektiv bewältigen zu können und dadurch das Überleben der Organisation zu sichern, sehen Meyer und Rowan die Entkopplung von formaler Struktur und tatsächlichen Aktivitäten der Organisation als logische Konsequenz an. Damit gehen sie davon aus, dass Veränderungen in der Formalstruktur, durch die eine Organisation ihre Anpassung an die (veränderten) Umweltanforderungen geradezu zelebriert, sich in nur geringem Maße auf ihre tatsächlichen Aktivitäten auswirken[800]. Die Organisation führt damit gewissermaßen ein „Doppelleben“, indem sie Legitimitäts- und Effizienzanforderungen voneinander getrennt bedient.

Eine derartige Entkopplung lässt sich bei multinationalen Unternehmen auch im CSR-Kontext beobachten. So kann es hier zum Beispiel der Fall sein, dass die offiziell propagierte CSR-Strategie des Unternehmens nicht zu den strategischen Zielen aller Unternehmensbereiche passt. So sind in den Beschaffungsabteilungen oft an monetären Einsparungen ausgerichtete Anreizsysteme etabliert, wodurch die

798 Vgl. DiMaggio, Powell (1983), S. 150 ff.
799 Vgl. Coni-Zimmer (2012), S. 320 ff.
800 Vgl. Meyer (1977), S. 356 ff.

nachhaltigkeitsorientierte Beschaffung und Lieferantenauswahl erschwert sein kann und ein entsprechendes Spannungsfeld entsteht[801]. Ein weiteres Indiz für eine „CSR-Entkopplung“ kann die separate Unternehmensberichterstattung an Anteilseigner (Geschäftsbericht) auf der einen und an weitere Stakeholders (CSR-Bericht) auf der anderen Seite sein. Hier scheint es, als würde aus den etablierten formalen Strukturen (wie zum Beispiel CSR-Stabsstellen oder Umweltbeauftragte) keine „gelebten Veränderungen“ in den Unternehmensaktivitäten resultieren. Nach der Lesart von Meyer und Rowan liegt bei von der eigentlichen Unternehmensstruktur isolierten CSR-Abteilungen ohne entsprechende hierarchische Einbettung bzw. personelles „Commitment“ der Unternehmensführung die Vermutung nahe, dass hier Formalstrukturen aufgebaut werden, die nicht in die eigentliche Aktivitätsstruktur des Unternehmens hineinwirken (können). Bezogen auf die Betrachtung von Corporate Sustainability Governance vermindert eine derartige Entkopplung die Effektivität der Steuerung erheblich[802].

Enstehung institutioneller Isomorphismen

Auch DiMaggio und Powell (1983) setzen sich mit dem Phänomen isomorpher Prozesse auseinander. Verglichen mit den eher allgemein gehaltenen Begrifflichkeiten bei Meyer und Rowan präzisieren sie jedoch das Verständnis der für eine Organisation relevanten Umwelt und entwickeln vor allem das Isomorphismen-Konzept entscheidend weiter[803].

Dabei gehen DiMaggio und Powell davon aus, dass sich Organisationen, die sich in einem gemeinsamen organisationalen Feld befinden, mit der Zeit angleichen[804], während Meyer und Rowan allgemeiner von Angleichungsprozessen zwischen Organisationen und ihren gesellschaftlichen Umwelten sprechen. Analog zu den letzteren sehen sie die eigentlich treibende Kraft für die Entstehung von „Institutional Isomorphism“ aber ebenfalls in den Legitimationszielen einer Organisation, die im Vergleich zu effizienzorientierten Angleichungsmechanismen („Competitive Isomorphism“) zunehmend im Vordergrund stehen[805].

---

801 Vgl. Hamprecht, Corsten (2008), S. 81–83.
802 Vgl. Kapitel 5.1.2.
803 Vgl. Hasse; Krücken (Hrsg.) (2005), S. 24–25.
804 Vgl. DiMaggio, Powell (1983), S. 148.
805 Vgl. DiMaggio, Powell (1983), S. 150.

Ein organisationales Feld umfasst dabei generell alle sich in einem wechselseitigen Legitimationsverhältnis befindenden Organisationen[806]. Im Fall von Unternehmen gehören hierzu beispielsweise Zuliefer- und Abnehmerorganisationen ebenso wie regulierende Instanzen und Wettbewerber, was schließlich zu einer deutlich differenzierteren Betrachtung führt, als es die von Meyer und Rowan beschriebene „Social Environment“ vorsieht. Das Konzept der organisationalen Felder bietet damit zunächst auch einen geeigneten institutionellen Bezugsrahmen für die Analyse der Mechanismen von Corporate Sustainability Governance. Dieser Bezugsrahmen wird in Kapitel 4.3.3 schließlich um die Betrachtungsebene einzelner Governance-Akteure ergänzt, um dem geforderten Akteursbezug[807] von Corporate Sustainability Governance gerecht zu werden.

Neben den beschriebenen Unterschieden grenzen sich DiMaggio und Powell zudem bewusst von der durch Meyer und Rowan postulierten Entkopplungsthese ab. Nach ihrem Verständnis „enden“ isomorphe Prozesse nicht mit der Ausbildung einer von den tatsächlichen Aktivitäten abgekoppelten Formalstruktur, sondern bewirken letztlich „substantive internal changes in tandem with more ceremonial practices“[808].

Die wohl bedeutendste Weiterentwicklung erfährt das Isomorphie-Konzept allerdings durch die von DiMaggio und Powell vorgenommene Differenzierung in drei unterschiedliche Entstehungsmechanismen von Isomorphien[809].

Erzwungener Isomorphismus (Coercive Isomorphism[810])

Der dem erzwungenen Isomorphismus zugrunde liegende Angleichungsmechanismus ist in seiner Funktionsweise dem Erklärungsschema des Ressourcenabhängigkeits-Theorems[811] ähnlich und wird von DiMaggio und Powell an einigen Stellen auch mit entsprechenden Verweisen auf

806 Vgl. DiMaggio, Powell (1983), S. 148.
807 Vgl. hierzu die Modellierungsanforderungen in Kapitel 4.3.1.1 bzw. das in Kapitel 4.2 entwickelte Analyseraster von Corporate Sustainability Governance.
808 DiMaggio, Powell (1983), S. 155.
809 Vgl. DiMaggio, Powell (1983), S. 150 ff.
810 Vgl. DiMaggio, Powell (1983), S. 150-151.
811 Vgl. hierzu Kapitel 4.3.4.

die Arbeiten von Pfeffer und Salancik[812] begründet[813]. So beschreibt der erzwungene Isomorphismus den Fall, dass zum Beispiel durch gesetzliche Vorgaben Strukturgleichheiten entstehen. Damit gleichen sich Organisationen, die innerhalb einer rechtlichen Umwelt bestehen, strukturell an. Neben diesen klassischen Formen gesetzlich erzwungener Angleichung existieren aber auch Anpassungsprozesse, die hiervon losgelöst sind (wie zum Beispiel im Fall gesellschaftlicher Verpflichtungen) oder diesen zuvorkommen. Im Bereich nachhaltiger Unternehmensführung kann hier die inzwischen weit verbreitete Nachhaltigkeitsberichterstattung von Unternehmen als Beispiel angeführt werden. Diese ist (bisher) nicht vom Gesetzgeber gefordert, sondern vielmehr durch den Druck von Seiten zivilgesellschaftlicher Akteure entstanden.

Mimetischer Isomorphismus (Mimetic Processes[814])

Im Fall des mimetischen Isomorphismus gehen DiMaggio und Powell (1983) davon aus, dass Organisationen bei unklaren Umwelterwartungen oder Unsicherheiten bezüglich ihrer eigenen Problemlösungskapazitäten zu einem beobachtenden und imitierenden Verhalten neigen, um schon existierende und als erfolgreich wahrgenommene Strukturen anderer Unternehmen als Orientierungshilfe zu nutzen. Auch die sich in den letzten Jahren zunehmend intensivierende Debatte um Corporate Social Responsibility ist von hohen Unsicherheiten geprägt, worauf Unternehmen beispielsweise mit der Übernahme branchenweiter Verhaltenskodizes reagieren oder auch dieselben, einschlägigen Beratungsangebote wahrnehmen[815], was schließlich zu Strukturgleichheiten führen kann.

Normativer Isomorphismus (Normative Pressure)[816]

Ursprünglich werden die Angleichungen durch normativen Isomorphismus auf eine zunehmende Professionalisierung zurückgeführt, die beispielsweise daraus resultiert, dass Unternehmen einer Branche spezifische Ausbildungsformen oder Karriereverläufe (insbe-

---

[812] Das Ressourcenabhängigkeits-Theorem ist maßgeblich auf die Arbeiten dieser beiden Autoren zurückzuführen, vgl. Kapitel 4.3.4.

[813] Vgl. DiMaggio, Powell (1983), S. 150.

[814] Vgl. DiMaggio, Powell (1983), S. 151.

[815] Vgl. Hiß (2006), S. 150 f.

[816] Vgl. DiMaggio, Powell (1983), S. 152 ff.

sondere im Fall von Führungspositionen) bei der Stellenbesetzung bevorzugen[817]. Im Bereich des CSR-Managements entwickeln sich erst langsam erste einschlägige Curricula, so dass von einer Angleichung durch gleiche Professionalisierungsformen im engeren Sinne kaum ausgegangen werden kann[818]. Allgemeiner interpretiert kann der Entstehungsprozess normativer Isomorphismen aber auch auf andere Professionalisierungs- und Sozialisationsbereiche zurückgeführt werden. Gerade im Hinblick auf die Nachhaltigkeitsdebatte dürften hier gesellschaftliche Sozialisationsprozesse eine entsprechende Rolle spielen und handlungsleitend wirken. Darüber hinaus kann auch der stetige Austausch auf einschlägigen Konferenzen, Round Tables und Workshops zu einem gleichförmigen Verständnis von Corporate Social Responsibility und den damit verbundenen Erwartungen an das Verhalten multinationaler Unternehmen führen. Insbesondere in einem noch nicht lange institutionalisierten Feld wie der „CSR-Community“ können so gemeinsame Deutungsmuster und Verhaltensweisen entstehen, die dem normativen Isomorphismus in einem erweiterten Verständnis zuzuschreiben sind.

Ähnlich wie die im vorangehenden Abschnitt vorgestellte Kategorisierung von Governance-Akteuren hat auch diese Unterscheidung eher analytischen Charakter. So weisen DiMaggio und Powell darauf hin, dass die geschilderten Isomorphismen in der Realität zwar häufig miteinander verschränkt sind, sich aber dennoch auf unterschiedliche Ursachen zurückführen lassen[819], womit ihre idealtypische Betrachtung, ähnlich der in Kapitel 4.2.4 eingeführten Governance-Settings, für eine weiterführende Analyse sinnvoll ist.

4.3.3 Akteursbezogene Erklärungsansätze

4.3.3.1 Stakeholder-Theorie

Stakeholder-Theorie und Ressourcenabhängigkeits-Theorem werden vor allem in jüngerer Zeit als eng miteinander verbundene, komplementäre

[817] DiMaggio und Powell sehen als Ursachen hierfür „formal education“ und „a cognitive base produced by university specialists“ sowie „the growth and elaboration of professional networks“. (DiMaggio, Powell (1983), S. 152).

[818] Vgl. Hiß (2006), S. 152.

[819] Vgl. DiMaggio, Powell (1983), S. 150.

Ansätze diskutiert, wobei Steimle[820] beide explizit auf eine Untersuchung unternehmerischer Nachhaltigkeitsorientierung bezieht. Im Folgenden sollen diese Ansätze für eine Kategorisierung von Akteuren bzw. Akteursgruppen herangezogen werden, die für eine Betrachtung von Corporate Sustainability Governance relevant sind.

Die Stakeholder-Theorie ist Anfang der 1960er Jahre aus verschiedenen Arbeiten hervorgegangen[821], wobei insbesondere das von R. Edwards Freeman im Jahr 1984 veröffentlichte Buch „Strategic Management: A Stakeholder Approach“[822] zu einer weiten Verbreitung des Konzepts geführt hat, das sich heute in unterschiedlichen Forschungsarbeiten niederschlägt. So finden die Aussagen der Stakeholder-Theorie nicht nur als eigenständiger Ansatz Einzug in die wirtschaftswissenschaftliche Forschung, sondern beeinflussten auch zahlreiche weitere Konzepte, beispielsweise die systemtheoretische Forschung und den wissenschaftlichen Diskurs um Corporate Social Responsibility[823].

Ein früher Versuch, die unterschiedlichen Strömungen der Stakeholder-Theorie zu kategorisieren, wurde von Donaldson und Preston im Jahr 1995 unternommen. Ihrer Ansicht nach gründeten schon damals viele stakeholder-orientierte Arbeiten auf unterschiedlichen Argumentationsmustern und Zielstellungen, was – sofern diese nicht explizit dargelegt werden – eher zu Missverständnissen und zur Verwirrung in der Stakeholder-Debatte führen könne[824]. In ihrer Kategorisierung unterschieden sie folglich Stakeholder-Ansätze mit vornehmlich deskriptiver, instrumenteller und normativer Zielstellung voneinander. Daneben bescheinigen sie der Stakeholder-Theorie generell eine unmittelbare Relevanz für das Unternehmenshandeln:

> „The stakeholder theory is *managerial* [...]. It does not simply describe existing situations or predict cause-effect relationships; it also recommends attitudes, structures, and practices that, taken together, constitute stakeholder management”[825].

Eine derartige Kategorisierung erlaubt es zu verstehen, auf welchen Argumentationsmustern eine spezifische Stakeholder-Betrachtung

---

820 Vgl. Steimle (2008).
821 Für eine ausführliche Darstellung vgl. Freeman et al. (2010).
822 Vgl. Freeman (2010 (EA: 1984)).
823 Vgl. Freeman et al. (2010), S. 31.
824 Vgl. Donaldson, Preston (1995), S. 69–70.
825 Donaldson, Preston (1995), S. 67.

gründet und welche Zielstellung der Autor damit verfolgt: Werden Stakeholder-Unternehmenskonstellationen und die damit verbundenen Verhaltensweisen beschrieben (deskriptive Ansätze), der Zusammenhang zwischen Stakeholder-Management und Unternehmenserfolg untersucht bzw. propagiert (instrumentelle Ansätze) oder sollen Stakeholder und ihre Interessen basierend auf moralischen Überlegungen, unabhängig vom organisationalen Eigeninteresse, als solche anerkannt und bei der Unternehmensführung berücksichtigt werden (normative Ansätze)?

Dabei ist allerdings darauf hinzuweisen, dass eine strikte Trennung zwischen deskriptiven, instrumentellen und normativen Ansätzen der Stakeholder-Theorie kaum möglich und auch nicht unbedingt zielführend ist, weil die stark miteinander verflochtenen Ansätze kaum als voneinander losgelöst betrachtet werden können[826]. So sieht auch Freeman seine Arbeiten eher auf allen drei Ansätzen basierend und betont „that any good theory or narrative ought to do all three“[827].

Auch wenn in der Literatur unterschiedliche Interpretationen und Schwerpunktsetzungen der Stakeholder-Theorie zu finden sind, lassen sich deren grundlegende Aussagen wie folgt zusammenfassen[828]:

1) Unternehmen stehen in vielfältigen Beziehungen zu verschiedenen Interessengruppen (Stakeholders).
2) Diese beeinflussen einerseits das Unternehmen und/oder werden von dessen Handeln beeinflusst, wobei dies sowohl Aspekte der Art und Weise als auch der Ergebnisse der unternehmerischen Leistungserstellung umfasst.
3) Um dauerhaft erfolgreich zu sein, ist es für ein Unternehmen wichtig, das Verhalten und die Werte seiner Stakeholders zu kennen sowie ihren Hintergrund bzw. sozialen Handlungskontext zu verstehen.
4) Generell haben die legitimen Ansprüche aller Stakeholders einen immanenten Wert, das heißt, sie sollten alle in der unternehmerischen Entscheidungsfindung berücksichtigt werden.

---

826 Vgl. Freeman (2010 (EA: 1984)), S. 213 ff.
827 Freeman (2007), S. 424.
828 Vgl. Freeman (2007), S. 424; Steimle (2008), S. 172–173.

5) Ziel für eine Organisation bzw. ein Unternehmen ist es daher schließlich, zu einem dauerhaften Ausgleich (einer „Balance“) von Stakeholderinteressen zu kommen.

Die vorgestellten Aussagen verdeutlichen wiederum, dass die Stakeholder-Theorie sowohl auf deskriptiven (Aussage 1-2), instrumentellen (Aussage 3), als auch im Kern auf normativen Überlegungen (Aussage 4) fußt. Aussage 5 wiederum skizziert die oben angeführten „Managerial Implications“, also die direkten Implikationen der Stakeholder-Theorie für das Unternehmenshandeln.

Für die Forschung im Feld der nachhaltigen Unternehmensführung bzw. Corporate Social Responsibility und die Entwicklung entsprechender betrieblicher Instrumente liefert die Stakeholder-Theorie eine unentbehrliche Grundlage. So entwickelt sie das klassische, lineare Input-Output-Modell des Unternehmens zu einem Netzwerk multilateraler Beziehungen zwischen verschiedenen Bezugsgruppen weiter[829] und stellt damit die systemische Einbettung des Unternehmens in seine Umwelten in den Vordergrund. Nur wenn die Interdependenzen und Auswirkungen unternehmerischer Aktivitäten auf eine Vielzahl von Bezugsgruppen sowie die (potenzielle) Legitimität deren Ansprüche in der ökonomischen Modellierung berücksichtigt werden, können die zentralen Forderungen des Nachhaltigkeitsleitbilds, wie nach intra- und intergenerationaler Gerechtigkeit, überhaupt in der wirtschaftswissenschaftlichen Forschung und der Operationalisierung auf Unternehmensebene Einzug finden.

Auch Freeman weist auf die zentrale Bedeutung der Stakeholder-Theorie für die Debatte um unternehmerische Nachhaltigkeitsorientierung sowie ihre quasi nahtlose Anschlussfähigkeit hierzu hin, wenn er argumentiert:

> „Since stakeholders are defined widely and their concerns are integrated into the business processes, there is simply no need for a separate CSR approach.“[830]

Eine solche weite Stakeholder-Definition (im Sinne von „who can affect or is affected“[831]) müsste sowohl Stakeholders im engeren Sinne umfas-

[829] Vgl. hierzu exemplarisch die zahlreichen Darstellungen unterschiedlicher „Stakeholder-Maps“ in Freeman (2010 (EA: 1984)).

[830] Freeman (2007), S. 424.

sen, die eine spezifische Investition, beispielsweise in Form von Human- oder Sozialkapital, Finanzkapital sowie physischem oder ökologischem Kapital getätigt haben und damit in einem reziproken Abhängigkeitsverhältnis zum Unternehmen stehen, als auch solche Individuen und Gruppen, die von den positiven oder negativen externen Effekten des Unternehmenshandelns betroffen sind, auch ohne an den marktlichen Transaktionen des Unternehmens beteiligt zu sein (Stakeholders im weiteren Sinn)[832].

Allgemein kann festgehalten werden, dass stakeholder-theoretische Ansätze eine Strukturierung des zunächst diffusen Konstrukts der organisationalen Umwelt ermöglichen, indem mit ihrer Hilfe einzelne Akteure oder Akteursgruppen identifiziert und diese hinsichtlich ihrer Betroffenheit durch das (oder allgemeiner ihres Interesses am) Unternehmenshandeln unterschieden werden können. Aus diesem Grund wird der Stakeholder-Ansatz als Ausgangspunkt der weiteren Fundierung des Akteurskonzepts von Corporate Sustainability Governance gewählt.

In den vorangehenden Kapiteln wurde an verschiedenen Stellen darauf hingewiesen[833], dass ein ganzheitlicher Modellierungsansatz für Phänomene der Corporate Sustainability Governance auch machtpolitisches und opportunistisches Verhalten abbilden soll. Damit stellt sich die Frage, worauf Machtkonstellationen und das aus ihnen resultierende Verhalten der beteiligten Governance-Akteure zurückgeführt werden kann.

Um diese zu beantworten eignet sich eine ressourcentheoretische Betrachtung, mit der Stakeholders als betriebliche Ressourcenquellen verstanden werden[834]. Damit beruhen ihre Ansprüche letztlich „auf dem (Gegen-)Interesse der Unternehmungsführung an den Stakeholders bzw. den von ihnen gelieferten Ressourcen"[835]. Diese Auffassung ist auch in der vermutlich ersten Definition des Stakeholder-Begriffes angelegt:

---

831 Auszug aus der von Freeman im Jahr 1984 formulierten Definition des Stakeholderbegriffs: „Stakeholder = Any group or individual who can affect or is affected by the achievement of the firm's objectives."(Freeman et al. (2010), S. 25).

832 Vgl. Sacconi (2004), S. 7.

833 Vgl. explizit die Modellierungsanforderungen in Kapitel 4.3.1.1 bzw. das in Kapitel 4.2 entwickelte Analyseraster von Corporate Sustainability Governance.

834 Wieland (2008), S. 18.

835 Schaltegger (1999), S. 5.

> „The word *stakeholder*, coined in an internal memorandum of the Stanford Research Institute in 1963, refers to ‚those groups without whose support the organization would cease to exist'"[836].

Als problematisch ist hier zu sehen, dass „die prinzipiell unlimitierten Ansprüche der Knappheit tauschbarer Güter gegenüberstehen"[837]. Ein Unternehmen hat folglich nicht (immer) die Möglichkeiten, alle herangetragenen Ansprüche zu erfüllen und muss zwangsläufig die Interessen bestimmter Gruppen zurückstellen.

Welchen Forderungen ein Unternehmen dabei eher entspricht, hängt von deren Macht und dem Sanktionspotenzial der entsprechenden Stakeholdergruppe ab. Aus ressourcentheoretischer Sicht sind diese darauf zurückzuführen, ob eine Gruppe dem Unternehmen kritische Ressourcen zur Verfügung stellt bzw. ob sie Einfluss auf die Versorgung mit kritischen Ressourcen nehmen kann. Dies führt schließlich zum Argumentationsmuster des Ressourcenabhängigkeits-Theorems, das im folgenden Kapitel eingeführt und im Anschluss daran für eine Kategorisierung der Akteure von Corporate Sustainability Governance herangezogen wird.

4.3.3.2 Ressourcenabhängigkeits-Theorem

Die Grundlagen für das Ressourcenabhängigkeits-Theorem wurden einerseits von Cyert und March[838] gelegt, die das systemtheoretische Ziel der Minimierung umweltbezogener Unsicherheiten hervorheben. Andererseits geht es auf Thompsons Theorem der interorganisationalen Abhängigkeit zurück[839 840].

Zu einer eigenständigen Theorie wurde das Konzept schließlich von Pfeffer und Salancik weiterentwickelt, deren 1978 veröffentlichtes Buch „The External Control of Organizations: A Resource Dependence Perspective" als Geburtsstunde des Theorems in seinem heutigen Verständnis gilt[841].

836 Freeman, Reed (1983), S. 89.
837 Figge, Schaltegger (2000), S. 12.
838 Vgl. Cyert, March (2006 (EA: 1963))
839 Vgl. Thompson (2008 (EA: 1967))
840 Vgl. Steimle (2008), S. 144–145.
841 Vgl. Pfeffer, Salancik (2003 (EA: 1978))

Die zentralen Aussagen dieses Ansatzes lassen sich in Bezugnahme auf Pfeffer und Salancik wie folgt zusammenfassen[842]:

- Das Überleben von Organisationen bzw. Unternehmen ist von Ressourcen abhängig.
- Um Zugang zu den erforderlichen Ressourcen zu erhalten, müssen Unternehmen mit den Akteuren in Interaktion treten, die diese kontrollieren, was zu entsprechenden Austauschbeziehungen führt.
- Ein Ressourcengeber besitzt Macht gegenüber einem Unternehmen und kann damit dessen Entscheidungen beeinflussen, wenn er über für das Unternehmen wichtige Ressourcen verfügt („resource importance“ bzw. „discretion over resource allocation and use“), nicht selbst in gleichem Maße vom Unternehmen abhängig ist („asymmetric power“) und das Unternehmen die Ressource nicht von alternativen Ressourcengebern beziehen kann („concentration of resource control“).
- Die Überlebensfähigkeit eines Unternehmens hängt davon ab, inwieweit es ihm gelingt, erfolgreich mit umweltbezogenen Unsicherheiten umzugehen; die Sicherung der Ressourcenversorgung wird damit zu einem zentralen Aspekt unternehmerischen Handelns.

Das Ressourcenabhängigkeits-Theorem stellt somit die Abhängigkeitsverhältnisse zwischen einer Organisation und ihren wesentlichen Umweltakteuren sowie das daraus resultierende Verhalten beider Seiten in den Vordergrund. Dabei sind das Problem der potenziellen Instabilität der Ressourcenversorgung und die damit verbundenen Unsicherheiten für die Organisation von zentraler Bedeutung[843].

Der hierbei zugrunde gelegte Ressourcenbegriff ist breit und umfasst materielle wie immaterielle Güter, die für die Organisation von Bedeutung sind und damit „almost anything that is perceived as valuable“[844].

Zu den besonderen Charakteristika des Ansatzes gehört schließlich, dass er die Möglichkeit einer gestaltenden Einflussnahme der Organisation auf die Umwelt in die Modellierung einbezieht und – ebenso wie institutionalistische Ansätze – von einem begrenzt rationalen Akteursmodell ausgeht, wodurch Wahrnehmungs- und Interpretations-

---

842 Vgl. Pfeffer, Salancik (2003 (EA: 1978)), S. 53 und 258.
843 Vgl. Schreyögg (2003), S. 372.
844 Pfeffer (1992), S. 87.

vorgänge relevant werden[845]. Von ihnen hängt auch die organisationsspezifische Wahrnehmung der Ressourcenabhängigkeitsbeziehungen ab, die nicht zwangsläufig objektiv nachvollziehbar sein muss. So kann die empfundene Ressourcenabhängigkeit und Machtstellung von einem Ressourcengeber durchaus von der objektiv vorhandenen Abhängigkeitskonstellation abweichen.

4.3.3.3 Verknüpfung von Stakeholder-Theorie und Ressourcenabhängigkeitstheorem

Sowohl die Stakeholder-Theorie als auch das Ressourcenabhängigkeits-Theorem thematisieren die Beziehungen zwischen Unternehmen und den Akteuren in ihrer Umwelt. Während aber insbesondere normativ orientierte Ansätze der Stakeholder-Theorie auch solche Gruppen in die Betrachtung einbeziehen, die vom Unternehmenshandeln beeinflusst oder beeinträchtigt werden, ohne dabei ihre Ansprüche gegenüber dem Unternehmen artikulieren und durchsetzen zu können[846], betrachtet das Ressourcenabhängigkeits-Theorem allein die machtpolitische Ausgestaltung der Beziehungen zwischen Unternehmen und ihren Umwelten.

Damit bleiben diejenigen Stakeholdergruppen ausgeblendet, die keinen Einfluss auf den Ressourcenzugang des Unternehmens ausüben können und damit beispielsweise nicht dazu fähig sind, unerwünschtes Unternehmenshandeln selbst zu sanktionieren.

Im Ressourcenabhängigkeits-Theorem wird die Problematik knapper Ressourcen somit auf die Entstehung von Macht und die Mobilisierung von Gegenmacht sowie den Abbau von Umweltabhängigkeiten reduziert[847], unabhängig davon, welche Folgen daraus für die betrieblichen Umwelten resultieren.

Diese Begrenzung der Perspektive auf als unmittelbar relevant wahrgenommene Ressourcenlieferanten und damit mächtige Stakeholdergruppen ist für die Nachhaltigkeitsdiskussion allerdings unzureichend. So zeichnen sich insbesondere die im Rahmen globaler Wertschöpfung auftretenden Problemfelder dadurch aus, dass eben nicht

---

[845] Vgl. Steimle (2008), S. 145.
[846] Vgl. Frooman (1999), S. 192; Freeman (2010 (EA: 1984)), S. 25.
[847] Vgl. Knyphausen-Aufseß (2000), S. 482.

ausschließlich solche Stakeholders von ihnen betroffen sind, die gegenüber multinationalen Unternehmen zu Sanktionen fähig sind.

Die im Folgenden beschriebene Kategorisierung von Akteursgruppen, die auf einer Kombination von Stakeholder-Theorie und Ressourcenabhängigkeits-Theorem beruht, schließt diese Gruppen deshalb explizit ein[848]. So werden diese für die weitere Einordnung von Governance-Akteuren hinsichtlich des ihnen zur Verfügung stehenden Sanktionspotenzials aus Ressourcenabhängigkeitsperspektive unterschieden.

Wie in Tabelle 13 dargestellt, können somit drei Akteursgruppen voneinander abgegrenzt werden (Primary und Secondary Stakeholders sowie Interested Parties), die sich hinsichtlich ihrer Einflussmöglichkeit aus Sicht der Ressourcenabhängigkeit grundlegend unterscheiden. Dieser Blickwinkel eignet sich besonders gut, um machtpolitisches Akteursverhalten im Kontext von Corporate Sustainability Governance zu erklären, wie zum Beispiel das Zusammenspiel von multinationalen Unternehmen und verschiedenen Stakeholdergruppen sowie deren Interaktion untereinander. So lässt sich beispielsweise erklären, warum NGOs als Secondary Stakeholders häufig eine Strategie der Einflussnahme über Dritte wählen: Sie verfügen im Normalfall nicht unmittelbar über für ein multinationales Unternehmen kritische Ressourcen, können aber den Ressourcenzufluss durch die Einwirkung auf Primary Stakeholders, wie zum Beispiel Kunden oder Anteilseigner, moderieren[849].

---

[848] Dabei ist darauf hinzuweisen, dass es zahlreiche unterschiedliche Ansätze zur Kategorisierung von Stakeholders gibt. Eine der am weitesten verbreiteten geht auf Mitchell, Agle, Wood (1997) zurück, die Stakeholder anhand der Legititimität und Dringlichkeit ihrer Ansprüche sowie ihrer zur Durchsetzung vorhandenen Macht unterscheiden. Diese Einordnung kommt dem Verständnis des Ressourcenabhängigkeits-Theorems recht nahe, dieser liefert mit der Ressourcenabhängigkeit aber zudem eine Erklärung für die Entstehung dieser Machtverhältnisse.

[849] Vgl. Steimle (2008), S. 145–146.

Interested Parties	Vom Handeln des Unternehmens (in-)direkt betroffen; keine ausreichenden Sanktionsmöglichkeiten zur Durchsetzung ihrer (legitimen) Ansprüche (zum Beispiel mangelnde Organisationsfähigkeit oder keine Lieferung kritischer Ressourcen); zum Beispiel Mitarbeiter in Zulieferbetrieben, die know-how-arme, leicht substituierbare Tätigkeiten ausführen;
Secondary Stakeholders	Stellen für das Unternehmen keine kritischen Ressourcen zur Verfügung, sind daher von der Unterstützung durch Primary Stakeholders abhängig; aber: ausreichende Organisationsfähigkeit, um Sanktionspotenzial aufzubauen, meist durch Einfluss auf die Legitimität des Unternehmens; zum Beispiel NGOs wie Menschenrechtsorganisationen oder Umweltverbände, die Kundenmacht mobilisieren; Gewerkschaften;
Primary Stakeholders	Alle Akteure, die über ein direktes (potenzielles) Sanktionspotenzial gegenüber dem Unternehmen verfügen, weil sie diesem kritische Ressourcen zur Verfügung stellen; zum Beispiel Kunden, bestimmte (nicht-substituierbare) Lieferanten, Gesetzgeber;
Fokales Unternehmen	Abhängig von den Ressourcen seiner Primary Stakeholders; Steht in vielfachen Wechselbeziehungen zu seinen Stakeholdergruppen und versucht Abhängigkeiten bzw. ressourcenbezogene Unsicherheiten zu vermeiden;

Tabelle 12: Kategorisierung von Akteursgruppen[850]

Die in Tabelle 12 vorgestellte Kategorisierung von Governance-Akteuren hat vor allem analytischen Charakter. So sind die Grenzen der einzelnen Kategorien durchlässig, da beispielsweise aus ursprünglich als Interested Parties eingeordneten Akteuren auch Primary Stakeholders werden können, wenn es ihnen gelingt, sich umfassend zu organisieren und sich in ihrer Gesamtheit gegen ein Unternehmen zu wenden. Ein Beispiel hierfür sind die immer wieder auftretenden Mitarbeiterproteste in Zulieferbetrieben in Entwicklungs- und Schwellenländern, die sowohl zu Lieferausfällen, als auch zu einem Reputationsverlust für das beteiligte multinationale Unternehmen führen können und damit zum

[850] Eigene Darstellung in Anlehnung an Garvare, Johansson (2010), S. 739; Johansson (2008), S. 36.

(kurzfristigen) Entzug kritischer Ressourcen. In diesen Fällen werden aus Interested Parties ohne ausreichende Sanktions- und Organisationsfähigkeit sehr schnell Secondary bzw. Primary Stakeholders. Diese Dynamik ist für das Management von Stakeholderbeziehungen generell eine Herausforderung.

4.3.4 Zusammenführung der gewählten Erklärungsansätze und Ableitung eines exemplarischen Erklärungsmodells

In den vorangehenden Kapiteln wurden organisationssoziologische Ansätze des Neuen Soziologischen Institutionalismus sowie die Stakeholder-Theorie und das Ressourcenabhängigkeits-Theorem vorgestellt und ihre jeweilige Erklärungskraft für eine Untersuchung von Phänomenen der Corporate Sustainability Governance diskutiert. Ziel dieses Abschnitts ist es, diese Ansätze in einem organisationstheoretischen Erklärungsmodell für Corporate Sustainability Governance zu vereinen. Vor der Ableitung dieses Modells soll zunächst die Komplementarität der gewählten theoretischen Ansätze noch einmal kurz rekapituliert werden.

4.3.4.1 Komplementarität der gewählten Ansätze

Entsprechend dem Argumentationsmuster des Ressourcenabhängigkeits-Theorems wird auch in den vorgestellten organisationssoziologischen Ansätzen die Triebkraft für die Etablierung legitimierender Strukturen auf die Notwendigkeit der Sicherung des überlebenskritischen Ressourcenzuflusses für eine Organisation zurückgeführt[851]. Damit knüpfen die gewählten Ansätze des Neue Soziologischen Institutionalismus unmittelbar an die ressourcenfokussierte Perspektive des vorgestellten Akteursmodells von Corporate Sustainability Governance an. Beide Perspektiven ergänzen sich dabei in ihrer Erklärungskraft entsprechend. So blenden die organisationssoziologischen Ansätze die Modellierung von Macht und direkter Interaktion zwischen den Akteuren aus. Umgekehrt vernachlässigt der rein machtpolitische Zugang des Ressourcenabhängigkeits-Theorems die von institutionalistischen Ansätzen fokussierten Entstehungs- und Diffusionsprozesse von Strukturgleichheiten (Isomorphien) und deren Governance-Wirkung.

---

[851] Vgl. Meyer (1977), S. 352; DiMaggio, Powell (1983), S. 154 f.

Die Stakeholder-Perspektive ermöglicht schließlich, das bei den anderen Ansätzen weitgehend diffus bleibende Konstrukt der organisationalen Umwelt akteursbezogen zu konkretisieren. In Kombination mit der Perspektive des Ressourcenabhängigkeits-Theorems können so die relevanten Akteure von Corporate Sustainability Governance in ihren für die Diskussion zentralen Eigenschaften kategorisiert werden, woraus die Akteursgruppen der Interested Parties, Primary und Secondary Stakeholders sowie das fokale Unternehmen resultieren. Der normativ geprägte Grundcharakter der Stakeholder-Theorie geht dabei mit den Anforderungen der Nachhaltigkeitsdebatte konform. So bleibt, wie oben diskutiert jeder Anspruch einer nachhaltigkeitsorientierten Unternehmensführung ohne die Berücksichtigung nicht-sanktionsfähiger Akteure substanzlos. Dementsprechend werden mit der Gruppe der Interested Parties auch diejenigen Akteure in die Modellierung aufgenommen, die nicht von sich aus unmittelbar governance-wirksam werden können. Für die angestrebte analytisch-deskriptive Betrachtung von Corporate Sustainability Governance spielen aber schließlich nicht nur die Betroffenheit der Akteure, sondern vor allem auch unterschiedliche Einflusspotenziale und Machtkonstellationen eine entscheidende Rolle. Die Stakeholder-Theorie ist hier für beide Perspektiven, normativ wie deskriptiv, offen und damit zur angestrebten Modellierung von Corporate Sustainability Governance anschlussfähig.

4.3.4.2 Exemplarisches Erklärungsmodell für Corporate Sustainability Governance

Um die organisationstheoretische Fundierung von Corporate Sustainability Governance anhand der in den vorangehenden Kapiteln beschriebenen Erklärungsansätze zu illustrieren, wird in den folgenden Abschnitten ein exemplarisches Erklärungsmodell aufgestellt. Es beschreibt das Zusammenspiel der gewählten Erklärungsansätze und macht damit deutlich, wie Prozesse der Corporate Sustainability Governance mit Hilfe des Rückgriffs auf diese Ansätze und deren Kombination modelliert werden können.

Dieses Erklärungsmodell skizziert idealtypische Governance-Prozesse, wie sie zum Beispiel nach dem Bekanntwerden eines „Nachhaltigkeits-Issues“ aus dem Umfeld eines fokalen Unternehmens ablaufen können. Wie Abbildung 9 zu entnehmen ist, basiert die Struktur dieses Modells auf der oben eingeführten Kategorisierung von Akteursgruppen.

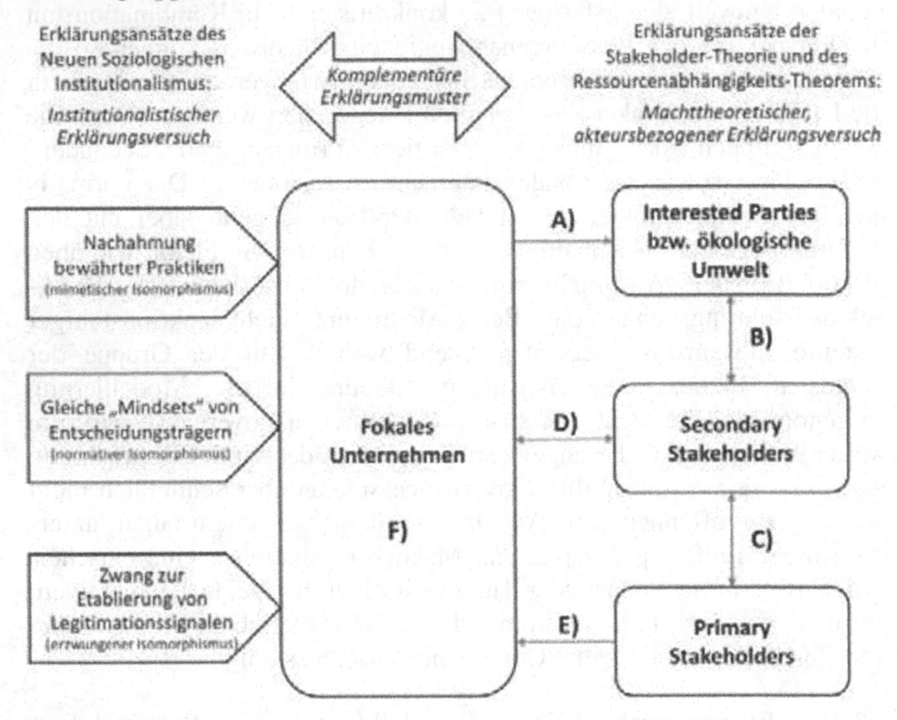

Abbildung 9: Exemplarisches Erklärungsmodell für Corporate Sustainability Governance-Prozesse[852]

Im Zentrum des Modells steht das fokale Unternehmen, wie zum Beispiel ein Markenartikelhersteller oder ein großer Handelskonzern, das meist in besonderem Maße öffentlich exponiert ist, also der kritischen Beobachtung durch Medien, NGOs aber auch Endkunden ausgesetzt ist. Es steht in Interaktion mit verschiedenen Stakeholdergruppen, die sich je nach ressourcenbedingtem Einflusspotenzial gegenüber des Unternehmens in Primary Stakeholders, die direkt über für das Unternehmen kritische Ressourcen verfügen (wie zum Beispiel wichtige Kunden und Lieferanten oder aber auch staatliche Instanzen) und Secondary Stakeholders, die selbst nicht über kritische Ressourcen verfügen, aber

[852] Vgl. Fischer (2012b), S. 102.

deren Zufluss moderieren können (wie typischerweise NGOs, die Einfluss auf das Verhalten von Primary Stakeholders nehmen), unterscheiden lassen. Interested Parties wiederum sind zwar direkt oder indirekt vom Unternehmenshandeln betroffen, besitzen selbst aber mangels Verfügungsgewalt über kritische Ressourcen keine Sanktionsfähigkeit.

Diese Interaktionen sind auf der rechten Seite des Modells dargestellt und fußen auf den Ansätzen von Stakeholder-Theorie und Ressourcenabhängigkeits-Theorem.

Auf der linken Seite des Modells sind die oben beschriebenen Erklärungsansätze des Neuen Soziologischen Institutionalismus aufgegriffen, die beschreiben, wie das Unternehmensverhalten durch den jeweiligen institutionellen Kontext geprägt werden kann.

Zur weiteren Erläuterung des Modells wird im Folgenden der idealtypische Verlauf eines nachhaltigkeitsintendierenden Governance-Prozesses nachgezeichnet, beginnend mit dem Auftreten eines (vermeintlichen) Missstands in der Wertschöpfungskette, über die Aktivierung von Secondary und Primary Stakeholders bis hin zum resultierenden Verhalten des fokalen Unternehmes. Wie beschrieben wird, sind auch in dem gezeigten idealtypischen Verlauf zahlreiche verschiedene Handlungs-/Verhaltensalternativen der beteiligten Akteure angelegt (wie zum Beispiel eine eher konfrontative oder kooperative Interaktion)[853]. Das Erklärungsmodell gibt damit eine Art Gerüst zur Einordnung verschiedener spezifischer Abläufe und ordnet diese den genannten theoretischen Erklärungsansätzen zu.

A) Ausgangspunkt des Governance-Prozesses ist eine real existierende oder drohende negative Beeinflussung von Interested Parties bzw. der ökologischen Umwelt, die (scheinbar) mit den Unternehmensaktivitäten der „Lead Firm" in Zusammenhang steht. Dies können beispielsweise schlechte Arbeitsbedingungen bei Zulieferbetrieben sein, der Einsatz toxischer Substanzen in der Produktion, verbunden mit Schädigungen von Mensch und Umwelt oder aber auch drohende negative Auswirkungen durch geplante, zukünftige Unternehmensaktivitäten. Die Bewertung dieser negativen Effekte sowie deren Rückführung auf die Unternehmensaktivitäten sind dabei häufig von subjektiven Wahrnehmungs- und Interpretationsprozessen geprägt

[853] Vgl. hierzu Coni-Zimmer (2012), S. 322–323.

und werden nur in wenigen Fällen, beispielsweise durch wissenschaftliche Studien, objektiviert. Für den entstehenden Governance-Prozess ist diese Subjektivität allerdings (zunächst) unerheblich. Dies gilt sogar für den Fall, dass die real auftretenden Missstände stark verzerrt wahrgenommen oder sogar konstruiert werden.

B) Negative Auswirkungen auf Interested Parties oder die ökologische Umwelt werden ohne die Aktivierung weiterer Stakeholdergruppen allerdings nicht governance-wirksam. So ist eine entsprechende Lobby erforderlich, die diese Missstände aufgreift und artikuliert. Dies geschieht in Phase B) durch Secondary Stakeholders, wie zum Beispiel NGOs. Diese Gruppen sind dazu in der Lage, die (vermeintlichen) Interessen von Interested Parties oder auch Umweltschäden wirkungsvoll zu thematisieren. Ein solcher Stellvertreter-Lobbyismus ist dabei allerdings mit der Gefahr verbunden, dass tatsächliche Auswirkungen verzerrt dargestellt werden. Zudem findet stets eine Selektion statt, welche Missstände überhaupt aufgegriffen werden und welche nicht (vgl. hierzu die Diskussion in Kapitel 5).

C) Ein zentrales Instrument der Secondary Stakeholders ist die Einflussnahme auf die Legitimität des fokalen Unternehmens (zum Beispiel durch Medienberichte), welche moderierend auf den Zufluss kritischer Ressourcen wirkt[854]. Dabei sind Secondary Stakeholders von der Unterstützung bzw. Kooperation mit Primary Stakeholders abhängig, was sie wiederum „anfällig“ für deren spezifische Interessen macht. Von vielen Secondary Stakeholders wie NGOs, aber auch von Seiten der Medien, werden damit verstärkt solche Issues thematisiert, die am besten geeignet sind, Primary Stakeholders zu sensibilisieren, wie zum Beispiel durch das Aufgreifen emotional aufgeladener Themen, wie Berichte über Kinderarbeit oder vom Aussterben bedrohte, populäre Tierarten. Dabei stehen die Secondary Stakeholders ihrerseits ebenfalls in Ressourcenabhängigkeitsbeziehungen und sind beispielsweise auf die Unterstützung durch Spenden oder staatliche Zuschüsse angewiesen[855], was die beschriebene Einflussnahme noch verstärken kann[856].

D) Um das Verhalten des Unternehmens zu beeinflussen bzw. allgemeiner, um Missständen zu begegnen, können Secondary Stake-

[854] Vgl. Steimle (2008), S. 229.
[855] Vgl. Curbach (2003), S. 36 ff.
[856] Vgl. Fischer (2012d), S. 136–137.

holders allerdings auch auf andere Strategien zurückgreifen[857]. So können sie beispielsweise mit dem Unternehmen in Verhandlungen treten, bevor sie Primary Stakeholders ansprechen oder (ergänzend hierzu) dem Unternehmen auch kooperativ begegnen und es bei der Lösung des entsprechenden Problems unterstützen[858].

E) Die nächste Phase beschreibt das Verhalten der Primary Stakeholders des fokalen Unternehmens (wie zum Beispiel dessen Kunden, Lieferanten oder staatliche Institutionen). Diese können die Praktiken des multinationalen Unternehmens bzw. die Berichterstattung hierüber ignorieren, dulden, das Unternehmen zu Verhaltensänderungen auffordern (wie zum Beispiel im Rahmen von Unterschriftenaktionen) oder auch dessen Verhalten aktiv sanktionieren[859]. Letzteres beschreibt den „Worst Case" für das multinationale Unternehmen: So drohen in diesem Fall beispielsweise Konsumentenboykott, die Kündigung von Liefer- bzw. Abnehmerverträgen oder gesetzliche Interventionen. Diese Stufe wird aber in den meisten Fällen gar nicht erreicht. So bleiben „spektakuläre" Sanktionsmaßnahmen von Primary Stakeholders, wie im Fall des Boykotts von Shell im Zuge der geplanten Versenkung der Ölplattform Brent Spar im Jahr 1995, eher die Ausnahme. Gleiches gilt für gesetzliche Regelungen oder verbindliche internationale Abkommen, denen häufig, unter anderem bedingt durch Lobbyarbeit von Seiten der Wirtschaft, lange Phasen der freiwilligen Selbstverpflichtung vorausgehen[860]. Auch ohne tatsächliche Sanktionsmaßnahmen durch Primary Stakeholders werden diese Prozesse also schon governance-wirksam. Entscheidend scheint eher die vom Unternehmen als ausreichend eingeschätzte Wahrscheinlichkeit solcher Maßnahmen bzw. die generelle Angst vor einem Reputationsverlust.

F) Auch dem Unternehmen selbst bieten sich im Fall eines in seinem Wertschöpfungskontext auftretenden „Nachhaltigkeits-Issues" verschiedene Handlungsoptionen[861]. Diese können von einem rein reaktiven CSR-Verhalten auf von außen herangetragene Forderungen bis hin zu einem proaktiven Vorgehen als Strategie der Unsicherheits-

857 Vgl. Coni-Zimmer (2012), S. 322–323.
858 Vgl. Fischer, Longmuß (2012), S. 142 ff.
859 Vgl. Steimle (2008), S. 257 ff.
860 Vgl. Hobelsberger (2012).
861 Vgl. hierzu Steimle (2008), S. 264 ff.

reduktion und/oder als Folge entsprechender normativer Grundüberzeugungen reichen. Reaktive Verhaltensweisen liegen zum Beispiel dann vor, wenn das Unternehmen gesetzliche Verpflichtungen umsetzt oder auf einen schon bestehenden Reputationsverlust durch entsprechende Kommunikationsstrategien oder die Anpassung interner Strukturen reagiert. Ebenso ist es aber auch denkbar, dass das Unternehmen zunächst die Anforderungen ignoriert, mit den entsprechenden Anspruchsgruppen in Verhandlung tritt oder versucht, Gegenmacht aufzubauen (zum Beispiel durch die „Exit-Option“[862] des Unternehmens, verbunden mit der Androhung, Produktionsstätten zu verlagern).

Aus der von Meyer und Rowan (1977) postulierten Entkoppelung von Formal- und Aktivitätsstruktur kann an dieser Stelle ein zentrales Effektivitätskriterium nachhaltigkeitsintendierender Governance abgeleitet werden: Nur wenn Unternehmen im Zuge der hier wirkenden Governance-Prozesse nicht allein ihre Formalstrukturen anpassen, sondern auch gelebte Veränderungen umsetzen, ist die Voraussetzung für effektive Verbesserungen nachhaltigkeitsbezogener Problemfelder auch tatsächlich gegeben.

Die beschriebenen Interaktionen zwischen fokalem Unternehmen und Governance-Akteuren können im Wesentlichen mit den Erklärungsmustern der Stakeholder-Theorie und des Ressourcenabhängigkeits-Theorems begründet werden. Neben dieser akteursbezogenen, auf konkreten Anlässen beruhenden Interaktion können aber auch institutionelle Arrangements das Verhalten des Unternehmens und damit den Verlauf der Prozesse der Corporate Sustainability Governance beeinflussen.

So kommt das Konstrukt des mimetischen Isomorphismus beispielsweise dann zum Tragen, wenn Unternehmen mit der Absicht einer Unsicherheitsreduktion bestehende Erfolgsmodelle in ihrer Umwelt nachahmen. Derartige Strukturanpassungen entsprechen eher einer proaktiven Anspruchsabwehr im Rahmen eines strategischen Risikomanagements, indem beispielsweise bewährte Vorgehensweisen anderer Unternehmen oder Branchen, wie die Durchführung von Multistakeholder-Dialogen oder die Verteilung von Selbstbewertungsfragebögen an

[862] Vgl. Schimank (2007a), S. 35 ff.

Lieferanten etabliert werden, um der möglichen Entstehung weiter reichender Forderungen vorzubeugen.

Nicht vernachlässigt werden soll an dieser Stelle die Einflussmöglichkeit des normativen Isomorphismus. In der vorne geschilderten, erweiterten Interpretation können hier Strukturanpassungen auf sich ähnelnde Sozialisationsprozesse von Organisationsmitgliedern zurückgeführt werden, die bei einer entsprechenden Position (sei es durch ihre hierarchische Stellung oder als „Meinungsbilder“) im Unternehmen zu einer CSR- oder nachhaltigkeitsorientierten Prägung beitragen können. In diesem Fall käme es zu governance-wirksamen Steuerungsprozessen ohne den Einfluss durch primäre und sekundäre Stakeholdergruppen. Normative Isomorphismen können aber nicht nur auf Sozialisationsprozessen von Organisationsmitgliedern gründen. Vielmehr können alle Formen der Einflussnahme von Seiten entsprechend sozialisierter Akteure, wie zum Beispiel externe CSR-Berater oder auch Wissenschaftler, die entsprechende Anwendungskonzepte entwickeln, hierunter subsumiert werden.

Im Fall des erzwungenen Isomorphismus kommen strukturgleiche Verhaltensweisen schließlich durch den Zwang zur Etablierung bestimmter Legitimationsverfahren zustande. Im Kontext nachhaltigkeitsbezogener Governance in internationalen Wertschöpfungsketten wären hier beispielsweise die sich aus entsprechenden EU-Gesetzestexten ergebenden Verfahren und Berichtspflichten zu nennen, wie im Rahmen der EU-Chemikalienverordnung REACH oder die WEEE-Richtlinie über den Umgang mit Elektro- und Elektrogeräteabfall. Der hier zugrunde liegende Mechanismus ist dem des Ressourcenabhängigkeits-Theorems ähnlich und beruht auf der hierarchischen Beziehung zwischen (supra-) staatlichen Organisationen und Unternehmen.

4.3.4.3 Einschränkungen des vorgestellten Erklärungsmodells

Die in dem Erklärungsmodell beschriebenen idealtypischen Verläufe von Governance-Prozessen sollen nicht suggerieren, dass die hier skizzierte Abfolge in allen Fällen auch in der Realität zu finden ist. Vielmehr ist es wahrscheinlicher, dass beispielsweise einzelne Phasen übersprungen oder auch mehrfach durchlaufen werden. So waren zum Beispiel im Zuge der Entwicklung des Diskurses um schlechte Arbeitsbedingungen in der Textilindustrie steigende Ansprüche der Secondary, aber auch der

Primary Stakeholders zu beobachten, die zu einem mehrfachen Durchlaufen der skizzierten Abläufe A) bis E) führten.

Die beteiligten multinationalen Unternehmen bestritten beispielsweise zunächst, dass in ihren Zulieferketten überhaupt schlechte Arbeitsbedingungen herrschten bzw. wiesen die Verantwortung hierfür den Zulieferern zu. Erst nach dem anhaltenden öffentlichen Druck versuchten sie, durch die Verabschiedung von Verhaltenskodizes ihren Ruf wieder zu verbessern (erster Durchlauf der Phasen A) bis E)).[863]

Im Anschluss daran verlagerte sich der Diskurs schließlich zu den Inhalten der Richtlinien sowie zur Frage, wie ihre Einhaltung effektiv und glaubwürdig geprüft werden kann (zweiter Durchlauf)[864]. Gegenwärtig etabliert sich verstärkt eine Debatte, wie die Arbeitsbedingungen in Zulieferbetrieben überhaupt durch das Instrument der Verhaltenskodizes verbessert werden können bzw. inwieweit weiterführende Maßnahmen erforderlich sind[865].

Eine weitere Einschränkung des vorgestellten Erklärungsmodells wird beim Blick auf Abbildung 9 augenscheinlich: Das fokale Unternehmen wird dort noch weitestgehend als „Black Box“ betrachtet. Das heißt, der Wirkungsraum von Corporate Sustainability Governance bleibt in ihm schwerpunktmäßig in der Interaktion zwischen dem Unternehmen und externen Akteuren verhaftet, es werden hauptsächlich interorganisationale Governance-Beziehungen modelliert. Erste Hinweise, wie mit diesen externen Governance-Formen innerhalb des Unternehmens umgegangen werden kann liefern zwar die vorgestellten Erklärungsansätze des Neuen Soziologischen Institutionalismus und den dort näher betrachteten strukturellen Anpassungen des fokalen Unternehmens auf institutionelle Einflussnahme. Damit wird aber noch nicht vollumfänglich beschrieben, welche intraorganisationalen Corporate Sustainability Governance-Prozesse erforderlich sind, um im fokalen Unternehmen eine nachhaltigkeitsintendierende Handlungswirksamkeit bei den Organisationsmitgliedern zu erzeugen. Weiterführende Überlegungen hinsichtlich einer Konzeptualisierung intraorganisationaler Prozesse von Corporate Sustainability Governance werden schließlich in Kapitel 5.2 unternommen.

---

863 Vgl. Hobelsberger (2012), S. 78–79.
864 Vgl. Greven, Scherrer (2005), S. 154.
865 Vgl. Scherrer et al. (2013), S. 220–225; Hoang, Jones (2012).

Das oben skizzierte Erklärungsmodell veranschaulicht das Zusammenwirken der verschiedenen organisationstheoretischen Ansätze in ihrer komplementären Aussagekraft. Das Modell kann dabei zwar als konzeptionelle Grundlage für die Durchführung empirischer Forschung dienen, es ist selbst aber noch zu abstrakt, um einen entsprechenden Forschungsprozess auch anzuleiten. Hierfür ist eine Formulierung von Variablen und hypothetischen Aussagen nötig, die schließlich in Leitfragen für die empirische Forschung übersetzt werden können. Auch auf die Möglichkeiten einer empirischen Operationalisierung des Modells bzw. die Notwendigkeit zu weiterführenden empirischen Studien allgemein wird in Kapitel 5.2 näher eingegangen.

5 Implikationen für Forschung und Praxis

Nachdem in den vorangehenden Kapiteln das Konstrukt der Corporate Sustainability Governance theoretisch fundiert wurde, wird in diesem Kapitel auf mögliche Implikationen dieser Governance-Form in der Praxis sowie auf Ansatzpunkte für weiterführende Forschungsarbeiten eingegangen.

Im ersten Teil wird hierfür den Fragestellungen nach der Legitimität und der Effektivität von Corporate Sustainability Governance nachgegangen. Hierbei werden auf der Grundlage klassischer demokratietheoretischer Beurteilungskriterien spezifische Ansatzpunkte zur Bewertung der Legitimität und Effektivität von Corporate Sustainability Governance aufgegriffen.

Im zweiten Teil des Kapitels werden Überlegungen hinsichtlich möglicher weiterführender Forschungsarbeiten angestellt, die auf der in diesem Buch erzielten theoretisch-konzeptionellen Fundierung von Corporate Sustainability Governance aufbauen können. Hierzu zählen einerseits die empirische Validierung des Konstrukts und seiner Aussagen sowie eine tiefergehende Mikrofundierung der beteiligten Governance-Akteure, wie beispielsweise eine Auseinandersetzung mit Fragen der intraorganisationalen Ausgestaltung von Corporate Sustainability Govenance. Andererseits wird gezeigt, dass das in diesem Buch auf theoretisch-konzeptioneller Betrachtungsebene transdisziplinär angelegte Konstrukt erst durch weiterführende, partizipativ gestaltete Forschungsarbeiten einen umfassend transdisziplinären Charakter entfalten kann.

5.1 Zur Effektivität und Legitimität von Corporate Sustainability Governance

5.1.1 Demokratietheoretische Beurteilungskriterien

Im Hinblick auf die Auswirkungen von Governance stellen sich „die immerwährenden politikwissenschaftlichen Zentralfragen nach der

Effektivität und der Legitimität der [...] angesprochenen Regelungsformen."[866]

Dies gilt auch für Corporate Sustainability Governance, weshalb in den folgenden Abschnitten auf die zentralen demokratietheoretischen Kriterien der Effektivität und Legitimität eingegangen wird. Im sich anschließenden Kapitel werden darauf aufbauend Überlegungen angestellt, welche Ansatzpunkte für eine diesbezügliche Beurteilung von Corporate Sustainability Governance geeignet sind, also woran und wie die Effektivität und Legimität ihrer Prozesse geprüft werden könnten und welche Implikationen sich daraus für die Gestaltung von und die Interaktion in entsprechenden Governance-Systemen ergeben.

Da mit der Betrachtung von Corporate Sustainability Governance Unternehmen als politische Akteure in den Mittelpunkt rücken, soll aber zunächst auf die generelle Auseinandersetzung mit dem Phänomen ihrer zunehmenden Politisierung eingegangen werden.

5.1.1.1 Debatte um eine „Politization of the Corporation"

Die Prozesse von Corporate Sustainability Governance sind in großen Teilen auf eine Politisierung von Akteuren wie internationale Organisationen, zivilgesellschaftliche Gruppen und schließlich auch Unternehmen zurückzuführen.

Diese sind in aller Regel nicht durch Wahlen oder andere Verfahren demokratisch legitmiert[867], was die generelle Frage aufwirft, wie eine fortschreitende Politisierung dieser Akteure zu werten ist und welche Problemlösungsbeiträge sowie Risiken mit ihr verbunden sind[868].

Die Politisierung von Unternehmen wird unter anderem im Hinblick auf die Diskussion um Corporate Citizenship deutlich, innerhalb derer privatwirtschaftlichen Unternehmen gewissermaßen politische Pflichten unterstellt werden[869]. So lässt sich mit den Worten Zürns (2009) festhalten:

> „Der *corporate citizen* [...] untersteht also inzwischen einem eigenen Legitimationsdruck, neben den Kapitalgebern hat er auch die Interessenlagen der Kunden und der politischen Öffentlichkeit zu

866 Mayntz (2009a), S. 12.
867 Vgl. hierzu am Beispiel von NGOs Roth (2005), S. 112 ff.
868 Vgl. Palazzo, Scherer (2008).
869 Vgl. Willke, Willke (2008), S. 555–556.

> berücksichtigen. Es werden also sowohl internationale Institutionen als auch das Handeln von Großunternehmen politisiert. *Governance with and without government* unterliegt denselben normativen Ansprüchen wie *governance by government*."[870]

Zürn steht, wie andere Autoren auch, einer Corporate Citizenship von Unternehmen kritisch gegenüber[871] und verweist auf einen Beitrag von Robert R. Reich, welcher mit Hinblick auf die Politisierung der Wirtschaft schon im Jahr 1998 unter dem Titel „The New Meaning of Corporate Social Responsibility" für eine klare Trennung zwischen Politik und Wirtschaft plädierte[872]. Reich machte sich zunächst die bekannte Position von Milton Friedman (1970) zu eigen[873], in dem er formuliert:

> „Board members and executives must place the interests of shareholders above all other interests except as limited by all other laws and regulations."[874]

Er fordert, dass nur durch den Staat und damit durch gewählte Volksvertreter die Anforderungen an Corporate Social Responsibility zu definieren seien[875], wofür diesen neben gesetzlichen Vorschriften auch diverse Anreizmechanismen, zum Beispiel im Rahmen der Steuer- oder Subventionspolitik zur Verfügung stünden[876].

Allerdings fügt er hinzu, dass diese strikte Trennung im Gegenzug auch von den Unternehmen zu respektieren sei und damit jegliche politische Einflussnahme von Seiten der Wirtschaft unterbleiben müsse. Diese Position ist als theoretische Überlegung zwar nachvollziehbar, Reich räumt jedoch selbst ein, dass die Situation in der Realität eine andere sei[877], was bis heute unverändert gilt[878].

---

870 Zürn (2009), S. 72.

871 Vgl. Zürn (2009), S. 72, siehe hierzu auch Willke, Willke (2008).

872 Vgl. Reich (1998).

873 Vgl. zur Aussage von Friedman: „There is one and only one social responsibility of business – to use its resources and engage in activities designed to increase its profits so long as it stays within the rules of the game, which is to say, engages in open and free competition without deception or fraud." Friedman (1970).

874 Reich (1998), S. 15.

875 Vgl. hierzu auch Willke, Willke (2008), S. 555 ff.

876 Vgl. Reich (1998), S. 14–17.

877 Vgl. Reich (1998), S. 17.

878 Dingwerth und Weise sehen Unternehmen sogar als Akteure, die einerseits aktiv zur Delegitimierung staatlicher Governance beitragen („State Bashing") und sich

Neben der von Reich formulierten politischen Passivität privatwirtschaftlicher Akteure wäre für eine alleinige staatliche Regulierung von Corporate Social Responsibility zudem eine weitere Voraussetzung zu erfüllen: Ein „vollkommener Staat" müsste ausreichend Regeln setzen und damit ein so dichtes Geflecht formeller Institutionen schaffen, sodass nicht-verantwortliches bzw. nicht-nachhaltiges Unternehmenshandeln im Rahmen legaler Handlungsspielräume ausgeschlossen bliebe. Dies stünde zum einen der Forderung nach weniger Regulierung und Bürokratie sowie dem von der Wirtschaft nach wie vor reklamierten Freiwilligkeitscharakter unternehmerischer Verantwortungsübernahme entgegen[879]. Zum anderen zeigen die zu regelnden denationalisierten Problemlagen sowie die Globalisierung ökonomischer Transaktionen deutlich, dass der Staat mit den von ihm zu setzenden formellen Institutionen im Hinblick auf eine derart komplexe Problemstellung, wie es (nicht-)nachhaltiges Unternehmenshandeln ist, nicht der alleinige Steuerungsakteur bleiben kann.

Damit stellt sich weniger die Frage, ob es zu einer Politisierung von Unternehmen kommen darf und soll, sondern vielmehr, wie diese zu gestalten ist[880]. Eine einseitige Mitwirkung und Einflussnahme auf die Politik von Seiten der Wirtschaft, ohne dass diese selbst politisiert wird, kann es demnach nicht geben:

> „In dem Maße, wie der Markt gegenüber der Politik an Boden gewinnt, wird der Markt politisiert."[881]

5.1.1.2 Input- und Output-Legitimität

Aus demokratietheoretischer Perspektive eröffnet sich schließlich die Frage nach der Legitimität von Prozessen der Corporate Sustainability Governance. Dabei hängt die Legitimität einer politischen Ordnung bzw. politischer Prozesse allgemein betrachtet davon ab, ob sie von den betroffenen Bürgern akzeptiert und unterstützt sowie bezogen auf die

---

andererseits selbst als Akteure des globalen Regierens inszenieren, etwa durch Foren wie den UN Global Compact oder das Davoser Weltwirtschaftsforum. Dingwerth, Weise (2012), S. 112–113; vgl. hierzu auch Palazzo, Scherer (2008), S. 774.

[879] Vgl. hierzu exemplarisch die Stellungnahme deutscher Wirtschaftsverbände zur CSR-Mitteilung der EU-Kommission im Jahr 2011 (siehe Kapitel 1.1): BDA, BDI, DIHK, ZDH (2011).

[880] Vgl. hierzu Palazzo (2009), S. 29 ff.

[881] Zürn (2009), S. 72; vgl. hierzu auch Reich (1998), S. 17.

gemeinschaftlich geteilten Wertvorstellungen als rechtens anerkannt werden[882].

Die „Stakeholderfrage" in der Demokratietheorie kann demnach verhältnismäßig einfach anhand der Unterscheidung der Governance-Akteure in Regierende und Regierte beantwortet werden, der Bürger ist hier unmittelbarer Bezugspunkt für die Legitimation politischer Entscheidungsprozesse. Eine solch klare Trennung ist bei postnationalen bzw. über den Nationalstaat hinausgehenden Governance-Prozessen, wie im Fall von Corporate Sustainability Governance, nicht möglich. Ihre Effektivität und Legitimität ist letztlich aus der Perspektive unterschiedlicher Stakeholdergruppen zu beurteilen, was zu entsprechenden Bewertungsproblemen führen kann[883].

Um sich dieser Fragestellungen zu nähern, ist es zunächst erforderlich, zwischen Legitimität als normativem und als empirischem Konstrukt zu unterscheiden[884]. Empirische Legitimität resultiert aus der tatsächlichen Akzeptanz von Regeln und Governance-Outputs, während normative Legitimität auf Akzeptabilität beruht, also darauf ob „es gute Gründe gibt, gesellschaftliche Regeln und Strukturen als gerechtfertigt zu akzeptieren."[885]

Auf die Frage nach der empirischen Legitimität von Corporate Sustainability Governance soll an dieser Stelle nicht weiter eingegangen werden, unter Verweis auf die hier adressierten, gemeinwohlorientierten Governance-Inhalte[886], kann diese aber wohl in den meisten Fällen vorausgesetzt werden. Damit stellt sich die Frage nach der normativen Legitimität, also den präskriptiven Kriterien der Akzeptabilität[887] von Corporate Sustainability Governance.

Für ihre Diskussion sollen zunächst die grundlegenden demokratietheoretischen Kriterien der Input- und Output-Legitimität[888] vorgestellt werden:

---

[882] Vgl. Beisheim (2004), S. 26 f.

[883] Vgl. Kapitel 5.1.2.

[884] Vgl. Dingwerth (2004), S. 86 ff; Schmidtke, Schneider (2012), S. 225–228.

[885] Dingwerth (2004), S. 86.

[886] Vgl. hierzu Kapitel 4.2.1 und 4.2.2.

[887] Vgl. Schmidtke, Schneider (2012), S. 226.

[888] Neben der Input- und Output-Legitimität kann die Verfahrenslegitimität politischer Prozesse auch durch das Kriterium der sogenannten Throughput-Legitimität beschrieben werden. Sie ist dann gegeben, wenn eine politische Entscheidung auf

Input-Legitimität

Demokratische Verfahren der Entscheidungsfindung, welche die Partizipation der Betroffenen bzw. Regierten sicherstellen (zum Beispiel Wahlen) gelten als Voraussetzungen für Input-Legitimität. Sie zielt darauf ab, „dass politische Entscheidungen direkt oder indirekt auf den authentischen Präferenzen der durch diese Entscheidungen betroffenen Bürgerinnen und Bürgern beruhen“[889].

Output-Legitimität

Output-Legitimität kommt zustande, wenn der durch politische Prozesse erzielte Problemlösungsbeitrag von den Betroffenen anerkannt wird und sich politisches Handeln durch den Erfolg bzw. die Zufriedenheit der Bürger mit dieser Leistung auszeichnet[890]. Damit beschreibt der Begriff der Output-Legimität gleichsam die Effektivität politischer Prozesse.[891] Diese beiden Legitimitätskriterien entstammen der demokratietheoretischen Forschung und beschreiben die Anforderungen an das Regieren auf nationalstaatlicher Ebene. Dies erschwert die unmittelbare Übertragung der Anforderungen auf Corporate Sustainability Governance. So handelt es sich bei diesen Prozessen weder um klassische Regierungsformen, noch beschränkt sich ihr Wirkungskreis auf die Ebene des Nationalstaats[892]. Dabei ist die Frage, inwieweit Governance-Formen jenseits des Nationalstaats überhaupt anhand klassischer demokratietheoretischer Kriterien bewertet werden können, Gegenstand der aktuellen politikwissenschaftlichen Debatte[893]. So wird der Einbindung nicht-staatlicher Akteure in Politikprozesse einerseits ein gewisses Demokratisierungspotenzial bescheinigt, andererseits wird aber auch betont, dass diese meist unweigerlich mit mangelnder Input-Legitimität verbunden sind. Dementsprechend werden Trade-Offs zwischen Input- und Output-Legitimität thematisiert[894], oder aber die

---

einem fairen Verfahren der Entscheidungsfindung beruht. Vgl. Dingwerth (2004), S. 86 f.

889 Beisheim (2004), S. 27.

890 Vgl. Brunnengräber, Weber (2005), S. 427.

891 Beide Begriff, Output-Legitimität und Effektivität werden daher zuweilen auch synomym verwendet; vgl. Kenis, Raab (2008), S. 136–137.

892 Zur Diskussion über die Anwendung nationalstaatlicher Demokratiekriterien auf den transnationalen Raum siehe auch Curbach (2003), S. 147–148.

893 Vgl hierzu exemplarisch die Beiträge in Geis, Nullmeier, Daase (Hrsg.) (2012).

894 Vgl. Mayntz (2009a), S. 17–18; Curbach (2003), S. 147.

Frage nach der Input-Legitimität bleibt zu Gunsten von Effektivitätsbetrachtungen ausgeklammert[895].

Dingwerth schlägt schließlich zur Konkretisierung eines normativen Begriffs demokratischer Legitimität jenseits des Nationalstaats die folgenden Kriterien vor:

- angemessene Einbindung aller Betroffenen (Inklusivität),
- Transparenz und politische Verantwortlichkeit sowie
- argumentativer Charakter der Meinungs- und Willensbildung (diskursive Qualität)[896].

Diesen, auf die Verfahrenslegitimität abzielenden Forderungen soll für die weitere Diskussion das Kriterium der Wirksamkeit im Sinne von Output-Legitimität zur Seite gestellt werden.

Bezogen auf das Konstrukt der Corporate Sustainability Governance gilt es demnach zu beantworten, wem die entsprechenden Governance-Prozesse letztlich nützen bzw. wessen Interessen durch sie vertreten werden, ob Betroffene adäquat eingebunden sind und ob schließlich ein tatsächlicher Beitrag zur Verbesserung negativer sozialer, ökologischer oder ökonomischer Auswirkungen des Unternehmenshandels erzielt werden kann.

5.1.2 Spezifische Ansatzpunkte zur Beurteilung der Legitimität und Effektivität von Corporate Sustainability Governance

Bei der Vorstellung des organisationstheoretischen Erklärungsmodells für Corporate Sustainability Governance[897] konnte an verschiedenen Stellen auf relevante Einflussfaktoren der Effektivität und Legitimität dieser Governance-Form hingewiesen werden.

In den folgenden Abschnitten sollen drei konkrete Ansatzpunkte zur Beurteilung der Legitimität und Effektivität von Corporate Sustainability Governance diskutiert werden:

1) die Art und Weise der Thematisierung von Missständen durch Secondary Stakeholders,

---

[895] Vgl. Kenis, Raab (2008), S. 136–137.
[896] Vgl. Dingwerth (2004).
[897] Siehe Kapitel 4.3.5.

2) die Entstehung governance-wirksamer Forderungen von Seiten der Primary Stakeholders und
3) die Kohärenz zwischen Formal- und Aktivitätsstruktur des fokalen Unternehmens.

Diese Ansatzpunkte können allesamt auf die im vorangehenden Kapitel vorgestellten demokratietheoretischen Kriterien zur Beurteilung der Effektivität und Legitimität zurückgeführt werden und greifen damit im Kern die Fragen nach der Input- und der Output-Legitimität von Corporate Sustainability Governance auf.

Darüber hinaus können sie aber auch als Grundlage für die Ableitung von Gestaltungsempfehlungen dienen, weil sie erfolgskritische Bedingungen und Einflussgrößen der Effektivität und Legitimität von Corporate Sustainability Governance benennen und diese für eine weiterführende Diskussion zugänglich machen.

In den folgenden Abschnitten werden daher die genannten drei Ansatzpunkte weiterführend erörtert. Dabei wird jedoch nicht beansprucht, mit diesen Ansatzpunkten eine erschöpfende Abhandlung zu leisten. Vielmehr sind, ebenso wie bei Prozessen postnationaler Governance im Allgemeinen, auch zur Beurteilung der Effektivität und Legitimität von Corporate Sustainability Governance weiterführende Forschungsarbeiten erforderlich.

5.1.2.1 Thematisierung von Missständen durch Secondary Stakeholders

In der aus stakeholder- und ressourcenabhängigkeitstheoretischen Sicht vorgenommenen Kategorisierung von Akteuren der Corporate Sustainability Governance wurden Secondary Stakeholders allgemein als Akteure charakterisiert, die zwar selbst nicht über kritische Ressourcen für ein Unternehmen verfügen, aber moderierend auf den Zufluss dieser von Seiten der Primary Stakeholders einwirken können[898].

Dieser Moderationsprozess, aber auch die ihm vorangehenden und ihn begleitenden Wahrnehmungs- und Interpretationsvorgänge machen Secondary Stakeholders zu einem wichtigen Untersuchungsobjekt im Zuge einer Beurteilung der Effektivität und Legimität von Corporate Sustainability Governance. Mit anderen Worten: Secondary Stakeholders

---

[898] Vgl. Kapitel 4.3.3.3.

beeinflussen oft maßgeblich, welche Governance-Inhalte aufgegriffen und in welcher Form diese an Primary Stakeholders herangetragen werden. Ihre Strategien im Umgang mit dem fokalen Unternehmen wirken sich auf den Verlauf von Governance-Prozessen und deren Ergebnisse entsprechend aus.

In der Diskussion um Corporate Social Responsibility und anderen verwandten Ansätze, aber auch im Governance-Diskurs selbst ist dabei die Secondary-Stakeholder-Gruppe der NGOs besonders prominent vertreten[899]. Dementsprechend bildet ihre Mitwirkung an politischen Prozessen als zivilgesellschaftliche Akteure ein wichtiges konstituierendes Element des politikwissenschaftlichen Governance-Konzepts[900].

Auch in diesem Kapitel werden NGOs als wohl bedeutendste Secondary Stakeholders im Sinne des Akteurskonzepts der Corporate Sustainability Governance näher betrachtet.

Dabei ist hervorzuheben, dass NGOs sowohl in der Forschung, als auch in der Praxis ein gewisser Vertrauensvorschuss zukommt[901] und diese „mit einem normativen Bias zugunsten einer unterstellten Gemeinwohlorientierung und einer vollkommenen Unabhängigkeit vom Markt- und Staatssektor“[902] verbunden werden.

Damit einher geht eine entsprechend hohe Erwartungshaltung an die Fähigkeiten von NGOs als „Globalisierungswächter“. Ihnen wird häufig eine zentrale Rolle im Hinblick auf das Erkennen und Aufgreifen von nachhaltigkeitsbezogenen Missständen zugewiesen, ohne zu hinterfragen, ob NGOs in allen Fällen hierfür auch mit ausreichenden Kompetenzen und Ressourcen ausgestattet sind[903].

Dabei vertreten NGOs meist Anliegen von Interested Parties, die selbst nicht über eine ausreichende Organisations- und Artikulationsfähigkeit verfügen. Vor dem Hintergrund der Output-Effektivität von Corporate Sustainability Governance ist damit die Frage zu stellen, inwieweit die aufgegriffenen Themen auch die tatsächlichen Interessen der vertretenen Gruppen wiedergeben und wie hoch im

---

899 Vgl. hierzu exemplarisch Schwenger (2013), Budäus (Hrsg.) (2005); Brunnengräber, Klein, Walk (Hrsg.) (2005); Curbach (2003).

900 Vgl. hierzu Kapitel 3.2.

901 Vgl. Curbach (2009), S. 39 ff.

902 Curbach (2009), S. 40.

903 Vgl. Fischer (2012d), S. 130–131.

Endeffekt die Qualität dieser Übersetzungsleistung ist. Ähnlich, allerdings in vielen Fällen noch komplexer, verhält sich dieser Sachverhalt bei der Thematisierung ökologischer Problemstellungen, die per se mit einem hohen Grad an Unsicherheit verbunden sind.

Ob NGOs im Sinne einer nachhaltigkeitsintendierenden Steuerung von Unternehmen in ausreichendem Maße die „richtigen" Governance-Inhalte identifizieren und adäquat artikulieren (können), hängt von verschiedenen Einflussfaktoren ab, von denen einige in den folgenden Abschnitten vorgestellt werden.

Ideologische Prägung und taktisch-strategische Ziele

Wie bei anderen Organisationen auch, ist das Verhalten von NGOs von strategischen Zielen und entsprechenden taktischen Handlungssträngen bestimmt[904]. Dabei besitzen NGOs als „Überzeugungstäter" naturgemäß eine stark normative und ideologische Prägung, die ihr Handeln entsprechend beeinflusst. Diese erlaubt es ihnen zum Beispiel nicht immer, mit Unternehmen zu kooperieren, um einen verbesserten Problemlösungsbeitrag zu erreichen[905], was sich auf die Effektivität von Corporate Sustainability Governance negativ auswirken kann[906].

Auch das Aufgreifen von „Nachhaltigkeits-Issues" und damit die Inhalte von Corporate Sustainability Governance können hierdurch beeinflusst werden. So werden Themen aber auch „Gegner" aus taktisch-strategischen Überlegungen heraus gewählt und aufgebaut, wenn sie in das eigene Portfolio passen und dazu beitragen, die strategischen Ziele der Organisation zu erreichen[907].

Ressourcenabhängigkeiten

Ähnlich wie fokale Unternehmen können auch NGOs Zielkonflikten durch Ressourcenabhängigkeiten ausgesetzt sein. Sie stehen mit unterschiedlichen Stakeholdergruppen in Beziehung, dazu zählen etwa ihre Mitglieder, Geldgeber oder auch die durch ihre Kampagnen

---

904 Vgl. Curbach (2003), S. 70 ff.

905 Vgl. Fischer, Longmuß (2012), S. 145–146.

906 An dieser Stelle soll allerdings nicht der Eindruck vermittelt werden, NGOs würden per se nicht mit Unternehmen kooperieren. Vielmehr kann eine gewisse Zunahme kooperativen Verhaltens auf beiden Seiten beobachtet werden; vgl. Coni-Zimmer (2012), S. 327–328; Fischer, Longmuß (2012).

907 Vgl. Fischer (2012d), S. 135–136.

angesprochenen Personenkreise, wie Konsumenten oder Politiker. Deren Interessen sind NGOs mindestens ebenso verpflichtet, wie den der von ihnen vertretenen Interested Parties, die im Sinne der Gemeinwohlintention von Corporate Sustainability Governance als eigentlich zentrale Personengruppe gelten.

Die Interessen und Ziele dieser Stakeholdergruppen sind dabei nicht zwangsläufig konvergent, das Handeln einer NGO kann nicht immer für alle Parteien in gleichem Maße output-effektiv sein. Gemäß dem Argumentationsmuster des Ressourcenabhängigkeitstheorems[908] wird eine NGO dabei im Falle von Interessenskonflikten schließlich die Ziele der Stakeholdergruppe vertreten, die ihr die knappste Ressource liefert[909].

Aus dieser Sicht haben die primären Interessen der Interested Parties also zunächst „schlechte Karten“, zumal auch eine direkte Rückkopplung zwischen Stellvertretern (NGOs) und Vertretenen, die als notwendige Voraussetzung für die output-effektive Auswahl und Thematisierung von Governance-Inhalten gesehen werden kann, nicht selbstverständlich zu sein scheint[910]. Damit bleibt zunächst die Frage offen, inwiefern die notwendige Ausrichtung von NGOs an den Interessen ihrer übrigen Stakeholders auch originäre Problemlösungsbeiträge im Sinne der Interested Parties oder des Umweltschutzes garantiert.

Fähigkeiten und Kompetenzen

NGOs bedienen mit ihrer spezifischen Expertise ein breit gefächertes Spektrum verschiedener Themen in den Bereichen sozialer, ökologischer und ökonomischer Nachhaltigkeit[911]. Dabei setzen sie sich in der Rolle von „Advokaten“ oder Service-Organisationen oft mit komplexen Fragestellungen auseinander, was wiederum zu hohen Anforderungen an ihre Kompetenz und Organisationsfähigkeit führt[912].

Die Expertise von NGOs in den von ihnen vertretenen Themenfeldern wird dabei sowohl von multinationalen Unternehmen im Rahmen von Kooperationsprozessen, als auch von internationalen politischen

908 Vgl. Kapitel 4.3.3.
909 Vgl. Schepers (2006), S. 291.
910 Vgl. Fischer (2012d), S. 133–134.
911 Vgl. Frantz, Martens (2006), S. 87.
912 Vgl. Schwenger (2013), S. 99–102.

Organisationen, wie den United Nations geschätzt und verschafft ihnen ein verhältnismäßig hohes Einflusspotenzial[913].

Damit kann es jedoch durch unzureichende Informationen oder fehlerhafte Einschätzungen bei der Bewertung von Sachverhalten durch eine NGO zu erheblichen Verzerrungen in den resultierenden Governance-Prozessen kommen. Beispielhaft sei an dieser Stelle erneut das Beispiel der durch Greenpeace verhinderten Versenkung der Ölplattform Brent Spar genannt, welche sich im Nachgang nicht nur als auf falschen Daten beruhend herausstellte, sondern mit der Entsorgung an Land auch zu einer ökologisch potenziell schädlicheren Entsorgungsalternative führte[914].

Die vorangehenden Abschnitte haben gezeigt, dass die Auswahl und Darstellung von Inhalten der Corporate Sustainability Governance durch NGOs von verschiedenen Einflussfaktoren abhängen kann. Welche Themen gewählt und in welcher Form diese aufgegriffen werden, hängt schließlich von den strategischen Eigeninteressen der Secondary Stakeholders ab. Diese können zum Beispiel durch klare Feindbilder oder von bestehenden Abhängigkeiten geprägt sein. Außerdem kann es sein, dass wichtige Themen nicht aufgegriffen werden, weil sie bei den relevanten Zielgruppen wie Regierungen, Konsumenten oder auch Geldgebern zu wenig Resonanz erzeugen, während andere, emotional behaftete Issues in den Vordergrund rücken[915].

Sowohl für die Effektivität als auch die Legitimität von Corporate Sustainability Governance ist es aber entscheidend, welche Inhalte in welcher Form thematisiert und als Issues platziert werden. Die Orientierung an wissenschaftlichen Gütekriterien sowie die Trennung emotionaler Botschaften und sachlicher Inhalte könnten an dieser Stelle dazu beitragen, eine ausreichende Qualität der Übersetzungsleistung der Secondary Stakeholders sicherzustellen. Außerdem können NGOs ihre Glaubwürdigkeit unterstützen, indem sie ihrem eigenen Handeln klare Kriterien zugrunde legen, was beispielsweise durch die Verpflichtung auf entsprechende Verhaltenskodizes erfolgen kann[916]. Das Kriterium

---

[913] Vgl. Frantz, Martens (2006), S. 121; Schwenger (2013), S. 72–73.

[914] Vgl. Nisbet, Fowler (1995).

[915] Vgl. hierzu beispielhaft das Thema ausbeuterischer Kinderarbeit in der indischen Natursteinindustrie; vgl. Hobelsberger, Hauff (2012), S. 199–201.

[916] Vgl. hierzu die Verhaltenskodizes des Verbands Entwicklungspolitik Deutscher Nichtregierungsorganisationen in den beiden Themenfeldern „Transparenz,

der Input-Legitimität verlangt schließlich zudem, dass Secondary Stakeholders, die als Stellvertreter für wenig artikulations- und durchsetzungsfähige Gruppen auftreten, auch deren unmittelbare Partizipation bei der Formulierung von Forderungen und der Beurteilung von ergriffenen Maßnahmen anstreben.

5.1.2.2 Governance-wirksame Forderungen von Seiten der Primary Stakeholders

In Kapitel 4.3.3.3 wurden Primary Stakeholders als diejenigen Akteure definiert, die über ein direktes Sanktionspotenzial gegenüber einem Unternehmen verfügen, da sie diesem kritische Ressourcen zur Verfügung stellen.

Zu ihnen gehören zum Beispiel Kunden, wichtige Zulieferer, die nicht ohne weiteres ersetzt werden können sowie Mitarbeiter, die über spezifische Kompetenzen verfügen.

Primary Stakeholders kommt folglich in der Diskussion um die Effektivität und Legitimtät von Corporate Sustainability Governance eine besondere Rolle zu. Sie können durch das ihnen zur Verfügung stehende Machtpotenzial am ehesten Einfluss auf das Unternehmensverhalten nehmen. Von ihren Interessen und Fähigkeiten hängt es letztlich stark ab, ob und in welcher Form die von Secondary Stakeholders induzierten Governance-Prozese auch tatsächlich wirksam werden.

Zu den prominentesten Primary Stakeholders eines Unternehmens zählen dessen Eigenkapitalgeber. Ihnen wird in der Forschung und Praxis meist ein besonderer Status zugestanden, was auch am Beispiel der Dominanz der klassischen Corporate Governance-Forschung, die sich vorrangig mit Fragestellungen des Schutzes von Shareholderinteressen auseinandersetzt, deutlich wird[917]. Dabei wird der Status der Shareholders mit ihrem besonders hohen Risiko und ihrer aus vertragstheoretischer Sicht unmittelbaren Verbundenheit mit dem Unternehmen begründet. Diese Sonderrolle kann aber auch kritisch gesehen werden. So können gerade Eigenkapitalgeber auf Aktienmärkten ihr Kapital sehr

Organisationsführung und Kontrolle“ sowie „Entwicklungsbezogene Öffentlichkeitsarbeit“; URL: http://venro.org/venro/venro-kodizes/ (zuletzt geprüft am 05.01.2015).

[917] Vgl. Tihany, Graffin, George (2014), S. 1535–1536.

viel schneller und verbunden mit wesentlich geringeren Transaktionskosten abziehen oder neu investieren und damit die Vertragsbeziehung zum Unternehmen beenden, als es zum Beispiel bei Mitarbeitern oder auch bei Zulieferern der Fall ist[918]. Dabei spielt die „Nachhaltigkeitsperformance“ eines Unternehmens auch für die Shareholders eine zunehmende Rolle, was die steigende Nachfrage nach nachhaltigem Investment zeigt[919].

Auch für die Mitarbeiter als Primary Stakeholders scheint die Nachhaltigkeitsorientierung von Unternehmen zunehmend an Relevanz zu gewinnen. Wie Weinrich (2014) zeigt, ist sie inzwischen ein wichtiger Faktor für ein erfolgreiches Employer Branding auf dem Arbeitsmarkt, vor allem bei der Akquise hochqualifizierter sowie selbst nachhaltigkeitsorientierter Mitarbeiter[920]. Vor dem Hintergrund eines stärker werdenden Fachkräftemangels und der zunehmenden Bedeutung immaterieller Werte bei der Arbeitsplatzwahl ist zu erwarten, dass sich diese Entwicklung fortsetzt.

Eine weitere zentrale Gruppe von Primary Stakeholders sind die Kunden eines Unternehmens. Ihnen kommt mit Hinblick auf die Debatten um ethischen Konsum[921] bzw. die Integration von Nachhaltigkeitsaspekten in die industrielle und öffentliche Beschaffung[922] eine hohe Relevanz zu. Aus diesem Grund wird in den folgenden Abschnitten auf die Rolle verschiedener Kundengruppen als Primary Stakeholders und damit als potenzielle Akteure von Corporate Sustainability Governance eingegangen. Fischer zeigt an den Beispielen privater Konsumenten, öffentlicher Beschaffer und Industriekunden, dass diese ihr Einfluss- und Machtpotenzial sehr unterschiedlich wahrnehmen, worauf im Folgenden zusammenfassend eingegangen wird[923].

Private Konsumenten

Dem Themenfeld des privaten Konsums wird in der Nachhaltigkeitsdebatte ein hoher Stellenwert eingeräumt, da er unbestritten ein

[918] Vgl. Brink (2009), S. 226–227.
[919] Vgl. Flotow, Kachel (2011), S. 23 ff.
[920] Vgl. Weinrich (2014), S. 188–204.
[921] Vgl. hierzu exemplarisch die beiden Sammelbände Defila, Di Giulio, Kaufmann-Hayoz (2011) und Scherhorn, Weber (Hrsg.) (2003).
[922] Vgl. Hoejmose, Adrien-Kirby (2012); Eßig (Hrsg.) (2013).
[923] Vgl. Fischer (2012a), S. 152 ff.

bedeutender Einflussfaktor für das Erreichen nachhaltigerer Entwicklungspfade ist. Dabei wird der kumulierten Nachfragemacht privater Verbraucher oft ein großes Potenzial zugewiesen[924], verbunden mit der Annahme, dass sie die Angebotspalette durch ihr Nachfrageverhalten aktiv beeinflussen und nicht-nachhaltiges Unternehmensverhalten sanktionieren können[925]. Entsprechend wird meist von einem „mündigen" und ethisch verantwortlich handelnden Verbraucher ausgegangen, der – ausreichende Informationen vorausgesetzt – von sich aus zu einem nachhaltigkeitsbewussten Konsumverhalten neigt[926].

Damit kommt den Aspekten der Transparenz und Verbraucherinformation eine hohe Bedeutung zu, es ist jedoch hervorzuheben, dass es durchaus Zweifel an der generellen Verhaltenswirksamkeit von Informationskampagnen und der empirischen Relevanz des geschilderten Verbraucherbildes gibt[927].

Umwelt- und Sozialstandards scheinen bei vielen Kunden eher den Stellenwert eines „Hygienefaktors" einzunehmen. So werden von den Verbrauchern unternehmerische CSR-Initiativen oft kaum honoriert und die Einhaltung zumindest grundlegender Standards wird stillschweigend vorausgesetzt. Erst bei offenkundiger Nichterfüllung dieser Erwartungen kommt es dann zu Unzufriedenheit und einer „Abstrafung" der betroffenen Unternehmen.[928] Eine bewusste Kaufentscheidung nach sozialen und ökologischen Kriterien ist derzeit somit die Ausnahme in bestimmten Nischenmärkten, wie zum Beispiel bei Bio-Lebensmitteln oder Fairtrade-Produkten[929].

Dabei schwankt die Sensibilität der Konsumenten für soziale und ökologische Belange auch stark zwischen verschiedenen Konsumfeldern. Viele Kunden verhalten sich wie „Patchwork-Konsumenten"[930] und zeigen ein inkonsistentes nachhaltigkeitsbezogenes Kaufverhalten in verschiedenen Lebensbereichen, wie bei Ernährung, Kleidung, Wohnen oder Mobilität und Reisen. Dabei werden die eigenen Ansprüche in einem Bereich, zum Beispiel beim Kauf von Lebensmitteln oder Babykleidung, mit dem Verhalten in anderen Konsumfeldern, wie zum

---

924 Vgl. Brand (2008), S. 72 ff.
925 Vgl. Schmidt, Seele (2012), S. 170.
926 Vgl. Fischer (2012a), S. 151–160.
927 Vgl. Weller (2008), S. 54–55.
928 Vgl. Müller (2005), S. 21.
929 Vgl. Weller (2008), S. 56–57.
930 Vgl. Brand (2008), S. 74.

Beispiel bei Kurztrips in Fernreiseziele oder der „Schnäppchenjagd" im Discounter nicht unbedingt als konfliktär gesehen.

Gerade bei komplexen Produkten ist auch der Mangel von Kaufalternativen ein Hindernis für die Verankerung eines nachhaltigkeitsbewussten Nachfrageverhaltens. Während die Konsumenten beim Einkauf von Lebensmitteln oder auch Kleidung (zumindest in Nischenmärkten) auf sozial oder ökologisch optimierte Produkte zurückgreifen können, ist „faire Elektronik" noch auf sehr vereinzelte Produktangebote beschränkt[931]. Dennoch kommen auch in Produktklassen ohne „faire" Kaufalternative ähnliche soziale und ökologische Problemfelder zum Tragen wie bei der Herstellung von Lebensmitteln oder Textilien[932]. Das Fehlen sichtbarer Produktalternativen ist dabei unmittelbar mit der generellen Schwierigkeit verbunden, die Sozial- und Umweltstandards bei der Produktion in Branchen mit komplexen Zulieferketten, wie im Fall der Elektronikindustrie, vollumfänglich nachzuverfolgen.

Als Fazit kann festgehalten werden, dass privaten Konsumenten durchaus eine starke Rolle als Governance-Akteuren zukommen kann, wie es im Fall von Konsumentenboykotts deutlich wird. Von einem konsistent ausgerichteten Nachfrageverhalten bzw. einem dauerhaften Aufbau von Stakeholder Pressure kann allerdings noch nicht die Rede sein. Wichtige Voraussetzungen hierfür wären die Behebung von Informationsdefiziten bezüglich der Nachhaltigkeitsbilanz von Produkten sowie die Ableitung objektiv nachvollziehbarer Kaufempfehlungen und Rankings.

Neben der nur begrenzt wirksamen Information und Aufklärung von Verbrauchern scheinen zudem ergänzende Maßnahmen der Verbraucherpolitk als geboten, die sich stärker an den psychologischen Bedingungsfaktoren eines nachhaltigen Konsumentenverhaltens[933] orientieren und sich ein Stück weit vom idealtypischen Akteursmodell des ethisch verantwortlichen Konsumenten lösen.

---

931 Vgl. etwa das „Fairphone" oder die Computer-Maus „Nager IT".

932 Vgl. hierzu exemplarisch Manhart (2007).

933 Vgl. hierzu die Beiträge der Lebensstilforschung; siehe Schmidt, Seele (2012), S. 182 ff.

Öffentliche Beschaffer

Die öffentlichen Auftraggeber von Bund, Ländern und Kommunen verfügen über eine sehr hohe Kaufkraft[934], was ihnen generell ein großes Einflusspotenzial im Sinne von Corporate Sustainability Governance verleiht. So können öffentliche Beschaffer beispielsweise auch bei Produkten, für die noch keine nachhaltigeren Kaufalternativen existieren, im Verfahren der Auftragsvergabe gezielt auf die Einhaltung ökologischer und sozialer Mindeststandards hinwirken.

Aufgrund dieser potenziell hohen Einflussnahme entstehen zunehmend NGO-Kampagnen und Initiativen, die das öffentliche Beschaffungswesen als bedeutenden Primary Stakeholders zu mobilisieren versuchen[935] Hierzu zählen auch öffentlichkeitswirksame Wettbewerbe, wie die „Hauptstadt des fairen Handels" bzw. die internationale Initiative der „FairTrade Towns"[936].

Bis zum Jahr 2009 erschwerte allerdings die Gesetzeslage in Deutschland die Berücksichtigung sozialer und ökologischer Kriterien in der öffentlichen Vergabepraxis. Nach der bis dahin geltenden Version des Gesetzes gegen Wettbewerbsbeschränkungen (GWB) konnte die Beachtung dieser Kriterien als unzulässiger Eingriff in den Wettbewerb bewertet werden. Erst im April 2009 wurden in Deutschland mit einiger Verzögerung die EU-Vorgaben zur Anpassung des Vergaberechts aus dem Jahr 2004 übernommen[937]. Mit dem Gesetz zur Modernisierung des Vergaberechts (2009) können nun „zusätzliche Anforderungen an Auftragnehmer gestellt werden, die insbesondere soziale, umweltbezogene oder innovative Aspekte betreffen"[938].

Wie die Zahl der Kommunen mit Beschlüssen zur Ablehnung von Produkten, die unter Einsatz ausbeuterischer Kinderarbeit hergestellt werden zeigt, scheinen öffentliche Beschaffer hinsichtlich der

[934] Nach Schätzungen beläuft sich das jährliche Beschaffungsvolumen öffentlicher Auftraggeber in Deutschland zwischen 260 und 480 Mrd. Euro (vgl. Eßig et al. (2013), S. 10).

[935] Vgl. zum Beispiel die Kampagnen des CorA-Netzwerkes; URL (zuletzt geprüft am 11.01.2015): http://www.cora-netz.de/cora/themen/offentliche-beschaffung/aktuelles-und-allgemeine-informationen/.

[936] Vgl. URL (zuletzt geprüft am 11.01.2015): http://www.service-eine-welt.de/hauptstadtfh/hauptstadtfh-start.html bzw. www.fairtrade-towns.de.

[937] Vgl. Richtlinien 2004/17/EG und 2004/18/EG.

[938] Artikel 1, Vergabegesetz.

Berücksichtigung von Mindeststandards zunehmend sensibilisiert zu werden[939].

Allerdings bleibt festzustellen, dass vertragliche Vereinbarungen zur verbindlichen Einhaltung von Umwelt- und Sozialstandards über die gesamte Wertschöpfungskette bislang mit juristischen Unwägbarkeiten verbunden sind. Eine weiterführende Sensibilisierung und (juristische) Beratung kommunaler Entscheidungsträger könnte helfen, die bestehenden rechtlichen Grundlagen besser auszuschöpfen.

Industriekunden

Viele multinationale Unternehmen integrieren derzeit Ansätze zur Weitergabe von CSR-Anforderungen in ihr Beschaffungsmanagement. Klassisches Instrument sind hier Verhaltenskodizes[940], die mit weiteren Instrumenten wie CSR-Selbstbewertungen oder Audits kombiniert werden. Industriekunden werden somit zu bedeutenden Akteuren von Corporate Sustainability Governance, in dem sie ihre nachhaltigkeitsbezogenen Kundenanforderungen in den Geschäftsbeziehungen zu anderen Unternehmen deutlich machen und durchsetzen.

Derartige Maßnahmen können jedoch sowohl für die zuliefernden, als auch die beschaffenden Unternehmen mit einem erheblichen Personal- und Verwaltungsaufwand verbunden sein. Zudem droht eine gewisse Überfrachtung von Zulieferbetrieben durch verschiedene Verhaltenskodizes und Auditierungsprogramme[941].

Auch ob Industriekunden ihre Rolle als Primary Stakeholders und als Akteure von Corporate Sustainability Governance wahrnehmen, hängt von verschiedenen Faktoren ab. So fällt auf, dass vor allem diejenigen Unternehmen, die selbst öffentlich exponiert sind und unter Beobachtung stehen bzw. an die von Kundenseite Nachhaltigkeitsanforderungen herangetragen werden, gegenüber Geschäftspartnern entsprechende Standards geltend machen.

Dabei können die diesbezüglichen Aktivitäten eines Unternehmens auch von dessen Machtstellung beeinflusst sein, wie die in Tabelle 13

[939] Vgl. hierzu die Übersicht „Kommunen aktiv gegen Kinderarbeit“ die von der Initiative „Aktiv gegen Kinderarbeit“ gepflegt wird. URL (zuletzt geprüft am 11.01.2015): http://www.aktiv-gegen-kinderarbeit.de/deutschland/kommunen/.

[940] Vgl. Zürn (2008b), S. 300–303.

[941] Vgl. Hobelsberger (2012), S. 115–116.

aufgeführten Beziehungskonstellationen zwischen Beschaffungs- und Zulieferunternehmen zeigen.

Beziehungskonstellation zwischen zulieferndem und beschaffendem Unternehmen	**Beispiele für resultierendes Anforderungsverhalten**
Beschaffung unter „seinesgleichen“, d.h. kein ausgeprägtes Machtgefälle; beide Unternehmen stellen nachhaltigkeitsbezogene Anforderungen (zum Beispiel Automobilhersteller liefert Dienstwagen für IT-Hersteller, bei dem er selbst Kunde ist)	**„Gentlemen`s Agreement“:** gegenseitige Anerkennung bestehender Nachhaltigkeitspraktiken ohne weitere Prüfung, um den Aufwand auf beiden Seiten zu minimieren; Gefahr der Verwässerung von Governance-Inhalten;
Machtgefälle zwischen beschaffendem und zulieferndem Unternehmen, Abhängigkeit des Zulieferers (zum Beispiel Lieferbeziehung zwischen dominantem fokalen Unternehmen und seinen Zulieferern)	**Weiterreichen der Verantwortung** an vorgelagerte Stufen (z.B. Top-down-Weitergabe von Verhaltenskodizes); Mögliche Überforderung des zuliefernden Unternehmens, „Sandwich-Position“ für Zulieferer, wenn diese auch Verantwortung vorgelagerte Wertschöpfungsstufen („N-Tiers“) übernehmen sollen;
Machtgefälle zwischen zulieferndem und beschaffendem Unternehmen, Abhängigkeit des Beschaffers (zum Beispiel Beziehung zwischen fokalem Unternehmen und strategisch relevantem, schwer substituierbarem Zulieferer)	**Hinnahme der bestehenden „Nachhaltigkeitsperformance“** des Zulieferers soweit möglich (z. B. bis zum Auftreten von Skandalen); Generell schwierige Durchsetzung einseitig formulierter Anforderungen aufgrund bestehender Abhängigkeiten vom Zulieferer; Geringes Interesse an der Thematisierung von Missständen durch das beschaffende fokale Unternehmen, da diese auch das eigene Produkt belasten und keine Exit-Option besteht;

Tabelle 13: Beziehungskonstellationen zwischen zuliefernden und beschaffenden Unternehmen[942]

Dass sich, wie in Tabelle 13 geschildert, Unternehmen „auf Augenhöhe“ und mit einer als ähnlich wahrgenommenen Nachhaltigkeitsorientierung

[942] Tabelle nach Fischer (2012a), S. 158.

eher unkritisch auf die Nachhaltigkeitsperformance des anderen Geschäftspartners verlassen, ist hinsichtlich der Effektivität von Corporate Sustainability Governance zu hinterfragen. Aber auch die durch ein einseitiges Machtverhältnis zwischen beschaffendem Unternehmen und seinen Zulieferern geförderte Praxis, die Verantwortung für die Einhaltung von Sozial- und Umweltstandards in der Zulieferkette an „First-Tier"-Lieferanten per Verhaltenskodex oder Vertragsklausel zu delegieren, führt oft nicht zu effektiven Lösungen[943].

Vor allem kleinere Zulieferbetriebe können dadurch in eine „Sandwich-Position" geraten, von der sie überfordert sind: Sie stehen zwischen ihren Industriekunden und der eigenen, oft komplexen Zulieferkette, wobei an sie von Kundenseite Nachhaltigkeitsanforderungen herangetragen werden, deren Einhaltung sie sowohl im eigenen Betrieb, als auch in ihrer Zulieferkette sicherstellen sollen.

Die Entwicklung einheitlicher (Branchen-)Standards und Auditierungssysteme kann an dieser Stelle dazu beitragen, die Transparenz über die jeweils zugrundegelegten nachhaltigkeitsbezogenen Anforderungen zwischen „ebenbürtigen" Unternehmen ebenso wie gegenüber gemeinsamen Lieferanten zu erhöhen. Dadurch kann der Aufwand für mögliche Zertifizierungs- oder Auditierungsaktivitäten verringert und eine gegenseitige Überfrachtung mit Anforderungen vermieden werden.

Neben der Kommunikation und Einforderung von Mindeststandards sind zudem geeignete Lieferantenentwicklungsmaßnahmen erforderlich, welche die Zulieferer zur Erkennung und Beseitigung möglicher Missstände befähigen. An dieser Stelle können sich auch NGOs einbringen und mit ihrer Expertise dazu beitragen, dass den spezifischen Bedürfnissen vor Ort angepasste Schulungsinhalte angeboten und diese adäquat vermittelt werden.

Derartige Maßnahmen dürfen dann jedoch nicht durch ein Beschaffungsverhalten der Industriekunden konterkariert werden, das im Sinne von „arm's length transactions" durch stetigen Kostensenkungsdruck und Lieferantenwechsel geprägt ist.

5.1.2.3 Kohärenz zwischen Formal- und Aktivitätsstruktur

Bei der organisationstheoretischen Fundierung von Corporate Sustainability Governance wurde die mögliche Entkopplung von legi-

[943] Vgl. Fischer, Hobelsberger, Zink (2009); Hobelsberger (2012), S. 80–83.

timitätssichernden Formal- und tatsächlich gelebten Aktivitätsstrukturen des fokalen Unternehmens aus der Perspektive des Neuen Soziologischen Institutionalismus vorgestellt. Demnach bauen Organisationen „Legitmitätsfassaden“[944] auf, wenn sie sich widersprüchlichen Anforderungen durch ihr Umfeld ausgesetzt sehen.

Bezüglich der Betrachtung von Corporate Sustainability Governance können symbolhafte unternehmenspolitische „Nachhaltigkeits-Aktivitäten“ ein Indiz für eine derartige Entkopplung sein. Dazu zählen zum Beispiel die Entsendung von Beauftragten oder die Einrichtung von CSR-Abteilungen, die nicht mit ausreichenden Ressourcen und Befugnissen ausgestattet sind und als eigene Einheiten losgelöst vom Tagesgeschäft operieren. Ein weiteres Indiz kann in isolierten Aktivitäten bei der Ansprache verschiedener Stakeholdergruppen gesehen werden, zum Beispiel in einer inhaltlich vom Kerngeschäft entkoppelten CSR-Berichterstattung oder in Stakeholder-Dialogveranstaltungen ohne den maßgeblichen Einbezug verantwortlicher Unternehmensvertreter. Eine Separierung der nachhaltigkeitssensiblen Rezeptoren und Verantwortlichkeiten im Unternehmen birgt schließlich die Gefahr, dass Prozesse der Corporate Sustainabililty Governance versanden und sich nicht in den Strukturen und Prozessen des betrieblichen Tagesgeschäfts niederschlagen. Unabhängig davon, ob vom fokalen Unternehmen bewusst Parallelstrukturen aufgebaut und gepflegt werden, oder es ihm aus anderen Gründen nicht gelingt, eine Nachhaltigkeitspolitik zu verankern, wirkt sich eine derartige Entkopplung negativ auf die Effektivität von Corporate Sustainability Governance aus.

Im Fall einer bewussten Pflege losgelöster Formalstrukturen im fokalen Unternehmen wäre hier zunächst organisationale „Überzeugungsarbeit“ hinsichtlich einer erforderlichen, tatsächlichen Nachhaltigkeitsorientierung des Unternehmens zu leisten. Doch auch wenn den Themenfeldern Nachhaltigkeit und gesellschaftliche Verantwortungsübernahme durch die Unternehmensleitung eine hohe Bedeutung zugemessen wird, ist damit nicht sichergestellt, dass sich die angestrebten unternehmenspolitischen Zielvorgaben auch stringent im Unternehmen entfalten.

Um dies zu unterstützen, sind integrative Managementansätze erforderlich. Ein hierfür geeignetes Schema bietet das von Knut Bleicher

[944] Vgl. Coni-Zimmer (2012), S. 320.

in den 1990er Jahren entwickelte Konzept Integriertes Management[945]. Es steht in der Tradition der systemorientierten St. Galler Managementlehre und folgt in seiner Struktur den Erkenntnissen des Management-Kybernetikers Stafford Beer[946]. Dabei greift es die von Beer identifizierten zentralen kybernetischen Gestaltungsprinzipien der Rekursivität, Autonomie und Lebensfähigkeit auf[947], was das Konzept zu der metatheoretischen Fundierung von Corporate Sustainability Governance in diesem Buch anschlussfähig macht[948]. In Abbildung 10 ist das Konzept dargestellt, ergänzt um spezifische Fragestellungen im Kontext nachhaltiger Unternehmensführung.

Entsprechend des für die systemorientierte Modellierung typischen Wechsels von Abstraktionsebenen beansprucht Bleicher für sein Konzept nicht nur, dass es für die Betrachtung von Gesamtorganisationen und deren einzelnen Subsysteme (wie zum Beispiel Unternehmensbereiche oder Abteilungen) geeignet ist, sondern auch, dass es eine „*externe* Integration mit Systemen des Supersystems Umwelt“[949] ermöglicht. Damit kann das Konzept insbesondere auch als systemischer Gestaltungsrahmen nachhaltigkeitsorientierter Unternehmensführung herangezogen werden[950].

---

[945] Vgl. Bleicher (2004).

[946] Dieser entwickelte mit seinem „Viable Systems Model“ eine Strukturtheorie lebensfähiger sozialer Systeme, die auf der Analogienbildung zwischen natürlichen und sozialen Systemen beruht (siehe Kapitel 4.1.2.2, vgl. Beer (1966); Beer (1967); Beer (1981).

[947] Vgl. Bleicher (2004), S. 56–59.

[948] Vgl. hierzu Kapitel 4.1.

[949] Bleicher (2004), S. 84.

[950] Vgl. hierzu Fischer (2010).

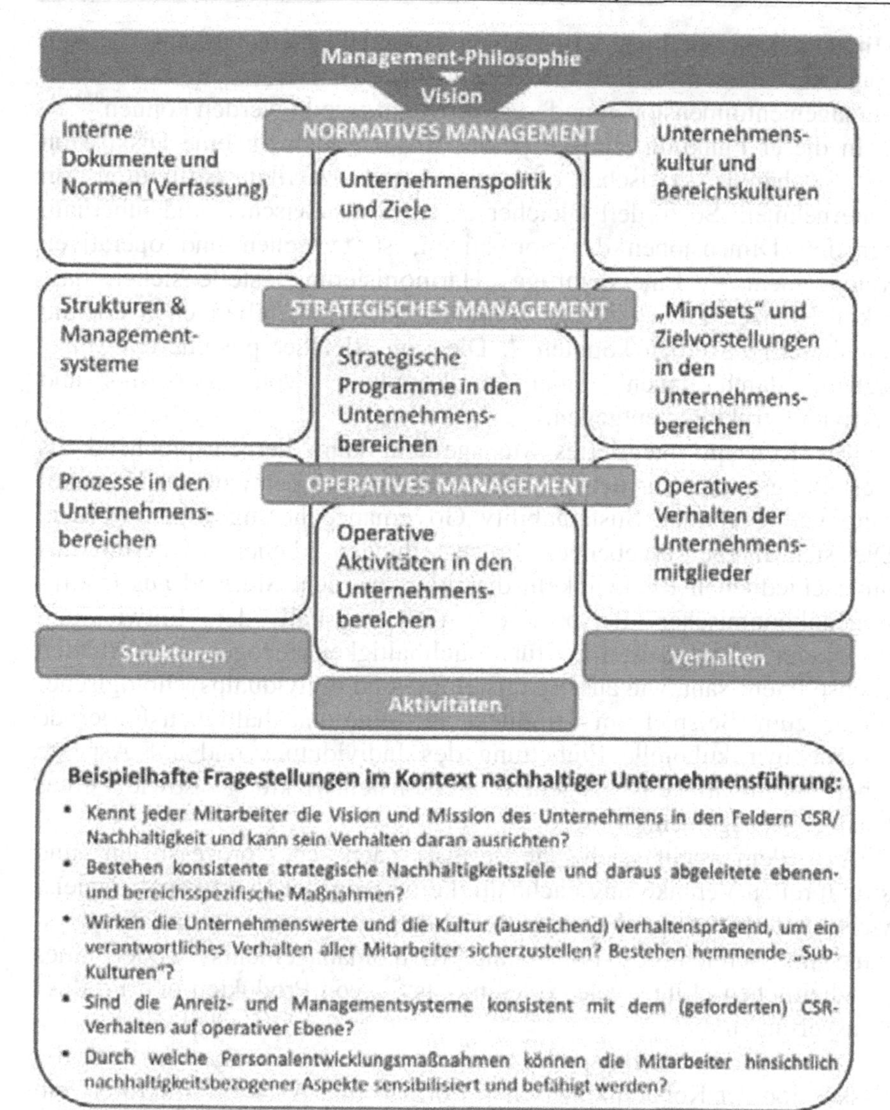

Abbildung 10: Das Konzept Integriertes Management im Kontext nachhaltiger Unternehmensführung [951]

[951] Abbildung in Anlehnung an Bleicher (2004), S. 83.

Mit dem Konzept Integriertes Management liegt ein Ordnungsrahmen vor, mit dessen Hilfe Interdependenzen zwischen verschiedenen Managementdimensionen und -aspekten aufgezeigt werden können[952].

In dieser Funktion eignet sich das Modell auch für eine Diskussion der Kohärenz zwischen Formal- und Aktivitätsstrukturen in Unternehmen. So fordert Bleicher einen „Fit" zwischen und innerhalb der drei Dimensionen des normativen, strategischen und operativen Managements[953]. Eine derartige „Harmonisierung" stelle sicher, dass Inkonsistenzen zwischen verschiedenen Managementbereichen erkannt und beseitigt werden könnten[954]. Die von Bleicher postulierten „Fits" stehen damit auch einer Entkopplung von Formal- und Aktivitätsstrukturen entgegen.

Das Konzept Integriertes Management kann dementsprechend als Gestaltungsansatz vor dem Hintergrund der hier betrachteten Verankerung von Corporate Sustainability Governance herangezogen werden. Die sich hierbei ergebenden Fragestellungen können wiederum aus unterschiedlichen Blickwinkeln diskutiert werden. Sie sind aus institutionenökonomischer Perspektive, wie im Fall der Entwicklung geeigneter Anreizsysteme für nachhaltigkeitsbezogenes Verhalten ebenso interessant, wie aus organisations- und individualpsychologischer Sicht, zum Beispiel im Hinblick auf eine nachhaltigkeitsfördernde unternehmenskulturelle Einbettung des Individuums und auf Aspekte einer nachhaltigkeitsbezogenen Personalentwicklung sowie eines Change Managements[955].

Außerdem stellt sich die Frage nach der prozessualen und strukturellen Verankerung nachhaltigkeitsbezogener Praktiken, beispielsweise unterstützt durch geeignete Management- und Informationssysteme im Bereich des Issue- und Risikomanagements[956] oder eines ganzheitlichen „Life Cycle Assessments"[957] von Produkten und Produktionsverfahren.

Die angeführten Beispiele zeigen, dass sich, aufbauend auf der Diskussion der Kohärenz zwischen Formal- und Aktvitätsstrukturen, ein

[952] Vgl. Bleicher (2004), S. 78–79.
[953] Vgl. Bleicher (2004), S. 601–602.
[954] Vgl. Bleicher (2004), S. 605.
[955] Vgl. Fischer (2010), S. 81 ff.
[956] Vgl. Röttger, Preusse (2007).
[957] Vgl. Wohland, Zink (2014).

breit gefächertes Themenfeld eröffnet, das an dieser Stelle nur in Ansätzen skizziert werden kann.

Die Betrachtung der Schnittstelle zwischen der vorrangig interorganisationalen Perspektive von Corporate Sustainability Governance und den intraorganisationalen Fragestellungen einer effektiven Übersetzung und „Absorbtion“ der diesbezüglichen Steuerungsimpulse durch ein nachhaltigkeitsorientiertes Managementkonzept führt wiederum zu weiterem Forschungsbedarf.[958]

5.2 Überlegungen zu weiterführenden Forschungsarbeiten

5.2.1 Empirische Validierung der theoretisch-konzeptionellen Ergebnisse

Der Schwerpunkt des vorliegenden Buchs liegt auf der Ebene der konzeptionell-theoretischen Verankerung von Corporate Sustainability Governance. Mit Hilfe des Methodeninventars der empirischen Sozialforschung[959] können die diesbezüglich vorgestellten Ergebnisse im Zuge weiterführender Forschungsarbeiten empirisch validiert und darüber hinausgehende primäre empirische Erkenntnisse gewonnen werden.

Einen unmittelbaren Anknüpfungspunkt für derartige Forschungsarbeiten liefert das in Kapitel 4.3.4 entwickelte Erklärungsmodell für Corporate Sustainability Governance. Dieses Modell kann neben seiner Eignung zur deduktiven Erklärung des Verhaltens verschiedener Akteure von Corporate Sustainability Governance auch als theoretischer Bezugsrahmen zur Entwicklung empirischer Erhebungsinstrumente, wie Gesprächsleitfäden oder Fragebögen, genutzt werden. Für eine entsprechende Operationalisierung des Modells ist es allerdings notwendig, die von ihm skizzierten Zusammenhänge mit Variablen zu hinterlegen und eine geeignete Strategie für das methodische Vorgehen bei der empirischen Datenerhebung und -auswertung zu wählen.

Um einen möglichen Forschungsweg aufzuzeigen, wird an dieser Stelle auf die von Gläser und Laudel (2009) vorgestellte Erklärungs-

---

[958] Vgl. hierzu die Überlegungen zur weiterführenden Mikrofundierung der Akteure einer Corporate Sustainability Governance in Kapitel 5.2.2.

[959] Vgl. Flick, Kardorff, Steinke (Hrsg.) (2008).

strategie rekonstruierender Untersuchungen in der qualititativen Sozialforschung zurückgegriffen[960]. Sie scheint, verglichen mit hypothesen-prüfenden quantitativen Verfahren, für eine weiterführende empirische Erforschung von Phänomenen der Corporate Sustainability Governance besonders geeignet. Gläser und Laudel schlagen vor, das theoretische Vorwissen über ein zu untersuchendes Phänomen in einem „hypothetischen Modell" mit Hilfe der Beschreibung von Variablen und deren Beziehungen zusammenzufassen und zu strukturieren[961].

Dabei verwenden sie im Gegensatz zum eindimensionalen Variablenverständnis der quantitativen Sozialforschung ein mehrdimensionales Konzept, das Variablen allgemein als Konstrukte zur Beschreibung veränderlicher Aspekte der sozialen Realität definiert[962]. Das zu entwickelnde hypothetische Modell beschreibt schließlich die zu untersuchenden realen Phänomene und unterstellten Wirkzusammenhänge. Es leitet die anschließende Formulierung von Leitfragen sowie die Ausgestaltung von Leitfäden für Experteninterviews an[963].

Abbildung 11 zeigt einen entsprechenden Vorschlag für ein hypothetisches Modell, das aus dem organisationstheoretisch fundierten Erklärungsmodell von Corporate Sustainability Governance abgeleitet wurde.

[960] Vgl. Gläser, Laudel (2009); S. 36 ff.
[961] Vgl. Gläser, Laudel (2009), S. 77 ff.
[962] Vgl. Gläser, Laudel (2009), S. 79.
[963] Vgl. Gläser, Laudel (2009), S. 90 ff.

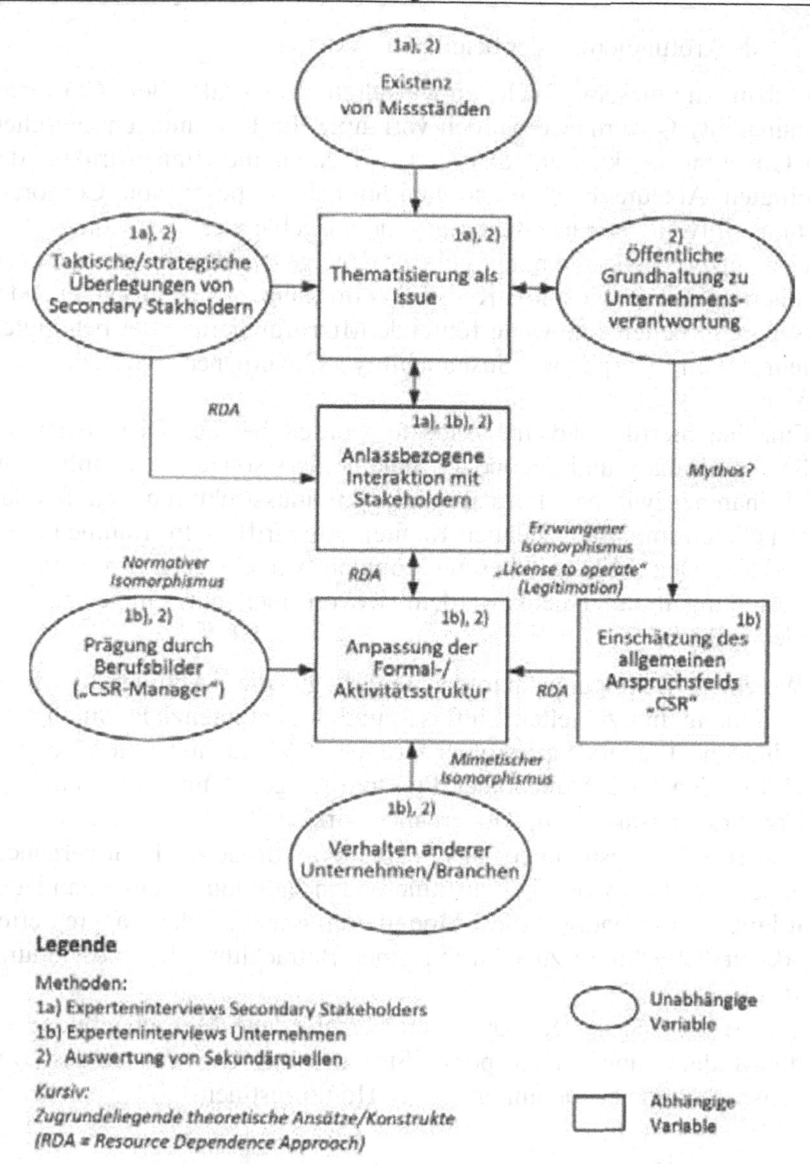

Abbildung 11: Hypothetisches Modell zur Anleitung empirischer Forschungsarbeiten[964]

964 Eigene Darstellung.

5.2.2 Mikrofundierung der beteiligten Akteure

Mit dem in diesem Buch entwickelten Konstrukt der Corporate Sustainability Governance wurden vorrangig die Beziehungen zwischen den Governance-Akteuren fokussiert und damit die Binnenstruktur der beteiligten Akteure bzw. intraorganisationale Aspekte von Corporate Sustainability Governance weitestgehend ausgeblendet[965].

Dementsprechend könnte neben der geschilderten empirischen Validierung des entwickelten Konstrukts im Rahmen sich anschließender Forschungsarbeiten eine weiterführende Mikrofundierung der beteiligten Akteure von Corporate Sustainability Governance vorgenommen werden.

Einzelne hierfür relevante Aspekte wurden bei der Diskussion der Rolle von Primary und Secondary Stakeholders sowie mit Hinblick auf die Kohärenz zwischen Formal- und Aktivitätsstrukturen von fokalen Unternehmen im vorangehenden Kapitel aufgegriffen. Im Rahmen einer weiterführenden Mikrofundierung könnten verschiedene noch offene Fragestellungen untersucht werden, wovon hier nur einige genannt werden sollen:

- Welchen Bedingungsfaktoren unterliegt die Aktivierung bzw. Hemmung individueller Einfluss- und Machtpotenziale durch verschiedene Primary-Stakeholder-Gruppen? Wann und unter welchen Umständen wird Stakeholder Pressure ausgeübt und im Sinne von Corporate Sustainability Governance wirksam?
- Inwieweit korrespondiert das Verhalten korporativer Governance-Akteure mit dem der sie konstituierenden Individuen und wann ist es folglich notwendig, die Modellierungsebene der aggregierten Akteursbetrachtung zu Gunsten einer Betrachtung des Individuums zu verlassen?
- Wie wirkt sich der Rückgriff auf verschiedene Menschenbilder auf die Modellierung von Corporate Sustainability Governance aus (zum Beispiel Homo oeconomicus versus Homo sustinens[966])?

---

[965] Vgl. diesbezüglich exemplarisch die Diskussion um die Kohärenz von Formal- und Aktivitätsstrukturen im fokalen Unternehmen in Kapitel 5.1.2.

[966] Vgl. Siebenhüner (2001).

5.2.3 Transdisziplinarität durch partizipative Forschungsansätze

Im Zuge der wissenschaftstheoretischen Einordnung der Vorgehensweise in diesem Buch (siehe Kapitel 1.2) wurde das Ziel hervorgehoben, Corporate Sustainability Governance als transdisziplinären Governance-Ansatz zu konzeptualisieren. Es wurde versucht, diesem Anspruch auf theoretisch-konzeptioneller Ebene zu begegnen und mit der Betrachtung von Corporate Sustainability Governance unterschiedliche gesellschaftliche wie wissenschaftliche Perspektiven im Rahmen eines gemeinsamen Forschungsgegenstands zusammenzuführen[967]. Die darüber hinausgehenden Forderungen transdisziplinären Forschens nach einer engen disziplinenübergreifenden Zusammenarbeit verschiedener Wissenschaftler auf der einen Seite und dem Einbezug von Akteuren aus dem relevanten gesellschaftlichen Diskursfeld bzw. der „lebensweltlichen Praxis" auf der anderen Seite[968] konnten noch nicht erfüllt werden. Aus diesen noch offenen Forderungen resultiert schließlich eine letzte Überlegung für mögliche weitere Forschungsarbeiten im Themenfeld der Corporate Sustainability Governance.

Für Jahn sowie Dubielzig und Schaltegger ist der unmittelbare Einbezug von Praxisakteuren ein konstitutierendes Merkmal transdisziplinärer Forschung. Im Hinblick auf die Erforschung von Corporate Sustainability Governance erhält dieses Merkmal eine doppelte Bedeutung, so kommt es den in Kapitel 5.1 beschriebenen Legitimitäts- und Effektivitätskriterien besonders nahe. Dort wurde gezeigt, dass die Input- und Outputlegitimität und damit die Effektivität von Corporate Sustainability Governance maßgeblich von der Inklusivität der Governance-Prozesse und damit vom Einbezug der eigentlich Betroffenen abhängen.

Dies eröffnet neben der Zusammenarbeit mit Praxisakteuren, die Experten der Gestaltung von Prozessen der Corporate Sustainability Governance sind (NGOs, Unternehmen, Primary Stakeholders), ein weiteres Forschungsfeld im Hinblick auf den Einbezug von Personengruppen, die als Interested Parties durch diese Prozesse vertreten werden sollen bzw. betroffen sind.

---

[967] Vgl. Jahn (2013), S. 69.
[968] Vgl. Jahn (2013), S. 69; Dubielzig, Schaltegger (2004), S. 9 ff.

6 Zusammenfassung und Fazit

In diesem Buch wurde das „schillernde“ Governance-Konzept in seiner Rolle als Brückenbegriff und Vermittler zwischen verschiedenen Wissenschaftsdisziplinen und politischen Diskursfeldern herangezogen, um sich der übergeordneten Fragestellung nach den Bedingungsfaktoren der Entstehung nachhaltigerer ökonomischer Entwicklungspfade zu nähern.

Dabei wurde versucht, die vielfältigen Schnittmengen zwischen politikwissenschaftlicher und ökonomischer Governance-Forschung sowie der Auseinandersetzung mit Corporate Sustainability und Corporate Social Responsibility als Ansätzen der Managementforschung aufzuzeigen. So wurde bei der Diskussion in diesem Buch an vielen Stellen deutlich, dass die Untersuchungs- und Erkenntnisobjekte verschiedener disziplinärer Perspektiven und Diskursfelder insbesondere vor dem Hintergrund des Nachhaltigkeitskontexts zunehmend überlappen: Unternehmen agieren verstärkt als politische Akteure und treten in einem globalisierten Kontext auf, der die klassischen Governance-Räume nationalstaatlichen Regierens überschreitet und durch die „Grenzenlosigkeit“ denationalisierter Problemstellungen in allen drei Dimensionen des Nachhaltigkeitsleitbilds gekennzeichnet ist.

Dies führt einerseits zu Herausforderungen aus politikwissenschaftlicher Sicht, etwa mit Hinblick auf die Frage nach der neuen Rolle des Nationalstaats innerhalb der resultierenden Konstellationen zwischen staatlich-öffentlichen, zivilgesellschaftlichen und privatwirtschaftlichen Akteuren.

Auf der anderen Seite sieht sich aber auch der Diskurs um Corporate Governance und Compliance auf Unternehmensebene mit neuen Fragestellungen konfrontiert, wie etwa erweiterten Berichterstattungspflichten über die eigene Geschäftstätigkeit, und zunehmend auch über die Nachhaltigkeitsbilanz in vorgelagerten Wertschöpfungsstufen.

Aspekte der Umsetzung von bisherigem „Soft Law“ im Kontext freiwilliger CSR-Aktivitäten werden vor dem Hintergrund sich global etablierender Standards zur Einhaltung von Menschenrechten und der Entstehung entsprechender rechtlicher Rahmenbedingungen unmittelbar handlungsrelevant. Dies zeigt, dass die Grenzen zwischen Corporate Social Responsibility und einer (auch juristisch interpretierten)

Corporate-Governance-Debatte nicht nur in der wissenschaftlichen Auseinandersetzung, sondern auch in der Unternehmenspraxis zunehmend verschwimmen.

Mit dem in diesem Buch entwickelten Konstrukt der Corporate Sustainability Governance wird schließlich ein Ansatz zur Diskussion gestellt, der zur Analyse und Erklärung der in den beschriebenen disziplinären Schnittmengen auftretenden Phänomene dienen soll.

Unter Anerkennung eines für die Nachhaltigkeitsforschung notwendigen transdisziplinären Vorgehens und der Nutzung der diesbezüglichen „Flexibilität" des Governance-Konzepts wurde sich diesem Konstrukt unter verschiedenen Blickwinkeln und methodischen Vorgehensweisen genähert.

Dabei stand an erster Stelle eine metatheoretische Auseinandersetzung und Zusammenführung von Nachhaltigkeit und Governance, bei der eine kybernetische Re-Interpretation der beiden Termini durchgeführt wurde.

Diesem Schritt folgte eine governance-theoretische Fundierung des Konstrukts, in deren Rahmen die möglichen Beiträge disziplinärer Governance-Stränge und spezifischer Diskursfelder für die Modellierung von Corporate Sustainability Governance sichtbar gemacht und miteinander verbunden wurden. Dabei entstand ein Raster für die Analyse und Beschreibung von Phänomenen der Corporate Sustainability Governance, das zudem die Grundlage für die sich anschließende organisationstheoretische Fundierung des Konstrukts schuf.

Im Zuge dieser Fundierung wurde auf institutionalistische und akteursbezogene Ansätze zurückgegriffen, um die jeweiligen „blinden Flecke" der gewählten Ansätze auszugleichen. Dementsprechend wurden zum einen die Erklärungsbeiträge des Neuen Soziologischen Institutionalismus genutzt, um den Einfluss der institutionellen Einbettung von Unternehmen und die damit verbundenen Legitimationsanforderungen abzubilden. Zum anderen wurde die Stakeholder-Theorie in Kombination mit dem Ressourcenabhängigkeits-Theorem herangezogen, um eine ausreichende Akteursfundierung sowie Erklärung machtpolitischen Verhaltens sicherzustellen. Als Ergebnis dieses Schrittes stand schließlich ein exemplarisches Erklärungsmodell, durch das das Zusammenwirken der Ansätze anhand eines idealtypischen Governance-Prozesses aufgezeigt werden konnte. Hinsichtlich der Fragestellung, welches „Erklärungselement" zu welchem Zeitpunkt einer empirischen Auseinandersetzung mit Prozessen der Corporate Sustainability Governance „aktiviert" werden soll, wurde schließlich auf das schrittweise Vorgehen im Rahmen der Forschungsheuristik des akteurzentrierten Institutionalismus verwiesen, gemäß derer die Abstraktionsebene nach und nach verfeinert werden kann.

Mit Hinblick auf die möglichen Implikationen des vorgestellten Governance-Konstrukts kann schließlich auf den durch Zürn aufgegriffenen „bekannten Zyklus der Forschung"[963] hingewiesen werden, den er mit Bezug zum Governance-Konzept wie folgt beschreibt:

> „Nach einer Phase der vielfachen und freudigen Entdeckung eines neuen Phänomens, mit dem große Hoffnungen verbunden werden, folgt im Allgemeinen – wenn überhaupt – zunächst eine Phase der Suche nach den Gründen. Erst in einer dritten Phase erfolgt dann eine systematische Effektivitätsforschung, also die Klärung der Frage, ob das neue Phänomen tatsächlich die mit ihm verbundenen Erwartungen erfüllt."[969]

Mit dem Verweis auf dieses Zitat soll nicht unterstellt werden, dass „Corporate Sustainability Governance" über den Autor dieses Buches hinaus auch bei anderen zu freudigen Entdeckungen oder Hoffnungen führt. Es konnte jedoch gezeigt werden, dass dieses Konstrukt anschlussfähig ist und den Weg bereitet für weiterführende Forschungsarbeiten einerseits sowie für praktische Implikationen in der Ausgestaltung und Umsetzung unternehmerischer Verantwortungsübernahme im Kontext des globalen Nachhaltigkeitsleitbilds andererseits.

Dabei konnten wichtige Fragen, wie die nach der tatsächlichen Effektivität, und damit auch verbunden nach der Legitimität dieser Governance-Form im vorliegenden Buch nur diskutiert, aber nicht beantwortet werden. So hat beispielsweise die Diskussion der Einflussnahme durch „governance-wirksame" Primary Stakeholders gezeigt, dass diese längst nicht ihr vollständiges nachhaltigkeitsbezogenes Einflusspotenzial gegenüber Unternehmen geltend machen.

Die gesellschaftliche und politische Debatte um globale Unternehmensverantwortung und nachhaltige Entwicklung scheint gegenwärtig dazu zu führen, dass sich viele fokale Unternehmen auch ohne vollumfänglichen Handlungsdruck von Seiten ihrer Primary Stakeholders dem Themenfeld nähern. Ob dies langfristig ausreicht, neben

---

[969] Zürn (2009), S.70.

eher oberflächlichen Maßnahmen auch tiefgreifende Veränderungen anzustoßen, bleibt fraglich.

Hierfür wäre es unter anderem notwendig, dass Primary-Stakeholders-Gruppen wie Privat- und Industriekunden sowie öffentliche Beschaffer nicht nur im Falle negativer nachhaltigkeitsbezogener Leistungen fokale Unternehmen „abstrafen“, sondern darüber hinaus auch proaktive und innovative Ansätze nachhaltiger Unternehmensführung fordern und als Wettbewerbsfaktor honorieren.

7 Literaturverzeichnis

Acosta, P.; Acquier, A.; Delbard, O. (2014): Just Do It? The Adoption of Sustainable Supply Chain Management Programs from a Supplier Perspective. In: Supply Chain Forum, 15 (1), S. 76–91.

Albert, H. (1967): Marktsoziologie und Entscheidungslogik. Neuwied am Rhein. Berlin: Luchterhand.

Alchian, A. A.; Harold, D.; Pejovich, S. (1973): The property right paradigm. In: The journal of economic history, 33 (1), S. 16–27.

Alewell, K.; Bleicher, K.; Hahn, D. (1972): Anwendung des Systemkonzepts auf betriebswirtschaftliche Probleme. In: Bleicher, K. (Hrsg.): Organisation als System. Wiesbaden, S. 217–221.

Altmann, G. (2005): Die Good Governance-Konzeption von Weltbank, IWF und OECD. In: GWP – Gesellschaft. Wirtschaft. Politik, 54 (3), S. 305–316.

Ampère, A.-M. (1843): Essai sur la philosophie des sciences, ou exposition analytique d`une classification naturelle de toutes les connaissances humaines. Paris: Bachelier.

Aras, G.; Crowther, D. (2009): Corporate Governance and Corporate Social Responsibility in Context. In: Aras, G.; Crowther, D. (Hrsg.): Global perspectives on corporate governance and CSR. Farnham: Gower, S. 1–41.

Aras, G.; Crowther, D. (Hrsg.) (2009): Global perspectives on corporate governance and CSR. Farnham: Gower.

Aras, G.; Crowther, D. (2010): A handbook of corporate governance and social responsibility. Farnham, Surrey u. a.: Ashgate.

Aristoteles (2003): Metaphysik. Übersetzt, mit einer Einleitung und Anmerkungen versehen von Hans Günther Zekl. Würzburg: Königshausen & Neumann.

Ashby, W. R. (1970): An introduction to cybernetics. London: Chapman & Hall.

Asselt, H.; Zelli, F. (2014): Connect the dots: managing the fragmentation of global climate governance. In: Environmental Economics & Policy Studies, 16 (2), S. 137–155.

Aubin, J. P. (2009 (EA: 1991)): Viability theory. Boston: Birkhäuser.

Bai, G.; Henesey, L. (2012): Coping with System Sustainability: A Sociocybernetics Model for Social-Economic System Architecture. In: Systems Research and Behavioral Science, 29 (3), S. 263–273.

Barbier, E. (1989): Economics, natural-resource scarcity and development. London: Earthscan Publications.

Bartmann, H. (2001): Substituierbarkeit von Naturkapital. In: Held, M. (Hrsg.): Nachhaltiges Naturkapital. Frankfurt am Main u.a.: Campus Verlag, S. 50–68.

Bassen, A.; Zöllner, C. (2007): Corporate Governance: US-amerikanischer und deutscher Stand der Forschung. In: Die Betriebswirtschaft, 67 (1), S. 93–112.

Bayer, C.; Buhr, E. de (2011): A Critical Analysis of the SEC and NAM Economic Impact Models and the Proposal of a 3rd Model in view of the Implementation of Section 1502 of the 2010 Dodd-Frank Wall Street Reform and Consumer Protection Act, Payson Center for International Development. Tulane University. URL (zuletzt geprüft am 14.12.2014): http://www.payson.tulane.edu/sites/default/files/3rd_Economic_Impact_Model-Conflict_Minerals.pdf.

BDA, BDI, DIHK, ZDH (2011): Stellungnahme zur CSR Mitteilung der EU-Kommission „Eine neue EU-Strategie (2011-14) für die soziale Verantwortung der Unternehmen“ (KOM (2011) 681), 13. Dezember 2011. URL (zuletzt geprüft am 07.01.2015): http://www.arbeitgeber.de/www/arbeitgeber.nsf/res/BA2563B7B30D7766C125796F0031833A/$file/Stn-CSR-Mitteilung-KOM.pdf.

Becker, A. (1991): Der Siegerländer Hauberg. Kreuztal: Die Wielandschmiede.

Beer, S. (1966): Decision and control. Chichester, New York: Wiley.

Beer, S. (1967): Kybernetik und Management, aus dem Englischen übersetzt von Ilse Grubrich. Frankfurt am Main: Fischer.

Beer, S. (1981): Brain of the firm. Chichester: Wiley.

Beer, S. (1985): Diagnosing the system. Chichester: Wiley.

Beisheim, M. (2004): Fit für Global Governance? Transnationale Interessengruppenaktivitäten als Demokratisierungspotential - am Beispiel Klimapolitik. Opladen: Leske + Budrich.

Ben-Eli, M. (2012): The Cybernetics of Sustainability: Definition and Underlying Principles. In: Murray, J.; Cawthorne, G.; Dey, C. (Hrsg.): Enough for All forever: A Handbook for Learning about

Sustainability. Champaign: Common Ground Publishing, S. 255–268.

Benn, S.; Dunphy, D. C. (2013): Corporate governance and sustainability: Challenges for theory and practice. London, New York: Routledge.

Benz, A. (2004): Governance – Modebegriff oder nützliches sozialwissenschaftliches Konzept? In: Benz, A. (Hrsg.): Governance - Regieren in komplexen Regelsystemen. Wiesbaden: Verlag für Sozialwissenschaften, S. 11–27.

Benz, A.; Lütz, S.; Schimank, U.; Simonis, G. (2007): Einleitung. In: Benz, A.; Lütz, S.; Schimank, U.; Simonis, G. (Hrsg.): Handbuch Governance. Wiesbaden: Verlag für Sozialwissenschaften, S. 9–25.

Bergmann, M.; Jahn, T.; Knobloch, T.; Krohn, W.; Pohl, C.; Schramm, E. (2010): Methoden transdisziplinärer Forschung: Ein Überblick mit Anwendungsbeispielen. Frankfurt am Main, New York: Campus Verlag.

Bertalanffy, L. von (1972): Vorläufer und Begründer der Systemtheorie. In: Kurzrock, H. (Hrsg.): Systemtheorie. Berlin: Colloquium Verlag, S. 17–28.

Bethge, J. P.; Hörmann, S.; Hütz-Adams, F.; Liese, S.; Voge, A.-K. (2014): Nachhaltige Rohstoffe für den deutschen Automobilsektor. Siegburg: Südwind.

Betz, J. (2007): Macht und Ohnmacht der internationalen Finanzinstitutionen – IWF und Weltbank. In: Hasenclever, A.; Wolf, K.-D.; Zürn, M. (Hrsg.): Macht und Ohnmacht internationaler Institutionen. Frankfurt am Main, New York: Campus Verlag, S. 314–341.

Bleicher, K. (2004): Das Konzept integriertes Management: Visionen - Missionen – Programme. Frankfurt am Main, New York: Campus Verlag.

Borhorst, B.; Gabriel, S.; Harmeling, S.; Hauff, V.; Hauff, M. von, et al. (2012): Rio+20 nutzen: Für eine nachhaltige, inklusive, gerechte und demokratische Entwicklung weltweit. In verschiedenen Tageszeitungen veröffentlichtes Positionspapier (01.06.2012). URL (zuletzt geprüft am 09.12.2014): http://www.fr-online.de/blob/view/16163798,12763544,data,Positionspapier_Rio%252B20.pdf.

Börzel, T. A. (2007): Regieren ohne den Schatten der Hierarchie: Ein modernisierungstheoretischer Fehlschluss? In: Lehmkuhl, U.; Risse,

T. (Hrsg.): Regieren ohne Staat? Governance in Räumen begrenzter Staatlichkeit. Baden-Baden: Nomos, S. 41–63.

Börzel, T. A. (2008): Der „Schatten der Hierarchie“ – Ein Governance-Paradox? In: Schuppert, G. F.; Zürn, M. (Hrsg.): Governance in einer sich wandelnden Welt. Wiesbaden: Verlag für Sozialwissenschaften, S. 118–131.

Boulding, K. E. (1966): The Economics of the Coming Spaceship Earth. In: Jarrett, H. (Hrsg.): Environmental quality in a growing Economy. Baltimore: Johns Hopkins University Press, S. 3–14.

Boulding, K. E. (1950): A reconstruction of economics. New York: Wiley & Sons.

Brand, K. W. (2008): Konsum im Kontext. Der „verantwortliche Konsument“ – ein Motor nachhaltigen Konsums? In: Lange, H. (Hrsg.): Nachhaltigkeit als radikaler Wandel. Wiesbaden: Verlag für Sozialwissenschaften, S. 71–93.

Brand, U.; Brunnengräber, A.; Schrader, L.; Stock, C.; Wahl, P. (2000): Global Governance: Alternative zur neoliberalen Globalisierung? Münster: Westfälisches Dampfboot.

Brink, A. (2009): Normatives Stakeholder Management. In: Wieland, J. (Hrsg.): CSR als Netzwerkgovernance – Theoretische Herausforderungen und praktische Antworten. Marburg: Metropolis, S. 215–255.

Brunnengräber, A. (2009): Die politische Ökonomie des Klimawandels. München: Oekom.

Brunnengräber, A.; Dietz, K.; Hirschl, B.; Walk, H. (2004): Interdisziplinarität in der Governance-Forschung. Berlin: IÖW.

Brunnengräber, A.; Klein, A.; Walk, H. (Hrsg.) (2005): NGOs im Prozess der Globalisierung. Wiesbaden: Verlag für Sozialwissenschaften.

Brunnengräber, A.; Weber, M. (2005): Glossar. In: Brunnengräber, A.; Klein, A.; Walk, H. (Hrsg.): NGOs im Prozess der Globalisierung. Wiesbaden: Verlag für Sozialwissenschaften, S. 418–436.

Budäus, D. (2005): Governance - Versuch einer begrifflichen und inhaltlichen Abgrenzung. In: Budäus, D. (Hrsg.): Governance von Profit- und Nonprofit-Organisationen in gesellschaftlicher Verantwortung. Wiesbaden: Deutscher Universitäts-Verlag, S. 1–13.

Budäus, D. (Hrsg.) (2005): Governance von Profit- und Nonprofit-Organisationen in gesellschaftlicher Verantwortung. Wiesbaden: Deutscher Universitäts-Verlag.

Burger, D. (2003): Unternehmen als Akteure nachhaltiger Entwicklung. In: Happel, J. (Hrsg.): Nachhaltige Entwicklung als Herausforderung für die Entwicklungs-zusammenarbeit. Marburg: Metropolis, S. 145–170.

Burschel, C. J.; Losen, D.; Wiendl, A. (2004): Betriebswirtschaftslehre der Nachhaltigen Unternehmung. München: Oldenbourg Wissenschaftsverlag.

Buysse, K.; Verbeke, A. (2003): Proactive environmental strategies: a stakeholder management perspective. In: Strategic Management Journal, 24 (5), S. 453–470.

Carlowitz, H. C. (1713): Sylvicultura Oeconomica, Oder Haußwirthliche Nachricht und Naturmäßige Anweisung Zur Wilden Baum-Zucht (digitalisiert durch die Bayerische StaatsBibliothek), Leipzig. URN (zuletzt geprüft am 22.12.2014): urn_nbn:de:bvb:12-bsb10214444-7.

Carlowitz, H. C. (2013): Sylvicultura oeconomica. München: Oekom.

Chmielewicz, K. (1994): Forschungskonzeptionen der Wirtschaftswissenschaft. Stuttgart: Schäffer-Pöschel.

Coase, R. H. (1937): The Nature of the Firm. In: Economica, 4, S. 386–405.

Coase, R. H. (1999): The Task of the Society: Opening Address to the Annual Conference, September 17, 1999. In: ISNIE Newsletter, 2 (2), S. 1–6.

Commission on Global Governance (2005 (EA: 1995)): Our Global Neighbourhood. The Report of the Commission on Global Governance. Oxford: Oxford University Press.

Commons, J. R. (1936): Institutional Economics. In: American Economic Review, 26, S. 237–249.

Coni-Zimmer, M. (2012): Zivilgesellschaftliche Kritik und Corporate Social Responsibility als Legitimitätspolitik. In: Geis, A.; Nullmeier, F.; Daase, C. (Hrsg.): Der Aufstieg der Legitimitätspolitik: Rechtfertigung und Kritik politisch-ökonomischer Ordnungen. Baden-Baden: Nomos, S. 319–336.

Cornwall, A.; Eade, D. (Hrsg.) (2010): Deconstructing development discourse: Buzzwords and fuzzwords. Rugby, Warwickshire, UK, Oxford: Practical Action.

Costanza, R.; Patten, B. C. (1995): Defining and predicting sustainability. In: Ecological Economics, 15, S. 193–196.

Curbach, J. (2003): Global Governance und NGOs. Opladen: Leske + Budrich.

Curbach, J. (2009): Die Corporate-Social-Responsibility-Bewegung. Wiesbaden: Verlag für Sozialwissenschaften.

Cyert, R. M.; March, J. G. (2006 (EA: 1963)): A behavioral theory of the firm. Malden: Blackwell.

Daly, H. E. (1974): The World Dynamics of Economic Growth: The Economics of the Steady State. In: The American Economic Review, 64 (2), S. 15–21.

Daly, H. E. (1990): Toward Some Operational Principles of Sustainable Development. In: Ecological Economics (2), S. 1–6.

Dartey-Baah, K.; Amponsah-Tawiah, K. (2011): Exploring the limits of Western Corporate Social Responsibility Theories in Africa. In: International Journal of Business and Social Science, 2 (18), S. 126-137.

Rosa, S.; Kötter, M. (2008): Governance(-forschung) im Kontext der Disziplinen. In: Rosa, S.; Höppner, U.; Kötter, M. (Hrsg.): Transdisziplinäre Governanceforschung. Baden-Baden: Nomos, S. 11–33.

Defila, R.; Di Giulio, A.; Kaufmann-Hayoz, R. (2011): Wesen und Wege nachhaltigen Konsums. München: Oekom.

Deutscher Forstwirtschaftsrat (Hrsg.) (2014): Jubiläumsjahr ›300 Jahre Nachhaltigkeit‹. Berlin: DFWR.

Deutsches Institut für Normung (2011): Leitfaden zur gesellschaftlichen Verantwortung (ISO 26000:2010). Berlin: Beuth.

DiMaggio, P. J.; Powell, W. W. (1983): The Iron Cage Revisited. In: American Sociological Review, 48 (2), S. 147–160.

Dingwerth, K. (2004): Effektivität und Legitimität globaler Politiknetzwerke. In: Brühl, T.; Feldt, H.; Hamm, B.; Hummel, H.; Martens, J. (Hrsg.): Unternehmen in der Weltpolitik: Politiknetzwerke, Unternehmensregeln und die Zukunft des Multilateralismus. Bonn: Dietz, S. 74–95.

Dingwerth, K.; Weise, T. (2012): Legitimitätspolitik jenseits des Staats: Der Beitrag nichtstaatlicher Akteure zum Wandel grenzüberschreitender Legitimitätsnormen. In: Geis, A.; Nullmeier, F.; Daase, C. (Hrsg.): Der Aufstieg der Legitimitätspolitik: Rechtfertigung und Kritik politisch-ökonomischer Ordnungen. Baden-Baden: Nomos, S. 100–117.

Dixit, A. K. (2008): economic governance. In: Durlauf, S. N.; Blume, L. E. (Hrsg.): The New Palgrave Dictionary of Economics. Palgrave Macmillan: The New Palgrave Dictionary of Economics Online: doi:10.1057/9780230226203.0431, o. S.

Donaldson, T.; Preston, L. E. (1995): The Stakeholder Theory of the Corporation: Concepts, Evidence, and Implications. In: Academy of Management Review, 20 (1), S. 65–91.

Dubielzig, F.; Schaltegger, S. (2004): Methoden transdisziplinärer Forschung und Lehre. Lüneburg: CSM.

Dyllick, T.; Hockerts, K. (2002): Beyond the business case for corporate sustainability. In: Business Strategy and the Environment, 11 (2), S. 130–141.

Eberl, P. (2010): Vertrauen innerhalb von Organisationen - eine organisationstheoretische Betrachtung. In: Maring, M. (Hrsg.): Vertrauen - zwischen sozialem Kitt und der Senkung von Transaktionskosten. Karlsruhe: KIT Scientific Publishing, S. 239–254.

Edeling, T. (1999): Einführung: Der Neue Institutionalismus in Ökonomie und Soziologie. In: Edeling, T.; Jann, W.; Wagner, D. (Hrsg.): Institutionenökonomie und Neuer Institutionalismus. Opladen: Leske + Budrich, S. 7–15.

Ehnert, I.; Harry, W.; Zink, K. J. (2014): Sustainability and Human Resource Management: Developing Sustainable Business Organizations. Heidelberg, New York, Dordrecht, London: Springer.

Eisermann, D. (2003): Die Politik der nachhaltigen Entwicklung. Bonn: InWEnt.

Erlei, M.; Leschke, M.; Sauerland, D. (2007): Neue Institutionenökonomik. Stuttgart: Schäffer-Poeschel.

Espejo, R.; Watt, J. (1988): Information Management, Organization and Managerial Effectiveness. In: Journal of the Operational Research Society, 39 (1), S. 7–14.

Eßig, M. (Hrsg.) (2013): Exzellente öffentliche Beschaffung. Wiesbaden: Springer Fachmedien Wiesbaden.

Eßig, M.; Jungclaus, M.; Scholzen, F.-S.; Thi, T. H. V. (2013): Das Konzept der exzellenten öffentlichen Beschaffung. In: Eßig, M. (Hrsg.): Exzellente öffentliche Beschaffung. Wiesbaden: Springer Fachmedien Wiesbaden, S. 9–39.

Europäische Kommission (2001): Grünbuch: Europäische Rahmenbedingungen für die soziale Verantwortung von Unternehmen. KOM (2001) 366 endgültig. URL (zuletzt geprüft am 03.01.2015): http://eur-lex.europa.eu/legal-content/DE/TXT/PDF/?uri=CELEX:52001DC0366&qid=1420288468385&from=DE.

Europäische Kommission (2011): Mitteilung der Kommission an das Europäische Parlament, den Rat, den Europäischen Wirtschafts- und Sozialausschuss und den Ausschuss der Regionen: Eine neue EU-Strategie (2011-14) für die soziale Verantwortung der Unternehmen (CSR). KOM (2011) 681 endgültig. URL (zuletzt geprüft am 28.12.2014): http://eur-lex.europa.eu/legal-content/DE/TXT/?qid=1420287095516&uri=CELEX:52011DC0681.

Europäische Kommission (2014): Vorschlag für eine Verordnung des Europäischen Parlaments und des Rates zur Schaffung eines Unionssystems zur Selbstzertifizierung der Erfüllung der Sorgfaltspflicht in der Lieferkette durch verantwortungsvolle Einführer von Zinn, Tantal, Wolfram, deren Erzen und Gold aus Konflikt- und Hochrisikogebieten. KOM (2014) 111 endgültig. URL (zuletzt geprüft am 28.12.2014): http://eur-lex.europa.eu/resource.html?uri=cellar:5de359c4-a5f8-11e3-8438-01aa75ed71a1.0003.01/DOC_1&format=PDF.

Europäisches Parlament und Europäischer Rat (2014): Richtlinie 2014/95/EU des Europäischen Parlaments und des Rates vom 22. Oktober 2014 zur Änderung der Richtlinie 2013/34/EU im Hinblick auf die Angabe nichtfinanzieller und die Diversität betreffender Informationen durch bestimmte große Unternehmen und Gruppen. Richtlinie 2014/95/EU. URL (zuletzt geprüft am 03.01.2015): http://eur-lex.europa.eu/legal-content/DE/TXT/PDF/?uri=CELEX:32014L0095&qid =1420287914491&from=DE.

Fama, E.; Jensen, M. C. (1983): Agency Problems and Residual Claims. In: Journal of Law and Economics, 26 (2), S. 327–350.

Feldmann, H. (1995): Eine institutionalistische Revolution? Berlin: Duncker & Humblot.

Figge, F.; Schaltegger, S. (2000): Was ist „stakeholder value“? Lüne burg: Leuphana Universität.

Finley, C.; Oreskes, N. (2013): Food for Thought – Maximum sustained yield: a policy disguised as science. In: ICES Journal of Marine Science, 70 (2), S. 245–250.

Fischer, K. (2010): Systemorientiertes Management als Ansatz zur nachhaltigen Unternehmensführung. Internes Arbeitspapier Nr. 26. Institut für Technologie und Arbeit: Technische Universität Kaiserslautern.

Fischer, K. (2012a): Einflusspotenzial und tatsächliche Einflussnahme von Primary Stakeholdern. In: Zink, K. J.; Fischer, K.; Hobelsberger, C. (Hrsg.): Nachhaltige Gestaltung internationaler Wertschöpfungsketten: Akteure und Governance-Systeme. Baden-Baden: Nomos, S. 151–160.

Fischer, K. (2012b): Erklärungsansätze externer Wirkungsmechanismen. In: Zink, K. J.; Fischer, K.; Hobelsberger, C. (Hrsg.): Nachhaltige Gestaltung internationaler Wertschöpfungsketten: Akteure und Governance-Systeme. Baden-Baden: Nomos, S. 87–106.

Fischer, K. (2012c): Governance in einer globalisierten Welt. In: Zink, K. J.; Fischer, K.; Hobelsberger, C. (Hrsg.): Nachhaltige Gestaltung internationaler Wertschöpfungsketten: Akteure und Governance-Systeme. Baden-Baden: Nomos, S. 43–59.

Fischer, K. (2012d): Zustandekommen von Issues: Legitimität und Effektivität. In: Zink, K. J.; Fischer, K.; Hobelsberger, C. (Hrsg.): Nachhaltige Gestaltung internationaler Wertschöpfungsketten: Akteure und Governance-Systeme. Baden-Baden: Nomos, S. 129–140.

Fischer, K.; Hobelsberger, C.; Zink, K. J. (2009): Human Factors and Sustainable Development in Global Value Creation. In: International Ergonomics Association (Hrsg.): Changes, Challenges and Opportunities. Proceedings of the 17th World Congress on Ergonomics of the International Ergonomics Association (IEA); August 14.– 19. Beijing, China, Santa Monica: IEA Press (CD-ROM), o. S.

Fischer, K.; Longmuß, J. (2012): Konflikt versus Kooperation: Beziehung zwischen NGOs und multinationalen Unternehmen. In:

Zink, K. J.; Fischer, K.; Hobelsberger, C. (Hrsg.): Nachhaltige Gestaltung internationaler Wertschöpfungsketten: Akteure und Governance-Systeme. Baden-Baden: Nomos, S. 141–150.

Fischer, K.; Zink, K. J. (2012): Defining elements of sustainable work systems – a system-oriented approach. In: Work, 41, S. 3900–3905.

Flick, U.; Kardorff, E. v.; Steinke, I. (Hrsg.) (2008): Qualitative Forschung. Reinbek bei Hamburg: Rowohlt.

Flotow, P.; Kachel, P. (2011): Nachhaltigkeit und Shareholder Value aus Sicht börsennotierter Unternehmen. Studien des Deutschen Aktieninstituts, Heft 50, Deutsches Aktieninstitut.

Foerster, H. von (2003): Cybernetics of Cybernetics. In: Foerster, H. von (Hrsg.): Understanding: Essays on cybernetics and cognition. New York: Springer, S. 283–286.

Franken, R.; Fuchs, H. (1974): Grundbegriffe zur Allgemeinen Systemtheorie. In: Grochla, E.; Fuchs, H.; Lehmann, H. (Hrsg.): Systemtheorie und Betrieb. Opladen: Westdeutscher Verlag, S. 23–51.

Frantz, C.; Martens, K. (2006): Nichtregierungsorganisationen (NGOs). Wiesbaden: Verlag für Sozialwissenschaften.

Freeman, R. E. (2007): The Development of Stakeholder Theory: An Idiosyncratic Approach. In: Smith, K. G. (Hrsg.): Great minds in management. Oxford u.a.: Oxford Univ. Press, S. 417–435.

Freeman, R. E.; Harrison, J. S.; Wicks, A. C. (2007): Managing for stakeholders. New Haven: Yale University Press.

Freeman, R. E. (2010 (EA: 1984)): Strategic management: A stakeholder approach. Cambridge: Cambridge University Press.

Freeman, R. E.; Harrison, J. S.; Wicks, A. C.; Parmar, B. L.; Colle, S. (2010): Stakeholder theory: The state of the art. Cambridge: Cambridge University Press.

Freeman, R. E.; Reed, D. L. (1983): Stockholders and Stakeholders: A New Perspective on Corporate Governance. In: California Management Review, XXV (3), S. 88–106.

Friedman, M. (1970): The Social Responsibility of Business is to Increase its Profits. In: The New York Times Magazine.

Fröhlich, S. (2002): Zwischen Multilateralismus und Unilateralismus: eine Konstante amerikanischer Außenpolitik. In: Aus Politik und Zeitgeschichte (APUZ), (B25), S. 23–30.

Frooman, J. (1999): Stakeholder Influence Strategies. In: Academy of Management Review, 24 (2), S. 191–205.

Fuchs, D. (2005): Understanding business power in global governance. Baden-Baden: Nomos.

Furubotn, E. G.; Pejovich, S. (1972): Property Rights and Economic Theory: A Survey of Recent Literature. In: Journal of Economic Literature, 10 (4), S. 1137–1162.

Furubotn, E. G.; Richter, R. (1991): The New Institutional Economics: An Assessment. In: Furubotn, E. G.; Richter, R. (Hrsg.): The new institutional economics: a collection of articles from the Journal of institutional and theoretical economics. Tübingen: Mohr, S. 1–32.

Garvare, R.; Johansson, P. (2010): Management for sustainability - a stakeholder theory. In: Total Quality Management, 21 (7), S. 737–744.

Geis, A.; Nullmeier, F.; Daase, C. (Hrsg.) (2012): Der Aufstieg der Legitimitätspolitik: Rechtfertigung und Kritik politisch-ökonomischer Ordnungen. Baden-Baden: Nomos.

Georgescu-Roegen, N. (1976 (EA: 1971)): The entropy law and the economic process. Cambridge: Harvard University Press.

Georgescu-Roegen, N. (1987): The Entropy Law and the Economic Process in Retrospect. Deutsche Erstübersetzung durch das IÖW. Schriftenreihe des IÖW 5/87. Berlin: Institut für Ökologische Wirtschaftsforschung.

Gereffi, G.; Humphrey, J.; Sturgeon, T. (2005): The governance of global value chains. In: Review of International Political Economy (12:1), S. 78–104.

Geschäftsstelle Deutsches Global Compact Netzwerk (2014): Leitprinzipien für Wirtschaft und Menschenrechte: Umsetzung des Rahmens der Vereinten Nationen „Schutz, Achtung und Abhilfe“. Berlin: DGCN.

Geyer, F. (1995): The challenge of sociocybernetics. In: Kybernetes, 24 (4), S. 6–32.

Gläser, J.; Laudel, G. (2009): Experteninterviews und qualitative Inhaltsanalyse als Instrumente rekonstruierender Untersuchungen. Wiesbaden: Verlag für Sozial-wissenschaften.

Göhler, G.; Kühn, R. (1999): Institutionenökonomie, Neo-Institutionalismus und die Theorie politischer Institutionen. In: Edeling,

T.; Jann, W.; Wagner, D. (Hrsg.): Institutionenökonomie und Neuer Institutionalismus. Opladen: Leske + Budrich, S. 17–42.

Gomez, P. (1981): Modelle und Methoden des systemorientierten Managements. Bern, Stuttgart: Haupt.

Gosh, A.; Fedorowicz, J. (2008): The role of trust in supply chain governance. In: Business Process Management Journal, 14 (4), S. 453–470.

Grande, E.; May, S. (2009): Vorwort. In: Grande, E.; May, S. (Hrsg.): Perspektiven der Governance-Forschung. Baden-Baden: Nomos, S. 7–8.

Greening, D. W.; Gray, B. (1994): Testing a Model of Organizational Response to Social and Political Issues. In: Academy of Management Journal, 37 (3), S. 467–497.

Greenpeace (2012a): Der Erdgipfel ist gescheitert, bevor er überhaupt angefangen hat. Greenpeace-Kurzanalyse der Ergebnisse von Rio+20. URL (zuletzt geprüft am 09.12.2014): https://www.greenpeace.de/sites/www.greenpeace.de/files/20120620-Kurzanalyse-Rio-plus-20.pdf.

Greenpeace (2012b): Eine neue Welt - nicht dasselbe in Grün! URL (zuletzt geprüft am 08.12.14): http://www.greenpeace.de/sites/www.greenpeace.de/files/20120611-Greenpeace-Forderungen-UN-Gipfel-Rio-2012.pdf.

Greven, T.; Scherrer, C. (2005): Globalisierung gestalten. Bonn: Bundeszentrale für Politische Bildung.

Grober, U. (2013): Von Freiberg nach Rio – Carlowitz und die Bildung des Begriffs ›Nachhaltigkeit‹. In: Sächsische Carlowitz-Gesellschaft (Hrsg.): Die Erfindung der Nachhaltigkeit. München: Oekom, S. 13–30.

Grochla, E. (1974): Systemtheoretisch-kybernetische Modellbildung betrieblicher Systeme. In: Grochla, E.; Fuchs, H.; Lehmann, H. (Hrsg.): Systemtheorie und Betrieb. Opladen: Westdeutscher Verlag, S. 11–22.

Grochla, E. (1978): Einführung in die Organisationstheorie. Stuttgart: Poeschel.

Grunwald, A.; Kopfmüller, J. (2012): Nachhaltigkeit. Frankfurt am Main: Campus Verlag.

Hahn, F. (2006): Von Unsinn bis Untergang: Rezeption des Club of Rome und der Grenzen des Wachstums in der Bundesrepublik der frühen 1970er Jahre. Freiburg: Albert-Ludwigs-Universität Freiburg (FreiDok): urn:nbn:de:bsz:25-opus-27221.

Hall, P. A.; Taylor C. R. (1996): Political Science and the Three New Institutionalisms. In: Political Studies, 44 (5), S. 936–957.

Hamberger, J. (2003): Nachhaltigkeit – eine Idee aus dem Mittelalter? In: LWF aktuell, 37, S. 38–41.

Hamprecht, J.; Corsten, D. (2008): Exzellenz durch Nachhaltigkeit im Einkauf. In: Marxt, C.; Hacklin, F. (Hrsg.): Business Excellence in technologieorientierten Unternehmen. Berlin: Springer, S. 81–96.

Händle, F.; Jensen, S. (1974): Eine Systematisierung der Grundlagen von Systemtheorie und Systemtechnik. In: Händle, F.; Jensen, S. (Hrsg.): Systemtheorie und Systemtechnik. München: Nymphenburger Verlagshandlung, S. 9–50.

Hasse, R.; Krücken, G. (Hrsg.) (2005): Neo-Institutionalismus. Bielefeld: Transcript.

Hauff, M. von; Kleine, A. (2009): Nachhaltige Entwicklung, München, Oldenbourg. Hauff, M. von (Hrsg.) (2014): Nachhaltige Entwicklung: Aus der Perspektive verschiedener Disziplinen. Baden-Baden: Nomos.

Hauff, M. von (2014): Nachhaltige Entwicklung: Grundlagen und Umsetzung. München: De Gruyter Oldenbourg.

Hauff, M. von; Jörg, A.; Seitz, N. (2014): Nachhaltige Wachstumspolitik. In: Hauff, M. von (Hrsg.): Nachhaltige Entwicklung: Aus der Perspektive verschiedener Disziplinen. Baden-Baden: Nomos, S. 109–128.

Heise, A. (2005): European Economic Governance – Wirtschaftspolitik jenseits der Nationalstaaten. In: Wirtschaftsdienst : Zeitschrift für Wirtschaftspolitik, 85 (4), S. 230–237.

Held, M.; Nutzinger, H. G. (2003): Perspektiven einer Allgemeinen Institutionen-ökonomik. In: Schmid, M.; Maurer, A. (Hrsg.): Ökonomischer und soziologischer Institutionalismus. Marburg: Metropolis, S. 117–137.

Herkenrath, M. (2003): Transnationale Konzerne im Weltsystem. Wiesbaden: Westdeutscher Verlag.

Heylighen, F.; Josyln, C. (2002): Cybernetics and Second-Order Cybernetics. In: Meyers, R. A. (Hrsg.): Encyclopedia of physical science and technology. San Diego u.a.: Academic Press, S. 155–169.

Hiß, S. (2004): Corporate Social Responsibility: A Myth? Warwick: University of Warwick.

Hiß, S. (2006): Warum übernehmen Unternehmen gesellschaftliche Verantwortung? Frankfurt am Main: Campus Verlag.

Hiß, S. (2009): From Implicit to Explicit Corporate Social Responsibility: Institutional Change as a Fight for Myths. In: Business Ethics Quarterly, 19 (3), S. 433–451.

Hoang, D.; Jones, B. (2012): Why do corporate codes of conduct fail? Women workers and clothing supply chains in Vietnam. In: Global Social Policy, 12 (1), S. 67–85.

Hobelsberger, C. (2012): Verhaltenskodizes als Instrumente nachhaltigkeits-intendierender Governance. In: Zink, K. J.; Fischer, K.; Hobelsberger, C. (Hrsg.): Nachhaltige Gestaltung internationaler Wertschöpfungsketten: Akteure und Governance-Systeme. Baden-Baden: Nomos, S. 61–86.

Hobelsberger, C.; Hauff, M. von (2012): Governance internationaler Wertschöpfungsketten – Kinderarbeit in der indischen Natursteinbranche? In: Zink, K. J.; Fischer, K.; Hobelsberger, C. (Hrsg.): Nachhaltige Gestaltung internationaler Wertschöpfungsketten: Akteure und Governance-Systeme. Baden-Baden: Nomos, S. 195–210.

Hobelsberger, C.; Kuhnke, C. (2013): Nachhaltige Entwicklungspolitik. In: Hauff, M. von; Nguyen, T. (Hrsg.): Nachhaltige Wirtschaftspolitik. Baden-Baden: Nomos, S. 325–350.

Hoejmose, S. U.; Adrien-Kirby, A. (2012): Socially and environmentally responsible procurement: A literature review and future research agenda of a managerial issue in the 21st century. In: Journal of Purchasing and Supply Management, 18 (4), S. 232–242.

Hoiberg Olsen, S.; Zusman, E.; Miyazawa, I.; Cadman, T.; Yoshida, T., et al. (2014): Implementing the Sustainable Development Goals (SDGs): An Assessment of the Means of Implementation (MOI). ISAP Conference Paper 7/24/2014: Institute for Global Environmental Strategies.

Howard-Grenville, J.; Nash, J.; Coglianese, C. (2008): Constructing the License to Operate: Internal Factors and Their Influence on Corporate Environmental Decisions. In: Law & Policy, 30 (1), S. 73–107.

Humphrey, J.; Schmitz, H. (2001): Governance in global value chains. Institute of Development Studies.

Hütz-Adams, F. (2012): Von der Mine bis zum Konsumenten. Siegburg: Südwind.

Idowu, S. O.; Frederiksen, C. S.; Mermod, A. Y.; Nielsen, M. E. J. (Hrsg.) (2015): Corporate social responsibility and governance. Cham, Heidelberg, New York, Dordrecht, London: Springer.

Internationales Erd-Charta Sekretariat (2003): Die Erd-Charta. URL (zuletzt geprüft am 20.12.2014): http://www.bne-portal.de/fileadmin/unesco/de/Downloads/Hintergrundmaterial_international/Erd-Charta.File.pdf.

Jahn, T. (2013): Transdisziplinarität – Forschungsmodus für nachhaltiges Forschen. In: Hacker, J. (Hrsg.): Nachhaltigkeit in der Wissenschaft. Neue Folge, Band 117, Nummer 398. Stuttgart: Wissenschaftliche Verlagsgesellschaft Stuttgart, S. 65–75.

Jann, W. (2006): Governance als Reformstrategie – Vom Wandel und der Bedeutung verwaltungspolitischer Leitbilder. In: Schuppert, G. F. (Hrsg.): Governance-Forschung: Vergewisserung über Stand und Entwicklungslinien. Baden-Baden: Nomos, S. 21–43.

Jensen, M. C.; Meckling, W. H. (1976): Theory of the Firm: Managerial Behavior, Agency Costs and Ownership Structure. In: Journal of Financial Economics, 3 (4), S. 305–360.

Johansson, P. (2008): Implementing stakeholder management. In: Business Excellence, 12 (3), S. 33–43.

Johnston, P.; Everad, M.; Santillo, D.; Robèrt, K.-H. (2007): Reclaiming the Definition of Sustainability. In: Environmental Science and Pollution Research, 14 (1), S. 60–66.

Kapp, K. W. (1975 (EA:1950)): The Social Costs of Private Enterprise. New York: Schocken Books.

Kellermann, J. (2012): Eine Frage der Freiwilligkeit? Zum deutschen Echo auf die CSR-Mittelung der EU-Kommission „Eine neue EU-Strategie (2011-14) für die soziale Verantwortung von Unternehmen“. In: BBE Europa-Nachrichten (05/2012), S. 1–7.

Kenis, P.; Raab, J. (2008): Politiknetzwerke als Governanceform: Versuch einer Bestandsaufnahme und Neuausrichtung der Diksussion. In: Schuppert, G. F.; Zürn, M. (Hrsg.): Governance in einer sich wandelnden Welt. Wiesbaden: Verlag für Sozialwissenschaften, S. 132–148.

Kenis, P.; Schneider, V. (Hrsg.) (1996): Organisation und Netzwerk. Frankfurt am Main, New York: Campus Verlag.

Kenis, P.; Schneider, V. (1996): Vorwort. In: Kenis, P.; Schneider, V. (Hrsg.): Organisation und Netzwerk. Frankfurt am Main, New York: Campus Verlag, S. 7.

Kerkow, U.; Martens, J.; Müller, A. (2012): Vom Erz zum Auto: Abbaubedingungen und Lieferketten im Rohstoffsektor und die Verantwortung der deutschen Automobilindustrie. Aachen, Bonn, Stuttgart: Misereor u.a.

Kern, W. (1962): Gestaltungsmöglichkeit und Anwendungsbereich betriebswirt-schaftlicher Planungsmodelle. In: Zeitschrift für handelswirtschaftliche Forschung, 14 (4), S. 167–179.

Ki-Moon, B. (2013): Foreword. In: United Nations (Hrsg.): The Millennium Development Goals Report 2013. New York: United Nations, S. 3.

Kirchgässner, G. (1991): Homo oeconomicus: Das ökonomische Modell individuellen Verhaltens und seine Anwendung in den Wirtschafts- und Sozialwissenschaften. Tübingen: J.C.B. Mohr.

Klingebiel, S. (2013): Entwicklungszusammenarbeit – eine Einführung. Bonn: Deutsches Institut für Entwicklungspolitik.

Klir, G. (1974): On General Systems Education. In: Journal of Systems Engineering, 1, S. 14–19.

Knyphausen-Aufseß, D. von (2000): Auf dem Weg zu einem ressourcenorientierten Paradigma? In: Ortmann, G.; Sydow Jörg; Türk Klaus (Hrsg.): Theorien der Organisation. Wiesbaden: Westdeutscher Verlag, S. 452–486.

Kolleck, N. (2011): Global Governance, Corporate Responsibility und die diskursive Macht multinationaler Unternehmen: Freiwillige Initiativen der Wirtschaft für eine nachhaltige Entwicklung? Baden-Baden: Nomos.

Kooiman, J. (2003): Governing as Governance. Thousand Oaks: SAGE.

Kornmeier, M. (2007): Wissenschaftstheorie und wissenschaftliches Arbeiten. Heidelberg: Physica.

Kosiol, E. (1961): Modellanalyse als Grundlage unternehmerischer Entscheidungen. In: Zeitschrift für handelswirtschaftliche Forschung, 13, S. 318–334.

Krcal, H.-C. (2003): Systemtheoretischer Metaansatz für den Umgang mit Komplexität und Nachhaltigkeit. In: Leisten, R.; Krcal, H.-C.

(Hrsg.): Nachhaltige Unternehmensführung. Wiesbaden: Gabler, S. 3–30.

Kupper, P. (2004): „Weltuntergangs-Vision aus dem Computer“: Zur Geschichte der Studie „Grenzen des Wachstums“ von 1972. In: Uekötter, F.; Hohensee, J. (Hrsg.): Wird Kassandra heiser? Die Geschichte falscher Ökoalarme. Stuttgart: Franz Steiner, S. 98–111.

Lange, S. (2007): Kybernetik und Systemtheorie. In: Benz, A.; Lütz, S.; Schimank, U.; Simonis, G. (Hrsg.): Handbuch Governance. Wiesbaden: Verlag für Sozialwissenschaften, S. 176–187.

Lauster, G.; Mildner, S.-A.; Wodni, W. (2010): Transparenz im Rohstoffhandel: US-Finanzgesetz soll Handel mit Konfliktressourcen eindämmen. SWP-Aktuell 76, Deutsches Institut für Internationale Politik und Sicherheit, Stiftung Wissenschaft und Politik. URL (zuletzt geprüft am 10.12.2014): http://www.swp-berlin.org/fileadmin/contents/products/aktuell/2010A76_lag_mdn_wodni_ks.pdf.

Laux, H. (2006): Wertorientierte Unternehmenssteuerung und Kapitalmarkt. Berlin: Springer.

Lehmann, H. (1974): Zum Objekt und wissenschaftlichen Standort einer „Organisationskybernetik“. In: Grochla, E.; Fuchs, H.; Lehmann, H. (Hrsg.): Systemtheorie und Betrieb. Opladen: Westdeutscher Verlag, S. 51–67.

Lehmann, H.; Fuchs, H. (1974): Probleme einer systemtheoretisch-kybernetischen Untersuchung betrieblicher Systeme. In: Händle, F.; Jensen, S. (Hrsg.): Systemtheorie und Systemtechnik. München: Nymphenburger Verlagshandlung, S. 235–253.

Lehmkuhl, U.; Risse, T. (Hrsg.) (2007): Regieren ohne Staat? Governance in Räumen begrenzter Staatlichkeit. Baden-Baden: Nomos.

Leone, F.; Offerdahl, K.; Wagner, L. (2014): Earth Negotiations Bulletin. OWG-9 final, 32 (9), International Institute for Sustainable Development. URL (zuletzt geprüft am 12.12.2014): http://www.iisd.ca/sdgs/owg9/.

Lindberg, L. N.; Campbell, J. L.; Hollingsworth, J. R. (1991): Economic governance and the analysis of structural change in the American economy. In: Campbell, J. L.; Hollingsworth, J. R.; Lindberg, L. N. (Hrsg.): Governance of the American economy. Cambridge England, New York: Cambridge University Press, S. 3–34.

Loew, T.; Ankele, K.; Braun, S.; Clausen, J. (2004): Bedeutung der internationalen CSR-Diskussion für Nachhaltigkeit und die sich daraus ergebenden Anforderungen an Unternehmen mit Fokus Berichterstattung. Berlin, Münster: IÖW.

Loewe, M. (2010): Entwicklungspolitik, Armutsbekämpfung und Millennium Development Goals. In: Faust, J.; Neubert, S. (Hrsg.): Wirksamere Entwicklungspolitik: Befunde, Reformen, Instrumente. Baden-Baden: Nomos, S. 101–135.

Lüdecke, D.; Lüdecke, C. (2000): Thermodynamik. Berlin u.a.: Springer.

Luhmann, N. (2008 (EA: 1986)): Ökologische Kommunikation. Wiesbaden: Verlag für Sozialwissenschaften.

Luhmann, N.; Baecker, D. (2002): Einführung in die Systemtheorie. Heidelberg: Carl-Auer-Systeme-Verlag.

Lütz, S. (2006): Einleitung: Governance in der politischen Ökonomie. In: Lütz, S. (Hrsg.): Governance in der politischen Ökonomie. Wiesbaden: Verlag für Sozialwissenschaften, S. 13–55.

Lütz, S. (Hrsg.) (2006): Governance in der politischen Ökonomie. Wiesbaden: Verlag für Sozialwissenschaften.

Lütz, S. (2008): Governance in der vergleichenden politischen Ökonomie. In: Bröchler, S.; Biermann, B. (Hrsg.): Politikwissenschaftliche Perspektiven. Wiesbaden: Verlag für Sozialwissenschaften, S. 117–139.

Malik, F. (1996): Strategie des Managements komplexer Systeme. Bern: Haupt.

Manhart, A. (2007): Key Social Impacts of Electronics Production and WEEE-Recycling in China. Freiburg, Darmstadt, Berlin: Öko-Institut.

Manhart, A.; Schleicher, T. (2013): Conflict minerals – An evaluation of the Dodd-Frank Act and other resource-related measures. Freiburg, Darmstadt, Berlin: Öko-Institut. URL (zuletzt geprüft am 03.01.2015): http://www.oeko.de/oekodoc/1809/2013-483-en.pdf.

Manhart, A.; Schoßig, M. (2014): Stellungnahme zum Verordnungsentwurf der Europäischen Kommission zu Mineralien aus Konfliktgebieten. Freiburg, Berlin: Öko-Institut. URL (zuletzt geprüft am 03.01.2015): http://www.oeko.de/oekodoc/2001/2014-018-de.pdf.

Mason, C.; Simmons, J. (2014): Embedding Corporate Social Responsibility in Corporate Governance: A Stakeholder Systems Approach. In: Journal of Business Ethics, 119 (1), S. 77–86.

Matten, D.; Moon, J. (2008): "Implicit" and "explicit" CSR. In: The Academy of Management review, 33 (2), S. 404–424.

Mayntz, R. (2002): Akteure, Mechanismen, Modelle: Zur Theoriefähigkeit makro-sozialer Analysen. Frankfurt am Main, New York: Campus Verlag.

Mayntz, R. (2006): Governance Theory als fortentwickelte Steuerungstheorie? In: Schuppert, G. F. (Hrsg.): Governance-Forschung: Vergewisserung über Stand und Entwicklungslinien. Baden-Baden: Nomos, S. 11–20.

Mayntz, R. (2008): Von der Steuerungstheorie zu Global Governance. In: Schuppert, G. F.; Zürn, M. (Hrsg.): Governance in einer sich wandelnden Welt. Wiesbaden: Verlag für Sozialwissenschaften, S. 43–60.

Mayntz, R. (2009a): Governancetheorie: Erkenntnisinteresse und offene Fragen. In: Grande, E.; May, S. (Hrsg.): Perspektiven der Governance-Forschung. Baden-Baden: Nomos, S. 9–19.

Mayntz, R. (2009b): Sozialwissenschaftliches Erklären: Probleme der Theoriebildung und Methodologie. Frankfurt am Main: Campus Verlag.

Mayntz, R.; Scharpf, F. W. (1995): Der Ansatz des akteurzentrierten Institutionalismus. In: Mayntz, R.; Scharpf, F. W. (Hrsg.): Gesellschaftliche Selbstregelung und politische Steuerung. Frankfurt, New York: Campus Verlag, S. 39–72.

Meadows, D. H.; Bossel, H.; Heck, H.-D.; Meadows, D. L.; Meadows-Randers., et al. (1992): Die neuen Grenzen des Wachstums. Die Lage der Menschheit: Bedrohung und Zukunftschancen. Stuttgart: DVA.

Meadows, D. H.; Meadows, D. L.; Randers, J.; Behrens III, William W. (1972): The Limits to Growth: A report for the Club of Rome's project on the predicament of mankind. New York: Universe Books.

Meadows, D. H.; Randers, J.; Meadows, D. L. (2006): Grenzen des Wachstums. Das 30-Jahre-Update: Signal zum Kurswechsel. Stuttgart: Hirzel.

Messner, D. (1995): Die Netzwerkgesellschaft: Wirtschaftliche Entwicklung und internationale Wettbewerbsfähigkeit als Probleme gesellschaftlicher Steuerung. Köln: Weltforum.

Messner, D. (2003): Etablierte Weltwirtschaftsdiskurse und neue Governance-Muster in der globalen Ökonomie: Das Konzept des World Economic Triangle. In: Fues, T.; Hippler, J. (Hrsg.): Globale Politik. Bonn: J.H.W. Dietz, S. 90–111.

Messner, D. (2011): Entwicklungspolitik als globale Strukturpolitik. In: Jäger, T.; Höse, A.; Oppermann, K. (Hrsg.): Deutsche Außenpolitik. Wiesbaden: Verlag für Sozialwissenschaften, S. 393–420.

Messner, D.; Scholz, I. (2010): Entwicklungspolitik als Beitrag zur globalen Zukunftssicherung. In: Faust, J.; Neubert, S. (Hrsg.): Wirksamere Entwicklungspolitik: Befunde, Reformen, Instrumente. Baden-Baden: Nomos, S. 71–100.

Meyer, J. (2005): Vorwort. In: Hasse, R.; Krücken, G. (Hrsg.): Neo-Institutionalismus. Bielefeld: Transcript, S. 5–12.

Meyer J. W., Rowan B. (1977): Institutionalized Organizations: Formal Structure as Myth and Ceremony. In: American Journal of Sociology, 83 (2), S. 340–363.

Miller, J. G. (1995 (EA 1978)): Living systems. Niwot: University Press of Colorado.

Mitchell, R. K.; Agle Bradley R.; Wood Donna J. (1997): Toward a Theory of Stakeholder Identification and Salience: Defining the Principles of Who and What Really Counts. In: Academy of Management Review, 22 (4), S. 853–886.

Moldaschl, M. (2007): Verwertung immaterieller Ressourcen. Mering, München: Hampp.

Möller, U. (2003): Nachhaltigkeit: Anspruch und Wirklichkeit. „Grenzen des Wachstums“ – ein Denkanstoß. In: Feiler, K.; Bartenstein, M. (Hrsg.): Nachhaltigkeit schafft neuen Wohlstand. Frankfurt am Main: Lang, S. 19–32.

Moser, S. C. (2007): More bad news: The risk of neglecting emotional responses to climate change information. In: Moser, S. C.; Dilling, L. (Hrsg.): Creating a climate for change: Communicating climate change and facilitating social change. Cambridge: Cambridge University Press, S. 64–80.

Müller, E. (2005): Die Macht der Nachfrage. In: politische Ökologie, 94, S. 20–22.

Müller, T.; Platzer, H.-W.; Rüb, S. (2004): Globale Arbeitsbeziehungen in globalen Konzernen? Wiesbaden: Verlag für Sozialwissenschaften.

Müller-Christ, G. (2001): Nachhaltiges Ressourcenmanagement. Marburg: Metropolis.

Müller-Christ, G. (2007): Nachhaltigkeit und Effizienz als widersprüchliche Managementrationalitäten. In: Müller-Christ, G.; Arndt, L.; Ehnert, I. (Hrsg.): Nachhaltigkeit und Widersprüche. Münster: LIT-Verlag, S. 14–57.

Müller-Christ, G. (2010): Nachhaltiges Management: Einführung in Ressourcen-orientierung und widersprüchliche Managementrationalitäten. Baden-Baden: Nomos.

Müller-Christ, G.; Remer, A. (1999): Umweltwirtschaft oder Wirtschaftsökologie? Vorüberlegungen zu einer Theorie des Ressourcenmanagements. In: Seidel, E. (Hrsg.): Betriebliches Umweltmanagement im 21. Jahrhundert: Aspekte, Aufgaben, Perspektiven. Berlin, Heidelberg: Springer, S. 69–88.

Nechansky, H. (2011): The cybernetics of viability: an overview. In: International Journal of General Systems, 40 (1), S. 1–22.

Nisbet, E. G.; Fowler, C. R. (1995): Is metal disposal toxic to deep oceans? In: Nature (375), S. 715.

North, D. C. (1992): Institutionen, institutioneller Wandel und Wirtschaftsleistung. Tübingen: Mohr.

North, D. C. (2005): Institutions, institutional change and economic performance. Cambridge: Cambridge University Press.

North, D. C.; Thomas, R. P. (1970): An Economic; Theory of the Growth of the Western World. In: Economic History Review, 23 (1), S. 1–17.

Nuscheler, F. (2009): Good Governance. INEF Report 96/2009, Institut für Entwicklung und Frieden. Universität Duisburg-Essen. URL (zuletzt geprüft am 08.12.2014): http://inef.uni-due.de/page/documents/Report96.pdf.

Nutzinger, H. G. (1995): Von der Durchflußwirtschaft zur Nachhaltigkeit – Zur Nutzung endlicher Ressourcen in der Zeit. In: Biervert, B.; Held, M. (Hrsg.): Zeit in der Ökonomik. Frankfurt am Main, New York: Campus Verlag, S. 207–237.

Nutzinger, H. G.; Radke, V. (1995): Das Konzept der nachhaltigen Wirtschaftsweise: Historische, theoretische und politische Aspekte.

In: Nutzinger, H. G. (Hrsg.): Nachhaltige Wirtschaftsweise und Energieversorgung. Marburg: Metropolis, S. 13–49.

o. V. (2012): UN-Nachhaltigkeitsgipfel stößt überwiegend auf Kritik: Rio+20-Gipfel nimmt umstrittene Abschlusserklärung an. In: DIE WELT (23.06.2012). URL (zuletzt geprüft am 08.12.2014): http://www.welt.de/107110849.

o. V. (2013): Deutschlands Zukunft gestalten: Koalitionsvertrag zwischen CDU, CSU und SPD. 18. Legislaturperiode. URL (zuletzt geprüft am 04.01.2015): http://www.bundesregierung.de/Content/DE/StatischeSeiten/Breg/koalitionsvertrag-inhaltsverzeichnis.html.

o. V. (2014): Aktionsplan Bündnis für Nachhaltige Textilien. URL (zuletzt geprüft am 03.01.2015): http://www.bmz.de/de/zentrales_downloadarchiv/Presse/Textilbuendnis/Aktionsplan_Buendnis_fuer_nachhaltige_Textilien.pdf.

OECD (1999): OECD Principles of Corporate Governance. Paris: OECD.

OECD (2004): OECD Principles of Corporate Governance. Paris: OECD.

OECD (2005/2008): The Paris Declaration on Aid Effectiveness and the Accra Agenda for Action. URL (zuletzt geprüft am 03.01.2015): http://www.oecd.org/dac/effectiveness/34428351.pdf.

OECD (2013): OECD Due Diligence Guidance for Responsible Supply Chains of Minerals from Conflict-Affected and High-Risk Areas. Paris: OECD Publishing.

OECD (2015): G20/OECD Principles of Corporate Governance. Paris: OECD Publishing.

Offe, C. (2008): Governance - "Empty signifier" oder sozialwissenschaftliches Forschungsprogramm? In: Schuppert, G. F.; Zürn, M. (Hrsg.): Governance in einer sich wandelnden Welt. Wiesbaden: Verlag für Sozialwissenschaften, S. 61–76.

Oliver, C. (1991): Strategic Responses to Institutional Processes. In: Academy of Management Review, 16 (1), S. 145–179.

Opper, S. (2001): Der Stand der Neuen Institutionsökonomik. In: Wirtschaftsdienst: Zeitschrift für Wirtschaftspolitik, 81 (10), S. 601–608.

Ostrom, E. (2003 (EA: 1990)): Governing the commons. Cambridge: Cambridge University Press.

Palazzo, G. (2009): Dic Privatisierung von Menschenrechtsverletzungen. Eine Skizze der demokratietheoretischen Herausforderungen des global entfesselten Kapitalismus. In: Wieland, J. (Hrsg.): CSR als Netzwerkgovernance - theoretische Herausforderungen und praktische Antworten. Marburg: Metropolis, S. 17–36.

Palazzo, G.; Scherer, A. G. (2008): Corporate Social Responsibility, Democracy, and the Politicization of the Corporation. In: Academy of Management Review, 33 (3), S. 773–775.

Pascour, E. C. (1996): Pigou, Coase, common law, and environmental policy: Implications of the calculation debate. In: Public Choice, 87 (3-4), S. 243–258.

Pearce, D. W.; Turner, R. K. (1990): Economics of natural resources and the environment. New York: Harvester Wheatsheaf.

Pfeffer, J. (1992): Managing with Power: Politics and Influence in Organizations. Boston: Harvard Business School Press.

Pfeffer, J.; Salancik, G. R. (2003 (EA: 1978)): The External Control of Organizations: A Resource Dependence Perspective. Stanford: Stanford Business Books.

Powell, W. W. (1996): Weder Markt noch Hierarchie: Netzwerkartige Organisations-formen. In: Kenis, P.; Schneider, V. (Hrsg.): Organisation und Netzwerk. Frankfurt, New York: Campus Verlag, S. 213–271.

Priddat, B. P. (2009): Politische Ökonomie. Wiesbaden: Verlag für Sozialwissenschaften.

Probst, G. (1981): Kybernetische Gesetzeshypothesen als Basis für Gestaltungs- und Lenkungsregeln im Management. Bern: Haupt.

Probst, G. (1987): Selbst-Organisation: Ordnungsprozesse in sozialen Systemen aus ganzheitlicher Sicht. Berlin: Paul Parey.

Quack, S. (2006): Zum Werden und Vergehen von Institutionen: Vorschläge für eine dynamische Governanceanalyse. In: Schuppert, G. F. (Hrsg.): Governance-Forschung: Vergewisserung über Stand und Entwicklungslinien. Baden-Baden: Nomos, S. 346–370.

Regierungskommission DCGK (2014): Deutscher Corporate Governance Kodex. URL (zuletzt geprüft am 12.12.2014): http://www.dcgk.de//files/dcgk/usercontent/de/download/kodex/D_CorGov_Endfuss End_2014.pdf.

Reich, R. B. (1998): The New Meaning of Corporate Social Responsibility. In: California Management Review, 40 (2), S. 8–17.

Remer, A. (1993): Vom Zweckmanagement zum ökologischen Management. Paradigma-wandel in der Betriebswirtschaftslehre. In: Universitas, 48 (5), S. 457.-464.

Renn, O.; Deuschle, J.; Jäger, A.; Weimer-Jehle, W. (2007): Leitbild Nachhaltigkeit: Eine normativ-funktionale Konzeption und ihre Umsetzung. Wiesbaden: Verlag für Sozialwissenschaften.

Richter, R.; Furubotn, E. G. (1996): Neue Institutionenökonomik. Tübingen: J.C.B. Mohr.

Risse, T. (2008): Regieren in Räumen begrenzter Staatlichkeit: Zur "Reisefähigkeit" des Governance Konzeptes. SFB-Governance Working Paper Series Nr. 5, DFG Sonderforschungsbereich 700.

Rockström, J.; Steffen, W.; Noone, K.; Persson, Å.; Chapin, F. S., et al. (2009): A safe operating space for humanity. In: Nature, 461, S. 472–475.

Rogall, H. (2012): Nachhaltige Ökonomie. Marburg: Metropolis.

Röttger, U.; Preusse, J. (2007): Issues Management. In: Nolting, T.; Thießen, A. (Hrsg.): Krisenmanagement in der Mediengesellschaft. Wiesbaden: Verlag für Sozialwissenschaften, S. 159–184.

Roth, R. (2005): Transnationale Demokratie. In: Brunnengräber, A.; Klein, A.; Walk, H. (Hrsg.): NGOs im Prozess der Globalisierung. Wiesbaden: Verlag für Sozialwissenschaften, S. 80–128.

Sacconi, L. (2004): Corporate Social Responsibility (CSR) as a Model of "Extended" Corporate Governance. An Explanation Based on the Economic Theories of Social Contract, Reputation and Reciprocal Conformis. In: Liuc Papers (142).

Schaltegger, S. (1999): Bildung und Durchsetzung von Interessen zwischen Stakeholdern der Unternehmung. In: Die Unternehmung, 53 (1), S. 3–20.

Schanz, G. (2009): Wissenschaftsprogramme der Betriebswirtschaftslehre. In: Bea, F. X.; Schweitzer, M. (Hrsg.): Allgemeine Betriebswirtschaftslehre. Stuttgart: UTB GmbH, S. 81–159.

Scharpf, F. W. (2006): Interaktionsformen. Wiesbaden: Verlag für Sozialwissenschaften.

Schepers, D. H. (2006): The Impact of NGO Network Conflict on the Corporate Social Responsibility Strategies of Multinational Corporations. In: Business & Society, 45 (3), S. 282-299.

Scherer, A. G.; Palazzo, G. (Hrsg.) (2008): Handbook of research on global corporate citizenship. Cheltenham: Edward Elgar.

Scherhorn, G.; Weber, C. (Hrsg.) (2003): Nachhaltiger Konsum: Auf dem Weg zur gesellschaftlichen Verankerung. München: Oekom.

Scherrer, C.; Langhammer, R. J.; Matthes, J.; Pies, I.; Seele, P., et al. (2013): Inhumane Arbeitsbedingungen auf dem globalen Markt — Wer kann, wer soll handeln? In: Wirtschaftsdienst, 93 (4), S. 215–232.

Schimank, U. (2007a): Elementare Mechanismen. In: Benz, A.; Lütz, S.; Schimank, U.; Simonis, G. (Hrsg.): Handbuch Governance. Wiesbaden: Verlag für Sozialwissenschaften, S. 29–45.

Schimank, U. (2007b): Neoinstitutionalismus. In: Benz, A.; Lütz, S.; Schimank, U.; Simonis, G. (Hrsg.): Handbuch Governance. Wiesbaden: Verlag für Sozialwissenschaften, S. 161–175.

Schimank, U. (2007c): Organisationstheorien. In: Benz, A.; Lütz, S.; Schimank, U.; Simonis, G. (Hrsg.): Handbuch Governance. Wiesbaden: Verlag für Sozialwissenschaften, S. 200–211.

Schmid, M.; Maurer, A. (2003): Institution und Handeln: Probleme und Perspektiven der Institutionentheorie in Soziologie und Ökonomie. In: Schmid, M.; Maurer, A. (Hrsg.): Ökonomischer und soziologischer Institutionalismus. Marburg: Metropolis, S. 9–46.

Schmid, M.; Maurer, A. (Hrsg.) (2003): Ökonomischer und soziologischer Institutionalismus. Marburg: Metropolis.

Schmidheiny, S. (1999): Öko-Effizienz als wesentlicher unternehmerischer Beitrag zur Förderung einer nachhaltigen Entwicklung. In: Gomez, P.; Müller-Stewens, G.; Rüegg-Stürm, J. (Hrsg.): Entwicklungsperspektiven einer integrierten Managementlehre. Bern: Haupt, S. 135–148.

Schmidt, I.; Seele, P. (2012): Konsumentenverantwortung in der Wirtschaftsethik: Ein Beitrag aus Sicht der Lebensstilforschung. In: Zeitschrift für Wirtschafts- und Unternehmensethik, 13 (2), S. 169–191.

Schmidtke, H.; Schneider, S. (2012): Methoden der empirischen Legitimationsforschung: Legitimität als empirisches Konzept. In: Geis, A.; Nullmeier, F.; Daase, C. (Hrsg.): Der Aufstieg der Legitimitätspolitik: Rechtfertigung und Kritik politisch-ökonomischer Ordnungen. Baden-Baden: Nomos, S. 225–242.

Schneider, A. (2012): Reifegradmodell CSR – eine Begriffserklärung und -abgrenzung. In: Schneider, A.; Schmidpeter, R. (Hrsg.): Corporate Social Responsibility: Verantwortungsvolle Unternehmensführung in Theorie und Praxis. Berlin, Heidelberg: Springer, S. 17–38.

Schneider, V. (2004a): Organizational Governance - Governance in Organisationen. In: Benz, A. (Hrsg.): Governance - Regieren in komplexen Regelsystemen. Wiesbaden: Verlag für Sozialwissenschaften, S. 173–191.

Schneider, V. (2004b): State Theory, Governance and the Logic of Regulation and Adminstrative Control. In: Warntjen, A.; Wonka, A. (Hrsg.): Governance in Europe. Baden-Baden: Nomos, S. 25–41.

Schneider, V.; Bauer, J. M. (2009): Von der Governance- zur Komplexitätstheorie. In: Schulz-Schaeffer, I.; Weyer, J. (Hrsg.): Management komplexer Systeme. München: Oldenbourg, S. 31–53.

Schneider, V.; Kenis, P. (1996): Verteilte Kontrolle: Institutionelle Steuerung in modernen Gesellschaften. In: Kenis, P.; Schneider, V. (Hrsg.): Organisation und Netzwerk. Frankfurt, New York: Campus Verlag, S. 9–43.

Schrader, C. (2011): Beiträge multinationaler Unternehmen zur nachhaltigen Entwicklung in Base of the Pyramid-Märkten. Mering: Hampp.

Schreyögg, G. (2003): Organisation. Wiesbaden: Gabler.

Schubert, K.; Klein, M. (2006): Das Politiklexikon: Begriffe, Ideen, Systeme. Bonn: Dietz.

Schulze, H. (1997): Neo-Institutionalismus. Arbeitspapiere des Osteuropa-Instituts der Freien Universität Berlin, Arbeitsschwerpunkt Politik, Osteuropa-Institut. Freie Universität Berlin.

Schuppert, G. F. (2006): Governance im Spiegel der Wissenschaftsdisziplinen. In: Schuppert, G. F. (Hrsg.): Governance-Forschung: Vergewisserung über Stand und Entwicklungslinien. Baden-Baden: Nomos, S. 371–469.

Schuppert, G. F. (2008): Governance - auf der Suche nach Konturen eines „anerkannt uneindeutigen Begriffs“. In: Schuppert, G. F.; Zürn, M. (Hrsg.): Governance in einer sich wandelnden Welt. Wiesbaden: Verlag für Sozialwissenschaften, S. 13–40.

Schwaninger, M. (2006): Theories of Viability: a Comparison. In: Systems Research and Behavioral Science, 23, S. 337–347.

Schwenger, D. (2013): Organisation internationaler Nichtregierungsorganisationen. Wiesbaden: Springer.

Scott, B. (2004): Second-order cybernetics: an historical introduction. In: Kybernetes, 33 (9/10), S. 1365–1378.

Sehring, J. (2003): Post-Washington Consensus und PRSP – Wende in der Weltbankpolitik? Arbeitspapier Nr. 23, Institut für Ethnologie und Afrikastudien. Johannes Gutenberg-Universität Mainz.

Seifer, K. (2009): Governance als Einfluss-System: Der politische Einfluss von NGOs in asymmetrisch strukturierten Interaktionsarrangements. Wiesbaden: Verlag für Sozialwissenschaften.

Shannon, C. E. (1948): A Mathematical Theory of Communication. New York: American Telephone and Telegraph Co.

Siebenhüner, B. (2001): Homo sustinens: Auf dem Weg zu einem Menschenbild der Nachhaltigkeit. Marburg: Metropolis.

Siems, D. (2014): Das Bündnis für nachhaltige Textilien ist weltfremd. In: DIE WELT. URL (zuletzt geprüft am 22.12.2014): http://www.welt.de/debatte/kommentare/article133359990/Das-Buendnis-fuer-nachhaltige-Textilien-ist-weltfremd.html.

Simon Herbert A. (1955): A Behavioral Model of Rational Choice. In: The Quarterly Journal of Economics, 69 (1), S. 99–118.

Stark, A. (2007): Wirtschaftsförderung und „Good Governance“ in Argentinien. Tübingen: Selbstverlag des Geographischen Instituts der Universität Tübingen.

Stead, D. (2014): Rescaling Environmental Governance - the Influence of European Transnational Cooperation Initiatives. In: Environmental Policy & Governance, 24 (5), S. 324–334.

Steimle, U. (2008): Ressourcenabhängigkeit und Nachhaltigkeitsorientierung von Unternehmen. Marburg: Metropolis.

Steurer, R. (2002): Der Wachstumsdiskurs in Wissenschaft und Politik. Berlin: Verlag für Wissenschaft und Forschung.

Stocker, T. F.; Qin, D.; Plattner, G.; Tignor, M. M. B.; Allen, S. K.; Boschung, J.; Nauels, A.; Xia, Y.; Bex, V.; Midgley, P. M. (Hrsg.) (2013): Climate Change 2013: The Physical Science Basis. Contribution of Working Group I to the Fifth Assessment Report of the Intergovernmental Panel on Climate Change. Cambridge, New York: Cambridge University Press.

Streeck, W.; Schmitter, P. C. (1996): Gemeinschaft, Markt, Staat – und Verbände? In: Kenis, P.; Schneider, V. (Hrsg.): Organisation und Netzwerk. Frankfurt, New York: Campus Verlag, S. 123–164.

Sydow, J. (1999): Quo Vadis Transaktionskostentheorie? Wege, Irrwege, Auswege. In: Edeling, T.; Jann, W.; Wagner, D. (Hrsg.): Institutionenökonomie und Neuer Institutionalismus. Opladen: Leske + Budrich, S. 165–176.

Thannisch, R. (2012): Die neue EU-Mitteilung: Rückenwind für die gewerkschaftliche CSR-Politik? In: WSI Mitteilungen (04/2012), S. 306–310.

Thiel, A. (2014): Rescaling of Resource Governance as Institutional Change: Explaining the Transformation of Water Governance in Southern Spain. In: Environmental Policy & Governance, 24 (4), S. 289–306.

Thompson, J. D. (2008 (EA: 1967)): Organizations in action. New Brunswick: Transaction Publishing.

Tihany, L.; Graffin, S.; George, G. (2014): Rethinking Governance in Management Research. In: Academy of Management Journal, 57 (6), S. 1535–1543.

Trebesch, C. (2008): Economic Governance. SFB-Governance Working Paper Series Nr. 11. Berlin: DFG Sonderforschungsbereich 700.

U.S. Government Publishing Office (2010): Dodd-Frank Wall Street Reform and Consumer Protection Act. Public Law 111-203-July 21, 2010. URL (zuletzt geprüft am 28.12.2014): http://www.gpo.gov/fdsys/pkg/PLAW-111publ203/pdf/PLAW-111publ203.pdf.

Ulrich, H. (1970): Die Unternehmung als produktives soziales System. Bern: Haupt.

Ulrich, H. (1984): Management. Bern: Haupt.

Ulrich, H.; Krieg, W. (1974): St. Galler Management-Modell. Bern: Haupt.

Ulrich, H.; Probst, G. J. (1995): Anleitung zum ganzheitlichen Denken und Handeln. Bern, Stuttgart: Haupt.

United Nations (2013): Open Working Group of the General Assembly on Sustainable Development Goals. A/67/L.48/Rev.1. URL (zuletzt geprüft am 12.12.2014): http://www.un.org/en/ga/search/view_doc.asp?symbol=A/67/L.48/Rev.1.

United Nations (o. J.): Terms of Reference for the High-level Panel of Eminent Persons on the Post-2015 Development Agenda. URL (zuletzt geprüft am 07.01.2015): http://www.un.org/sg/management/pdf/ToRpost2015.pdf.

United Nations (1972): Report of the United Nations Conference on the Human Environment. A/CONF.48/14/rev.1. URL (zuletzt geprüft am 13.12.2014): http://www.un.org/en/ga/search/view_doc.asp?symbol=A/CONF.48/14/rev.1.

United Nations (1982): Report of the Governing Council on its Session of a Special Character. A/37/25. URL (zuletzt geprüft am 13.12.2014): http://www.un.org/en/ga/search/view_doc.asp?symbol=A/37/25.

United Nations (1983): Process of Preparation of the Environmental Perspective to the Year 2000 and Beyond. A/RES/38/161. URL (zuletzt geprüft am 13.12.2014): http://www.un.org/en/ga/search/view_doc.asp?symbol=A/RES/38/161.

United Nations (1987): Report of the World Commission on Environment and Development. A/42/427. URL (zuletzt geprüft am 08.12.2014):http://www.un.org/en/ga/search/view_doc.asp?symbol=A/42/427.

United Nations (1992a): Agenda 21: Konferenz der Vereinten Nationen für Umwelt und Entwicklung. Rio de Janeiro. URL (zuletzt geprüft am 20.12.2014): http://www.un.org/depts/german/conf/agenda21/agenda_21.pdf.

United Nations (1992b): Report of the United Nations Conference on Environment and Development, Annex I: Rio Declaration on Environment and Development. A/CONF.151/26 (Vol. I). URL (zuletzt geprüft am 10.12.2014): http://www.un.org/documents/ga/conf151/aconf15126-1annex1.htm.

United Nations (1992c): Rio-Erklärung über Umwelt und Entwicklung. URL (zuletzt geprüft am 05.05.13):http://www.un.org/depts/german/conf/agenda21/rio.pdf.

United Nations (1993): Institutional arrangements to follow up the United Nations Conference on Environment and Development. A/RES/47/191. URL (zuletzt geprüft am 13.12.2014): http://www.un.org/en/ga/search/view_doc.asp?symbol=A/RES/47/191.

United Nations (1997): Resolutions and Decisions adopted by the General Assembly during its nineteenth special session, 23 to 28 June 1997. A/S-19/33. URL (zuletzt geprüft am 20.12.2014):

http://www.un.org/en/ga/search/view_doc.asp?symbol=A/S-19/33.

United Nations (2000): Millenniums-Erklärung der Vereinten Nationen. A/RES/55/2. URL (zuletzt geprüft am 09.12.2014): http://www.un.org/en/ga/search/view_doc.asp?symbol=A/RES/55/2

United Nations (2002a): Johannesburg Declaration on Sustainable Development. A/CONF.199/20. URL (zuletzt geprüft am 07.12.2014): http://www.un-documents.net/jburgdec.htm.

United Nations (2002b): Report of the World Summit on Sustainable Development. A/CONF.199/20. URL (zuletzt geprüft am 20.12.2014): http://www.un.org/en/ga/search/view_doc.asp?symbol =A/CONF.199/20.

United Nations (2008): Official list of MDG indicators. URL (zuletzt geprüft am 09.12.2014): http://mdgs.un.org/unsd/mdg/Resources/ Attach/Indicators/OfficialList2008.pdf.

United Nations (2010): Keeping the promise: united to achieve the Millennium Development Goals. A/RES/65/1. URL (zuletzt geprüft am 10.12.2014): http://www.un.org/en/ga/search/view_doc.asp? symbol=A/RES/65/1.

United Nations (2012a): High-Level Panel of Eminent Persons on the Post-2015 Development Agenda – Framing Questions. URL (zuletzt geprüft am 10.12.2014): http://www.un.org/sg/ management/pdf/HLP_Framing_Questions.pdf.

United Nations (2012b): Realizing the Future We Want for All: Report to the Secretary-General. UN System Task Team on the Post-2015 UN Development Agenda, New York. URL (zuletzt geprüft am 10.12.2014): http://www.un.org/millenniumgoals/pdf/Post_2015 _UNTTreport.pdf.

United Nations (2012c): The Future We want. A/RES/66/288. URL (zuletzt geprüft am 09.12.2014): http://www.un.org/en/ga/search/ view_doc.asp?symbol=A/RES/66/288.

United Nations (2013a): A life of dignity for all: accelerating progress towards the Millennium Development Goals and advancing the United Nations development agenda beyond 2015. A/68/202. URL (zuletzt geprüft am 13.12.2014): http://www.un.org/en/ga/ search/view_doc.asp?symbol=A/68/202.

United Nations (2013b): A New Global Partnership: Eradicate Poverty and Transform Economies through Sustainable Development: The Report of the High-Level Panel of Eminent Persons on the Post-

2015 Development Agenda, New York. URL (zuletzt geprüft am 10.12.2014): http://www.post2015hlp.org/wp-content/uploads/2013/05/UN-Report.pdf.

United Nations (2013c): Format and organizational aspects of the high-level political forum on sustainable development. A/RES/67/290. URL (zuletzt geprüft am 13.12.2014): http://www.un.org/en/ga/search/view_doc.asp?symbol=A/RES/67/290.

United Nations (2013d): Intergovernmental Committee of Experts on Sustainable Development Financing. A/AC.282/2013/1. URL (zuletzt geprüft am 13.12.2014): http://www.un.org/en/ga/search/view_doc.asp?symbol=A/AC.282/2013/1.

United Nations (2013e): Outcome document of the special event to follow up efforts made towards achieving the Millennium Development Goals. A/68/L.4. URL (zuletzt geprüft am 10.12.2014): http://www.un.org/en/ga/search/view_doc.asp?symbol=A/68/L.4.

United Nations (2013f): Summary of the first meeting of the high-level political forum on sustainable development. A/68/588. URL (zuletzt geprüft am 13.12.2014): http://www.un.org/en/ga/search/view_doc.asp? symbol=A/68/588.

United Nations (2014a): Millennium development goals report 2014. New York: United Nations.

United Nations (2014b): Report of the Intergovernmental Committee of Experts on Sustainable Development Financing. A/69/315. URL (zuletzt geprüft am 13.12.2014): http://www.un.org/ga/search/view_doc.asp?symbol=A/69/315&Lang=E.

United Nations (2014c): Report of the Open Working Group of the General Assembly on Sustainable Development Goals. A/68/970. URL (zuletzt geprüft am 12.12.2014): http://www.un.org/en/ga/search/view_doc.asp?symbol=A/68/970.

United Nations (2015a): Millenniums-Entwicklungsziele. Bericht 2015. New York: United Nations.

United Nations (2015b): Transformation unserer Welt: die Agenda 2030 für nachhaltige Entwicklung. A/RES/70/1. URL (zuletzt geprüft am 15.08.2016): http://www.un.org/Depts/german/gv-70/band1/ar70001.pdf.

United Nations (2016): Final list of proposed Sustainable Development Goals indicators. URL (zuletzt geprüft am 10.10.2016):

http://unstats.un.org/sdgs/indicators/Official%20List%20of%20Proposed%20SDG%20Indicators.pdf

United Nations Development Group (2013): A Million Voices: The World We Want. A Sustainable Future with Dignity for All. URL (zuletzt geprüft am 10.12.2014): http://www.worldwewant2015.org/bitcache/cb02253d47a0f7d4318f41a4d11c330229991089?vid=422422&disposition=inline&op=view.

United Nations Economic and Social Council (1993): Establishment of the Commission on Sustainable Development. E/1993/207. URL (zuletzt geprüft am 13.12.2014): http://www.un.org/documents/ecosoc/res/1993/eres1993-207.htm.

United Nations Economic and Social Council (2014): Ministerial declaration of the high-level political forum on sustainable development convened under the auspices of the Council on the theme "Achieving the Millennium Development Goals and charting the way for an ambitious post-2015 development agenda, including the sustainable development goals". E/2014/L.22–E/HLPF/2014/L.3. URL (zuletzt geprüft am 13.12.2014): http://www.un.org/ga/search/view_doc.asp?symbol=E/2014/L.22&Lang=E.

Vogl, J. (2004): Regierung und Regelkreis. In: Claus Pias (Hrsg.): Cybernetics - Kybernetik 2. Berlin: Diaphanes, S. 67–79.

Voigt, S. (2009): Institutionenökonomik. Paderborn: Fink.

Wacker, H.; Blank, J. E. (1999): Ressourcenökonomik. München: Oldenbourg.

Wald, A.; Jansen, D. (2007): Netzwerke. In: Benz, A.; Lütz, S.; Schimank, U.; Simonis, G. (Hrsg.): Handbuch Governance. Wiesbaden: Verlag für Sozialwissenschaften, S. 93–105.

WBGU (2005): Keine Entwicklung ohne Umweltschutz: Empfehlungen zum Millennium+5-Gipfel. Politikpapier 4, Wissenschaftlicher Beirat der Bundesregierung Globale Umweltveränderungen.

WBGU (2011): Welt im Wandel: Gesellschaftsvertrag für eine Große Transformation, Berlin, Wissenschaftlicher Beirat der Bundesregierung Globale Umweltveränderungen.

Whiteman, G.; Walker, B.; Perego, P. (2013): Planetary Boundaries: Ecological Foundations for Corporate Sustainability. In: Journal of Management Studies, 50 (2), S. 307–336.

Weinrich, K. (2014): Nachhaltigkeit im Employer Branding. Wiesbaden: Springer Gabler.

Weisensee, M. (2012): Nachhaltigkeit ausländischer Direktinvestitionen in der Volksrepublik China. München: Utz.

Welford R.; Frost S. (2006): Corporate social responsibility in Asian supply chains. In: Corporate Social Responsibility and Environmental Management, 13 (3), S. 166–176.

Weller, I. (2008): Konsum im Wandel in Richtung Nachhaltigkeit? In: Lange, H. (Hrsg.): Nachhaltigkeit als radikaler Wandel. Wiesbaden: Verlag für Sozialwissenschaften, S. 43–69.

Wieland, J. (2008): Governance-Ökonomik: Die Firma als Nexus von Stakeholdern. In: Wieland, J. (Hrsg.): Die Stakeholder-Gesellschaft und ihre Governance. Marburg: Metropolis, S. 15–38.

Wieland, J. (Hrsg.) (2009): CSR als Netzwerkgovernance - theoretische Herausforder-ungen und praktische Antworten. Marburg: Metropolis.

Wiener, N. (1962): Mathematik, mein Leben. Düsseldorf: Econ.

Wiener, N. (1968): Kybernetik. Reinbek bei Hamburg: Rowohlt-Taschenbuch-Verlag.

Wilderer, P. A.; Hauff, M. von (2014): Nachhaltige Entwicklung durch Resilienz-Steigerung. In: Hauff, M. von (Hrsg.): Nachhaltige Entwicklung: Aus der Perspektive verschiedener Disziplinen. Baden-Baden: Nomos, S. 17–40.

Wille, J. (2012): Enttäuschender Erdgipfel. In: Frankfurter Rundschau (21.06.2012). URL (zuletzt geprüft am 09.12.2014): http://www.fr-online.de/rio-20/rio-20-enttaeuschender-erdgipfel,16359556,16436074.html.

Williamson, O. E. (1975): Markets and Hierarchies: Analysis and Antitrust Implications. New York, London: Free Press; Collier Macmillan.

Williamson, O. E. (1985): The Economic Institutions of Capitalism. New York, London: Free Press.

Williamson, O. E. (1998): Transaction Cost Economics: How It Works; Where It Is Headed. In: De Economist, 146 (1), S. 23–58.

Willke, H., Willke, G. (2008): The corporation as a political actor? A systems theory perspective. In: Scherer, A. G.; Palazzo, G. (Hrsg.): Handbook of research on global corporate citizenship. Cheltenham: Edward Elgar, S. 552–574.

Wilms, F. E. P. (2003): Systemorientiertes Management. München: Vahlen.

Wohland, J.; Zink, K. J. (2014): Social-Life-Cycle Assessment (S-LCA): An Instrument for Macro-Ergonomics in a Globalized World? Broberg, O.; Fallentin, N.; Hasle, P. et al. (Hrsg.) – Proceedings of the 11th International Symposium on Human Factors in Organisational Design and Management & 46th Annual Nordic Ergonomics Society Conference. Santa Monica: IEA Press, S. 183–188.

Wolf, J. (2011): Organisation, Management, Unternehmensführung. Wiesbaden: Gabler.

Wolff, B. (1999): Zum methodischen Status von Verhaltensannahmen in der Neuen Institutionenökonomik. In: Edeling, T.; Jann, W.; Wagner, D. (Hrsg.): Institutionen-ökonomie und Neuer Institutionalismus. Opladen: Leske + Budrich, S. 133–146.

Wollenschlager, U. (10.10.2014): Verbände: Textilbündnis ist nicht umsetzbar. In: TextilWirtschaft. URL (zuletzt geprüft am 03.01.2015): http://www.textilwirtschaft.de/business/Verbaende-Textilbuendnis-ist-nicht-umsetzbar_94053.html.

World Bank (1989): Sub-Saharan Africa: from crisis to sustainable growth. Washington D.C: World Bank.

World Bank (1992): Governance and Development. Washington D.C.: World Bank.

Wulf, H. (2011): Friedendividende. In: Gießmann, H.-J. (Hrsg.): Handbuch Frieden. Wiesbaden: Verlag für Sozialwissenschaften, S. 138–148.

WWF (2012): Rio+20-Abschlusserklärung: Einschätzung. URL (zuletzt geprüft am 08.12.2014): http://www.wwf.de/fileadmin/fm-wwf/Publikationen-PDF/WWF_Analyse_Rioplus20_Abschlussdokument.pdf.

Zink, K. J.; Fischer, K. (2013): Do we need sustainability as a new approach in human factors and ergonomics? In: Ergonomics, 56 (3), S. 348–356.

Zink, K. J.; Fischer, K.; Hobelsberger, C. (Hrsg.) (2012): Nachhaltige Gestaltung internationaler Wertschöpfungsketten: Akteure und Governance-Systeme. Baden-Baden: Nomos.

Zucker, L. G. (1977): The role of Institutionalization in Cultural Persistance. In: American Sociological Review, 42 (5), S. 726–743.

Zürn, M. (2006): Global Governance. In: Schuppert, G. F. (Hrsg.): Governance-Forschung: Vergewisserung über Stand und Entwicklungslinien. Baden-Baden: Nomos, S. 121–146.

Zürn, M. (2008a): Governance in einer sich wandelnden Welt - eine Zwischenbilanz. In: Schuppert, G. F.; Zürn, M. (Hrsg.): Governance in einer sich wandelnden Welt. Wiesbaden: Verlag für Sozialwissenschaften, S. 553–580.

Zürn, M. (2008b): The politization of economization? On the current relationship between politics and economics. In: Scherer, A. G.; Palazzo, G. (Hrsg.): Handbook of research on global corporate citizenship. Cheltenham: Edward Elgar, S. 293–311.

Zürn, M. (2009): Governance in einer sich wandelnden Welt – eine Zwischenbilanz. In: Grande, E.; May, S. (Hrsg.): Perspektiven der Governance-Forschung. Baden-Baden: Nomos, S. 61–75.

Zyglidopoulos, S. C. (2002): The Social and Environmental Responsibilities of Multinationals: Evidence from the Brent Spar Case. In: Journal of Business Ethics, 36 (1/2), S. 141-151.

Printed in the United States
By Bookmasters